高等院校**安全类专业**规划教材

中国—加拿大政府职业健康项目办公室资助项目

矿山事故应急救援

主　编　陈　雄

副主编　唐安祥　蒋明庆

重庆大学出版社

内容提要

本书是高等院校安全类专业规划教材,为中国-加拿大政府职业健康项目办公室资助项目。本书共7章,内容翔实,理论联系实际,涵盖煤矿、非煤矿山事故应急救援全过程,系统地介绍了矿山事故基础知识、矿山应急救援组织、应急救援预案与应急演练、矿山应急救援技术装备、矿山灾害事故应急救援、现场自救与急救、事故应急救援技能实训等内容。

本书是高等职业技术院校、高等专科院校安全工程类专业的通用教材,也可作为高级技师学院、中等专业学校、成人教育学院和技工学校相关专业教材,同时可供地方政府矿山安全监管部门、矿山企业各级管理人员、矿山救护指战员、矿山辅助救护队员和矿山从业人员使用。

图书在版编目(CIP)数据

矿山事故应急救援/陈雄主编. 一重庆:重庆大学出版社,2016.4
ISBN 978-7-5624-9734-9

Ⅰ.①矿⋯ Ⅱ.①陈⋯ Ⅲ.①矿山救护 Ⅳ.①TD77

中国版本图书馆 CIP 数据核字(2016)第 073473 号

矿山事故应急救援

主 编 陈 雄
副主编 唐安祥 蒋明庆
策划编辑:曾显跃
责任编辑:李定群 高鸿宽 版式设计:曾显跃
责任校对:关德强 责任印制:赵 晟

*

重庆大学出版社出版发行
出版人:易树平
社址:重庆市沙坪坝区大学城西路 21 号
邮编:401331
电话:(023)88617190 88617185(中小学)
传真:(023)88617186 88617166
网址:http://www.cqup.com.cn
邮箱:fxk@cqup.com.cn(营销中心)
全国新华书店经销
重庆联谊印务有限公司印刷

*

开本:787mm×1092mm 1/16 印张:18.25 字数:456 千
2016 年 4 月第 1 版 2016 年 4 月第 1 次印刷
印数:1—3 000
ISBN 978-7-5624-9734-9 定价:38.00 元

前　言

本书是重庆大学出版社策划的高等院校安全类专业规划教材，为中国-加拿大政府职业健康项目办公室资助项目。

本书将理论知识同生产实际紧密结合，简化理论的论述，突出专业理论和专业技能在生产实践中的应用；反映了当前矿山应急救援新技术、新方法、新设备、新工艺；紧跟时代步伐，采用最新国家标准和规程规范。

全书共7章，内容翔实，理论联系实际，涵盖煤矿、非煤矿山事故应急救援全过程，系统地介绍了矿山事故基础知识、矿山应急救援组织、应急救援预案与应急演练、矿山应急救援技术装备、重大灾害事故应急救援、现场自救与急救、事故应急救援技能实训等内容。

本书由陈雄任主编，唐安祥、蒋明庆任副主编，何建才、谭二华、李永坤、程刚参编，全书由陈雄统稿。具体分工是：第1章由蒋明庆、程刚编写，第2章由唐安祥、谭二华编写；第3章由陈雄、何建才编写；第5章、第7章由陈雄编写；第4章、第6章由陈雄、李永坤编写。

本书编写大纲经加拿大安大略省应急负责人协会阿兰拉·诺曼德(Alain Normand)教授审查通过，四川师范大学工学院黄建功教授担任主审，提出了许多宝贵意见和建议，对提高教材质量起到重要保障作用。在编写过程中，得到了中国-加拿大政府职业健康项目办公室、重庆工程职业技术学院、重庆市安全生产监督管理局、重庆安全生产协会、中煤科工集团公司重庆研究院、重庆松藻煤电集团公司、重庆天府矿业公司、重庆南桐矿业公司、重庆中梁山煤电气公司、重庆市开县矿山救护队、云南省富源县煤炭工业管理局、贵州庆源矿业开发公司、重庆大学出版社等单位的大力支持，同时还得到了加拿大安大略省阿兰拉·诺曼德先生、中国-加拿大政府职业健康项目办公室张弘先生、雷平权女士的帮助，在此表示衷心感谢。

本书由于编写人员水平和编写时间限制，书中的疏漏在所难免，恳请读者批评、指正。

编　者
2015 年 12 月

目 录

第 1 章
重大危险源管理

【学习目标】

☞ 熟悉矿山灾害事故类型及特征与特性。
☞ 熟悉伤亡事故等级、重大事故隐患与重大危险源。
☞ 熟悉安全标志、生产过程中危险有害因素。
☞ 熟悉煤矿、金属非金属地下矿山重大危险源的类别。
☞ 熟悉重大危险源的风险分析评价方法与评价内容。
☞ 熟悉重大危险源监督管理的主要任务。
☞ 熟悉重大危险源管理与事故应急救援的关系。
☞ 掌握重大危险源的控制途径。
☞ 掌握煤矿、非煤矿山重大安全生产隐患的具体内容。

1.1　矿山事故基础知识

1.1.1　安全生产相关术语

(1)事故

事故是在人们生产、生活活动中突然发生的、违反人们意愿的、迫使人们有目的的活动暂时或永久停止,可能造成人员伤害、财产损失或环境污染的意外事件。

(2)安全

安全是在人类生产过程中,将系统的运行状态对人类的生命、财产、环境可能产生的损害控制在人类能接受水平以下的状态。其实质是防止事故、消除导致死亡、伤害、急性职业危害及各种财产损失发生的条件。

(3)安全生产

安全生产是指采取一系列措施使生产过程在符合规定的物质条件和工作秩序下进行,有效消除或控制危险和有害因素,无人身伤亡和财产损失等生产事故发生,从而保障人员安全与健康、设备和设施免受损坏、环境免遭破坏,使生产经营活动得以顺利进行的一种状态。

（4）危险

根据系统安全工程观点,危险是指系统中存在导致发生不期望后果可能性超过了人们的承受能力。

（5）事故隐患

事故隐患是指生产经营单位违反安全生产法律、法规、规章、标准、规程和安全生产管理制度的规定,或者因其他因素在生产经营活动中存在可能导致事故发生的物的危险状态、人的不安全行为和管理上的缺陷。

事故隐患分为一般事故隐患和重大事故隐患。一般事故隐患是指危害和整改难度较小,发现后能够立即整改排除的隐患。重大事故隐患是指危害和整改难度较大,应当全部或者局部停产停业,并经过一定时间整改治理方能排除的隐患,或者因外部因素影响致使生产经营单位自身难以排除的隐患。

（6）危害

危害是指能造成人员人身伤害、职业病、财产损失、作业环境破坏的根源或状态。

（7）风险

风险是指危险、危害事故发生的可能性与危险、危害事故所造成损失的严重程度的综合度量。企业面临的风险包括生产事故、自然事故和经济、法律、社会等方面的事故。企业在生产经营过程中遇到这些意外事件,其后果严重时足以把企业拖入困境甚至破产的境地。

生产事故是指矿山企业在生产过程中发生的造成人身伤亡或者直接经济损失的事故。自然事故是指自然原因而引起的事故,其原因不以人们的意志为转移,非人力所能控制。

1.1.2 事故类别

根据《企业职工伤亡事故分类标准》（GB 6441—1986）规定,企业职工伤亡事故可分为物体打击、车辆伤害、机械伤害、起重伤害、触电、淹溺、灼烫、火灾、高处坠落、坍塌、冒顶片帮、透水、爆破、火药爆炸、瓦斯爆炸、锅炉爆炸、容器爆炸、其他爆炸、中毒和窒息、其他伤害 20 类。

1.1.3 矿山企业常见灾害事故类型

（1）煤矿常见灾害事故类型

1）顶板事故

顶板事故是指冒顶坍塌、片帮、煤炮、冲击地压、顶板掉矸、露天滑坡及边坡垮塌。

2）瓦斯事故

瓦斯事故是指瓦斯（煤尘）爆炸（燃烧）、煤（岩）与瓦斯（二氧化碳）突出、瓦斯窒息（中毒）。

3）机电事故

机电事故是指触电、机械故障伤人。

4）运输事故

运输事故是指运输工具造成的伤害。

5）爆破事故

爆破事故是指爆破崩人、触响盲炮伤人,以及炸药、雷管意外爆炸。

6）水害事故

水害事故是指矿井在建设或生产过程中，由于防治水措施不到位而导致地表水和地下水通过裂隙、断层、塌陷区等各种通道无控制地涌入采掘工作面，造成作业人员伤亡或财产损失的水灾事故。

7）火灾事故

火灾事故是指煤层自然发火和外因火灾，直接使人致死或产生的有害气体使人中毒，地面火灾。

8）其他事故

其他事故是指以上七类以外的事故。

（2）非煤矿山企业常见的事故类型

1）中毒与窒息

人体过量或大量接触化学毒物，引发组织结构和功能损害、代谢障碍而发生疾病或死亡，称为中毒。因外界氧气不足或其他气体过多或者呼吸系统发生障碍而呼吸困难甚至呼吸停止，称为窒息。

2）排土场事故

排土场是指矿山剥离和掘进排弃物集中排放的场所。排弃物一般包括腐殖表土、风化岩土、坚硬岩石以及混合岩土，有时也包括可能回收的表外矿、贫矿等。排土场的常见事故有排土场滑坡、排土场泥石流、排土场环境污染。

3）尾矿库溃坝事故

尾矿库是指筑坝拦截谷口或围地构成的，用以堆存金属或非金属矿山进行矿石选别后排出尾矿或其他工业废渣的场所。它是一个具有高势能的人造泥石流危险源，存在溃坝危险，一旦失事，容易造成重特大事故。根据《尾矿库事故灾难应急预案》规定，冶炼废渣形成的赤泥库，发电废渣形成的废渣库，也应按尾矿库进行管理。

4）露天矿山边坡事故

露天矿山边坡滑坡是指边坡岩体在较大范围内沿某一特定的剪切面滑动。

1.1.4 伤亡事故等级的划分

按照生产安全事故造成的人员伤亡或者直接经济损失，《生产安全事故报告和调查处理条例》规定，事故分为6个等级。

（1）轻伤事故

轻伤事故是指丧失劳动能力满1个工作日，但低于105个工作日以下的伤害事故。

（2）重伤事故

重伤事故是指丧失劳动能力超过105个工作日的伤害事故。

（3）一般事故

一般事故是指造成3人以下死亡，或者10人以下重伤（包括急性工业中毒，下同），或者1 000万元以下直接经济损失的事故。

（4）较大事故

较大事故是指造成3人以上10人以下死亡，或者10人以上50人以下重伤，或者1 000万元以上5 000万元以下直接经济损失的事故。

（5）重大事故

重大事故是指造成 10 人以上 30 人以下死亡，或者 50 人以上 100 人以下重伤，或者 5 000 万元以上 1 亿元以下直接经济损失的事故。

（6）**特别重大事故**

特别重大事故是指造成 30 人以上死亡，或者 100 人以上重伤，或者 1 亿元以上直接经济损失的事故。

1.1.5 矿山灾害事故的特征与特性

（1）**矿山灾害事故**

凡是造成矿山生产、人员伤亡或财产损失的灾害统称为矿山灾害事故。矿山常见的灾害事故有瓦斯或煤尘爆炸事故、矿山火灾事故、煤与瓦斯突出事故、矿山水灾事故、尾矿库事故、排土场事故、中毒与窒息事故、冲击地压和大面积冒顶等。这些灾害事故的发生影响范围大、伤亡人数多、中断生产时间长、破坏井巷工程或生产设备严重。

（2）**矿山事故的特征与特性**

矿山生产灾害事故的发生和发展是一个动态过程。在同一矿井的不同空间或不同时期，由于自然条件、生产环境和管理效能不尽相同，事故是随空间和时间的推移而变化的一个过程。矿山事故的发生具有共同的突发性、灾害性、破坏性及继发性等特征，以及事故的因果性、规律性和潜在性等主要特性。

1）矿山事故的特征

①事故的突发性

重大灾害事故往往是突然发生的，事故发生的时间、地点、形式、规模及事故的严重程度都是不确定的。它给人们心理上的冲击最为严重，最容易出现措手不及，使指挥者难以冷静、理智地考虑问题，难以制订出行之有效的救灾措施，在抢救的初期容易出现失误，造成事故的损失扩大。

②事故的灾害性

重大灾害事故造成多人伤亡或使井下人员的生命受到严重威胁，若指挥决策失误或救灾措施不得力，往往酿成重大恶性事故。处理事故过程中得悉已有人员伤亡或意识到有众多人员受到威胁，会增加指挥者的心里慌乱程度，容易造成决策失误。

③事故的破坏性

重大灾害事故往往使矿井生产系统遭到破坏，不但使生产中断，井巷工程和生产设备损毁，给国家造成重大损失，同时也给抢险救灾增加了难度，特别是通风系统的破坏，使有毒有害气体在大范围内扩散，会造成更多人员的伤亡。这就要求指挥者在进行救灾决策时，要充分考虑通风系统的情况，通风系统破坏与否，这对救灾方案起关键性作用。

④事故的继发性

在较短的时间里重复发生同类事故或诱发其他事故，称为事故的继发性。例如，矿山火灾可能诱发瓦斯、煤尘爆炸，也可能引起再生火源；爆炸可能引起火灾，也可能出现连续爆炸；煤与瓦斯突出可能在同一地点发生多次突出，也可能引起瓦斯、煤尘爆炸。事故继发性的存在，要求指挥者在制订救灾措施时，多作些预想，要有充分的思想准备，采取有效措施避免出现继发性事故。而且，一旦出现继发性事故，能胸有成竹地作出正确的决策，不能"顾此失彼"，不能只顾处理目前发生的事故，不顾及事故的发展变化。

2）矿山事故的特性

①事故的因果性

事故的因果性是指至少两种现象之间相互关联的性质,前一种现象是后一种现象发生的原因,后一种现象是前一种现象造成的结果。事故的因和果具有继承性,往往第一阶段的结果是第二阶段的原因,而且这种继承性往往是多层次的。

矿山灾害事故现象和生产过程中的其他现象都有着直接或间接的关联,事故发生是生产过程中相互联系的多种不安全因素作用的结果。由事故的因果性看,矿山生产过程存在的不安全因素是"因"的关系,而事故却是以"果"的现象出现。

造成矿山灾害事故的直接原因,如人的违章因素、物的安全缺陷因素等是易查找的,它所产生的事故后果也是显而易见的。然而,寻找出究竟是哪些间接原因,又是经过怎样的过程才造成事故结果,却非易事。因为矿山事故是随生产空间和时间的推移而变化的,会有多种造成事故的因素同时存在,并且它们之间都存在着相互作用的关系,同时还可能出现某些偶然因素。因此,在制订矿山灾害预防与处理事故措施时,除了要查明造成事故的直接原因,还应尽力找出造成事故的间接原因,并深入地进行剖析,揭露出导致事故发生的关键因素,以便有效地采取预防事故的措施。

②事故的规律性

事故是在一定条件下可能发生,也可能不发生的一种随机事件。因而,事故偶然性是客观存在的,它与人们是否明了事故的发生原因无关。

矿山事故客观上存在着某种不安全因素,随着生产时间和作业空间推移的变化,一旦不安全因素事件充分集合,事故必然发生。虽然,矿山事故偶然性本质的存在,还不能确定全部规律,但在一定范畴内或一定条件下,通过科学试验、模拟试验和统计分析,从外部或本质的关联上,能够找出其内在的决定性关系。认识事故发生的偶然性与必然性的关联,充分掌握事故发生规律,以防患于未然或化险为夷。

③事故的潜在性

矿山生产随时间推移和作业空间变化,往往事故会突然违背人们的意愿而发生。时间存在于一切生产过程的始终,而且是一去不复返的。在生产过程中无论是人们的生产活动还是机械的运动,在其所经过的时间内,事故隐患是始终潜在的,一旦条件成熟事故就会突然发生,绝不会脱离时间而存在。由于时间具有单向性,而矿山事故又潜在于不安全的隐患之中。因此,在制订矿山灾害预防与处理计划时,必须充分认识和发现事故的潜在性,彻底根除不安全的隐患因素,预防事故的再现。

1.1.6　安全标志

安全标志是由安全色、几何图形和图形符号所构成,用以表达特定的安全信息。安全色是用以表达禁止、警告、指令、指示等安全信息含义的颜色,具体规定为红、蓝、黄、绿 4 种颜色。其对比色是黑白两种颜色。

《安全标志及其使用导则》(GB 2894—2008)中规定了禁止标志、警告标志、指令标志及提示标志 4 类传递安全信息的安全标志。为防止对 4 类安全标志的误解,现场经常采用补充标志来对前述 4 种标志进行补充说明。

安全标志是向工作人员警示工作场所或周围环境的危险状况,指导人们采取合理行为的标志。安全标志能够提醒工作人员预防危险,从而避免事故发生;当危险发生时,能够指示人们尽快逃离,或者指示人们采取正确、有效、得力的措施,对危害加以遏制。

(1)禁止标志

禁止标志的含义是不准或制止人们的某些行动。其几何图形是带斜杠的圆环,其中,圆环与斜杠相连,用红色;图形符号用黑色,背景用白色,共有 28 个,如禁止烟火等。

(2)警告标志

警告标志的含义是警告人们可能发生的危险。其几何图形是黑色的正三角形、黑色符号和黄色背景。警告标志共有 30 个,如当心爆炸、当心冒顶等。

(3)命令标志

命令标志的含义是必须遵守。其几何图形是圆形,蓝色背景,白色图形符号,共有 15 个,如必须戴安全帽、必须穿防护鞋、必须穿防护服等。

(4)提示标志

提示标志的含义是示意目标的方向。提示标志的几何图形是方形,绿、红色背景,白色图形符号及文字。提示标志共有 13 个。其中,绿色背景的一般提示标志有 6 个,红色背景的消防设备提示标志有 7 个。

(5)补充标志

补充标志是对前述 4 种标志的补充说明,以防误解。

补充标志分为横写和竖写两种。横写为长方形,写在标志的下方,可与标志连在一起,也可分开;竖写的写在标志杆上部。补充标志的颜色:竖写的,均为白底黑字;横写的,用于禁止标志的用红底白字,用于警告标志的用白底黑字,用于带指令标志的用蓝底白字。

1.2 重大危险源辨识

1.2.1 重大危险源

(1)危险因素

危险因素是指能使人造成伤亡,对物造成突发性损坏或影响人的身体健康导致疾病,对物造成慢性损坏的因素。

(2)危险源

危险源是指一个系统中具有潜在能量和物质释放危险的、在一定的触发因素作用下可转化为事故的部位、区域、场所、空间、岗位、设备及其位置。

危险源是能量、危险物质集中的核心,是能量传出来或爆发的地方。根据危险源在事故发生、发展中的作用,危险源可划分为以下两大类:

①第一类危险源。是指系统中存在的,可能发生意外释放能量或危险物质。

②第二类危险源。是指导致能量或危险物质约束或限制措施破坏或失效的各种因素。

(3)重大危险源

《危险化学品重大危险源辨识》(GB 18218—2009)规定,重大危险源是指长期地或者临时地生产、搬运、使用或储存危险物品,且危险物品数量等于或超过临界量的场所和设施,以及其他存在危险能量等于或超过临界量的场所和设施。

新《安全生产法》规定,重大危险源是指依据安全生产国家标准、行业标准或者国家有关规定辨识确定的危险设备、设施或者场所(包括场所和设施)。

(4)危险物质

危险物质是一种物质或若干种物质的混合物,由于它的化学、物理或毒性特性,使其具有易导致火灾、爆炸或中毒的危险。

(5)临界量

临界量是指对于某种危险物品规定的一个数值,一个生产装置、设施或场所,或者同属一个生产经营单位且边缘小于500 m的几个生产装置、设施或场所中的某种危险物品的数量达到或者超过这个数值时,就有可能发生危险。

1.2.2 生产过程中危险和有害因素

在生产过程中,危险和有害因素是指劳动者在生产领域从事生产活动的全过程,能对人造成伤亡或影响人的身体健康甚至导致疾病的因素。

根据《生产过程危险和有害因素分类与代码》(GB/T 13861—2009)规定,生产过程中危险和有害因素共分人的因素、物的因素、环境因素及管理因素4类。

(1)人的因素

人的因素是指与生产各环节有关的,来自人员自身或人为性质的危险和有害因素。

1)心理、生理性危险和有害因素

①负荷超限:含体力负荷超限;听力负荷超限;视力负荷超限;其他负荷超限。

②健康状况异常。

③从事禁忌作业。

④心理异常:含情绪异常;冒险心理;过度紧张;其他心理异常。

⑤辨识功能缺陷:含感知延迟;辨识错误;其他辨识功能缺陷。

⑥其他心理、生理性危险和有害因素。

2)行为性危险和有害因素

①指挥错误:含指挥失误;违章指挥;其他指挥错误。

②操作错误:含误操作;违章作业;其他操作错误。

③监护失误。

④其他行为性危险和有害因素。

(2)物的因素

物的因素是指机械、设备、设施、材料等方面存在的危险和有害因素。

1)物理性危险和有害因素

①设备、设施、工具、附件缺陷:含强度不够;刚度不够;稳定性差;密封不良;应力集中;外形缺陷;外露运动件;操纵器缺陷;制动器缺陷;控制器缺陷;其他设备、设施、工具、附件缺陷。

②防护缺陷:含无防护;防护装置、设施缺陷;防护不当;支撑不当;防护距离不够;其他防护缺陷。

③电伤害:含带电部位裸露;漏电;雷电;静电;电火花;其他电伤害。

④噪声:含机械性噪声;电磁性噪声;流体动力性噪声;其他噪声。

⑤振动危害:含机械性振动;电磁性振动;流体动力性振动;其他振动危害。

⑥电磁辐射:含电离辐射;非电离辐射。

⑦运动物伤害:含抛射物;飞溅物;坠落物;反弹物;土、岩滑动;料堆(垛)滑动;气流卷动;冲击地压;其他运动物伤害。

⑧明火、高温物质、低温物质:含明火;高温气体;高温液体;高温固体;其他高温物质;低温气体;低温液体;低温固体;其他低温物质。

⑨信号与标志缺陷:含无信号设施;信号选用不当;信号位置不当;信号不清;信号显示不准;其他信号缺陷;无标志;标志不清晰;标志不规范;标志选用不当;标志位置缺陷;其他标志缺陷;有害光照。

⑩其他物理性危险和有害因素。

2)化学性危险和有害因素

①爆炸品:含危险压缩气体和液化气体;气体;易燃液体;易燃固体、自燃物品和遇湿易燃物品;氧化剂和有机过氧化物。

②有毒品:含腐蚀品;粉尘与气溶胶。

③其他化学性危险和有害因素。

3)生物性危险和有害因素

①致病微生物:含细菌;病毒;真菌;其他致病微生物。

②传染病媒介物:含致害动物;致害植物。

③其他生物性危险和有害因素。

(3)环境因素

环境因素是指生产作业环境中的危险和有害因素。

1)室内作业场所环境不良

室内作业场所环境不良包括:室内地面滑;室内作业场所狭窄;室内作业场所杂乱;室内地面不平;室内梯架缺陷;地面、墙和天花板上的开口缺陷;有有害物质的内部通道和地面区域;房屋基础下沉;室内安全通道缺陷;房屋安全出口缺陷;采光照明不良;作业场所空气不良;室内温度、湿度、气压不适;室内给、排水不良;室内涌水;室内物料储存方法不安全;其他室内作业场所环境不良。

2)恶劣气候与环境

恶劣气候与环境包括:作业场地和交通设施湿滑;作业场地狭窄;作业场地杂乱;作业场地不平;航道狭窄、有暗礁或险滩;脚手架、阶梯和活动梯架缺陷;地面开口缺陷;有有害物的交通和作业场地;建筑物和其他结构缺陷;门和围栏缺陷;作业场地基础下沉;作业场地安全通道缺陷;作业场地安全出口缺陷;作业场地光照不良;作业场地空气不良;作业场地温度、湿度、气压不适;作业场地涌水;植物伤害;其他作业场地环境不良。

3)地下(含水下)作业环境不良

地下(含水下)作业环境不良包括:隧道/矿井顶面缺陷;隧道/矿井正面或侧壁缺陷;隧道/矿井地面缺陷;地下作业面有害气体超限;地下作业面通风不良;水下作业供氧不当;支护结构缺陷;非正常地下火;非正常地下水;其他地下作业环境不良。

4）其他作业环境不良

其他作业环境不良包括：强迫体位；综合性作业环境不良；其他作业环境不良。

（4）管理因素

管理因素是指管理上的失误、缺陷和管理责任所导致的危险和有害因素。

①职业安全卫生组织机构不健全。

②职业安全卫生责任制未落实。

③职业安全卫生管理规章制度不完善。包括：建设项目"三同时"制度未落实；操作规程不规范；事故应急预案及响应缺陷；培训制度不完善；其他职业安全卫生管理规章制度不健全；职业安全卫生投入不足。

④职业健康管理不完善。

⑤其他管理因素缺陷。

1.2.3　危险化学品重大危险源辨识

（1）辨识依据

1）危险化学品重大危险源的辨识依据

根据《危险化学品重大危险源辨识》（GB 18218—2009）规定，危险化学品重大危险源的辨识依据是危险化学品的危险特性及其数量，具体见表1.1和表1.2。

2）危险化学品临界量的确定方法

①在表1.1范围内的危险化学品，其临界量按表1.1确定。

②未在表1.1范围内的危险化学品，依据其危险性，按表1.2确定临界量；若一种危险化学品具有多种危险性，按其中最低的临界量确定。

表1.1　危险化学品名称及其临界量

序号	类　别	危险化学品名称和说明	临界量/t
1	爆炸品	叠氮化钡	0.5
2		叠氮化铅	0.5
3		雷酸汞	0.5
4		三硝基苯甲醚	5
5		三硝基甲苯	5
6		硝化甘油	1
7		硝化纤维素	10
8		硝酸铵（含可燃物＞0.2%）	5
9	易燃气体	丁二烯	5
10		二甲醚	50
11		甲烷、天然气	50
12		氯乙烯	50
13		氢	5

续表

序号	类别	危险化学品名称和说明	临界量/t
14	易燃气体	液化石油气(含丙烷、丁烷及其混合物)	50
15		一甲胺	5
16		乙炔	1
17		乙烯	50
18	毒性气体	氨	10
19		二氟化氧	1
20		二氧化氮	1
21		二氧化硫	20
22		氟	1
23		光气	0.3
24		环氧乙烷	10
25		甲醛(含量>90%)	5
26		磷化氢	1
27		硫化氢	5
28		氯化氢	20
29		氯	5
30		煤气(CO,CO 与 H_2、CH_4 的混合物等)	20
31		砷化三氢(胂)	12
32		锑化氢	1
33		硒化氢	1
34		溴甲烷	50
35	易燃液体	苯	50
36		苯乙烯	500
37		丙酮	500
38		丙烯腈	50
39		二硫化碳	50
40		环己烷	500
41		环氧丙烷	10
42		甲苯	500
43		甲醇	500
44		汽油	200
45		乙醇	500
46		乙醚	10
47		乙酸乙酯	500
48		正己烷	500

序号	类　别	危险化学品名称和说明	临界量/t
49	易于自燃的物质	黄磷	50
50		烷基铝	1
51		戊硼烷	1
52	遇水放出易燃气体的物质	电石	100
53		钾	1
54		钠	10
55	氧化性物质	发烟硫酸	100
56		过氧化钾	20
57		过氧化钠	20
58		氯酸钾	100
59		氯酸钠	100
60		硝酸(发红烟的)	20
61		硝酸(发红烟的除外,含硝酸>70%)	100
62		硝酸铵(含可燃物≤0.2%)	300
63		硝酸铵基化肥	1 000
64	有机过氧化物	过氧乙酸(含量≥60%)	10
65		过氧化甲乙酮(含量≥60%)	20
66	毒性物质	丙酮合氰化氢	20
67		丙烯醛	20
68		氟化氢	1
69		环氧氯丙烷(3-氯-1,2-环氧丙烷)	20
70		环氧溴丙烷(表溴醇)	20
71		甲苯二异氰酸酯	100
72		氯化硫	1
73		氰化氢	1
74		三氧化硫	75
75		烯丙胺	20
76		溴	20
77		乙撑亚胺	20

表1.2　未在表1.1中列举的危险化学品类别及其临界量

类　　别	危险性分类及说明	临界量/t
爆炸品	1.1A项爆炸品	1
	除1.1A项外的其他1.1项爆炸品	10
	除1.1项外的其他爆炸品	50
气体	易燃气体:危险性属于2.1项的气体	10
	氧化性气体:危险性属于2.2项非易燃无毒气体且次要危险性为5类的气体	200
	剧毒气体:危险性属于2.3项且急性毒性为类别1的毒性气体	5
	有毒气体:危险性属于2.3项的其他毒性气体	50
易燃液体	极易燃液体:沸点≤35℃且闪点<0℃的液体;或保存温度一直在其沸点以上的易燃液体	10
	高度易燃液体:闪点<23℃的液体(不包括极易燃液体);液态退敏爆炸品	1 000
	易燃液体:23℃≤闪点<61℃的液体	5 000
易燃固体	危险性属于4.1项且包装为Ⅰ类的物质	200
易于自燃的物质	危险性属于4.2项且包装为Ⅰ或Ⅱ类的物质	200
遇水放出易燃气体的物质	危险性属于4.3项且包装为Ⅰ或Ⅱ的物质	200
氧化性物质	危险性属于5.1项且包装为Ⅰ类的物质	50
	危险性属于5.1项且包装为Ⅱ或Ⅲ类的物质	200
有机过氧化物	危险性属于5.2项的物质	50
毒性物质	危险性属于6.1项且急性毒性为类别1的物质	50
	危险性属于6.1项且急性毒性为类别2的物质	500

注:以上危险化学品危险性类别及包装类别依据《危险货物品名表》(GB 12268—2012)确定,急性毒性类别依据《化学品分类、警示标签和警示性急性毒性》(GB 20592—2006)确定。

(2)重大危险源的辨识指标

单元内存在危险化学品的数量等于或超过表1.1、表1.2规定的临界量,即被定为重大危险源。单元内存在的危险化学品数量根据处理危险化学品种类的多少区分为以下两种情况:

①单元内存在的危险化学品为单一品种,则该危险化学品的数量即为单元内危险化学品的总量,若等于或超过相应的临界量,则定为重大危险源。

②单元内存在的危险化学品为多品种时,满足下式,则定为重大危险源,即

$$q_1/Q_1 + q_2/Q_2 + \cdots + q_n/Q_n \geq 1$$

式中　$q_1, q_2, \cdots, q_n$——每种危险化学品实际存在量,t;

　　　$Q_1, Q_2, \cdots, Q_n$——与各危险化学品相对应的临界量,t。

(3)危险化学品单位应该按照标准进行重大危险源辨识

危险化学品单位应该按照《危险化学品重大危险源辨识》标准,对本单位危险化学品生

产、经营、储存和使用装置、设施或者场所进行重大危险源辨识,并记录辨识过程与结果。

（4）**危险化学品单位应该对重大危险源重新进行辨识的情形**

①重大危险源安全评估已满3年的。

②构成重大危险源的装置、设施或者场所进行新建、改建、扩建的。

③危险化学品种类、数量、生产、使用工艺或者储存方式及重要设备、设施等发生变化,影响重大危险源级别或者风险程度的。

④外界生产安全环境因素发生变化,影响重大危险源级别和风险程度的。

⑤发生危险化学品事故造成人员死亡,或者10人以上受伤,或者影响到公共安全的。

⑥有关重大危险源辨识和安全评估的国家标准、行业标准发生变化的。

1.2.4　重大危险源分级

根据《危险化学品重大危险源监督管理暂行规定》要求,危险化学品单位应当对重大危险源进行安全评估并确定重大危险源等级。重大危险源根据其危险程度,分为一级、二级、三级和四级。一级为最高级别。

（1）**危险化学品重大危险源分级方法**

1）分级指标

采用单元内各种危险化学品实际存在（在线）量与其在《危险化学品重大危险源辨识》（GB 18218—2009）中规定的临界量比值,经校正系数校正后的比值之和R作为分级指标。

2）R的计算方法

其计算公式为

$$R = \alpha \left(\beta_1 \frac{q_1}{Q_1} + \beta_2 \frac{q_2}{Q_2} + \cdots + \beta_n \frac{q_n}{Q_n} \right)$$

式中　$q_1, q_2, \cdots, q_n$——每种危险化学品实际存在（在线）量,t;

$Q_1, Q_2, \cdots, Q_n$——与各危险化学品相对应的临界量,t;

$\beta_1, \beta_2 \cdots, \beta_n$——与各危险化学品相对应的校正系数;

α——该危险化学品重大危险源厂区外暴露人员的校正系数。

3）校正系数β的取值

根据单元内危险化学品的类别不同,设定校正系数β值,见表1.3和表1.4。

表1.3　校正系数β取值表

危险化学品类别	毒性气体	爆炸品	易燃气体	其他类危险化学品
β	见表1.2	2	1.5	1

注:危险化学品类别依据《危险货物品名表》中分类标准确定。

表1.4　常见毒性气体校正系数β值取值表

毒性气体名称	一氧化碳	二氧化硫	氨	环氧乙烷	氯化氢	溴甲烷	氯
β	2	2	2	2	3	3	4
毒性气体名称	硫化氢	氟化氢	二氧化氮	氰化氢	碳酰氯	磷化氢	异氰酸甲酯
β	5	5	10	10	20	20	20

注:未在表1.4中列出的有毒气体可按$\beta = 2$取值,剧毒气体可按$\beta = 4$取值。

4)校正系数 α 的取值

根据重大危险源的厂区边界向外扩展 500 m 范围内常住人口数量,设定厂外暴露人员校正系数 α 值,见表 1.5。

表 1.5　校正系数 α 取值表

厂外可能暴露人员数量/人	α
100 以上	2.0
50~99	1.5
30~49	1.2
1~29	1.0
0	0.5

5)分级标准

根据计算出来的 R 值,按表 1.6 确定危险化学品重大危险源的级别。

表 1.6　危险化学品重大危险源级别与 R 值的对应关系

危险化学品重大危险源级别	R 值
一级	$R \geqslant 100$
二级	$100 > R \geqslant 50$
三级	$50 > R \geqslant 10$
四级	$R < 10$

(2)**可允许风险标准**

1)可允许个人风险标准

个人风险是指因危险化学品重大危险源各种潜在的火灾、爆炸、有毒气体泄漏事故造成区域内某一固定位置人员的个体死亡概率,即单位时间内(通常为年)的个体死亡率。通常用个人风险等值线表示。

通过定量风险评价,危险化学品单位周边重要目标和敏感场所承受的个人风险应满足表 1.7 中可允许风险标准要求。

表 1.7　可允许个人风险标准

危险化学品单位周边重要目标和敏感场所类别	可允许风险/年
1.高敏感场所(如学校、医院、幼儿园、养老院等) 2.重要目标(如党政机关、军事管理区、文物保护单位等) 3.特殊高密度场所(如大型体育场、大型交通枢纽等)	$< 3 \times 10^{-7}$
1.居住类高密度场所(如居民区、宾馆、度假村等) 2.公众聚集类高密度场所(如办公场所、商场、饭店、娱乐场所等)	$< 1 \times 10^{-6}$

2）可允许社会风险标准

社会风险是指能够引起大于等于 N 人死亡的事故累积频率 f，即单位时间内（通常为年）的死亡人数。通常用社会风险曲线（f-N 曲线）表示。可允许社会风险标准采用 ALARP（As Low As Reasonable Practice）原则作为可接受原则。ALARP 原则通过两个风险分界线将风险划分为 3 个区域，即不可允许区、尽可能降低区（ALARP）和可允许区。

①若社会风险曲线落在不可允许区，除特殊情况外，该风险无论如何不能被接受。

②若社会风险曲线落在可允许区，风险处于很低的水平，该风险是可以被接受的，无须采取安全改进措施。

③若社会风险曲线落在尽可能降低区，则需要在可能的情况下尽量减少风险，即对各种风险处理措施方案进行成本效益分析等，以决定是否采取这些措施。

通过定量风险评价，危险化学品重大危险源产生的社会风险应满足图 1.1 中可允许社会风险标准要求。

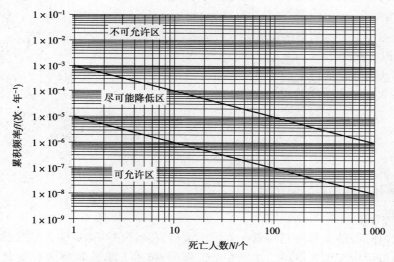

图 1.1　可允许社会风险标准（f-N）曲线

1.2.5　井工开采矿山的重大危险源

（1）井工开采煤矿的重大危险源
符合下列条件之一的矿井，即为井工开采矿山重大危险源：

①高瓦斯矿井。

②煤与瓦斯突出矿井。

③有煤尘爆炸危险的矿井。

④水文地质条件复杂的矿井。

⑤煤层自然发火期小于等于 6 个月的矿井。

⑥煤层冲击倾向为中等及以上的矿井。

（2）金属非金属地下矿山的重大危险源
符合下列 6 个条件之一的矿井，即为金属非金属地下矿山重大危险源：

1）水文地质复杂，采掘工程和矿井安全受水害威胁的矿井

水文地质复杂的矿井主要包括以下 4 种情况：

①以岩溶含水层充水为主的矿井。

②矿井年平均涌水量达到 800 m^3/h 以上的矿井。

③附近或矿区内地表水与地下水有水力联系，对矿井充水有影响的矿井。

④主要矿床位于当地最低侵蚀基准面以下，地形有利于地下水聚集的矿井。

2）瓦斯矿井

在开采过程中，发现过瓦斯的矿井。

3）冒顶危险矿井

采空区未经处理或只进行了局部处理，连续采空区体积达到 100 万 m^3 以上的矿井。

4）有自燃发火危险矿井

矿井开采的硫化矿石可能发生自燃，井下有发生自燃火灾的危险。

5）岩爆矿井

在开采过程中发生过岩爆的矿井。

6）800 m 以上矿井

开采深度达到 800 m 以上的矿井。

1.3　重大危险源安全评估

1.3.1　重大危险源的安全评估

（1）安全评估的组织

存在重大危险源的单位应当对重大危险源进行安全评估并确定重大危险源等级。存在重大危险源的单位可以组织本单位的注册安全工程师、技术人员或者聘请有关专家进行安全评估，也可以委托具有相应资质的安全评价机构进行安全评估。

依照法律、法规的规定，存在重大危险源的单位需要进行安全评价的，重大危险源安全评估可以与本单位的安全评价一起进行，以安全评价报告代替安全评估报告，也可以单独进行重大危险源安全评估。

重大危险源根据其危险程度，分为一级、二级、三级和四级。一级为最高级别。

（2）重大危险源首次安全评估

重大危险源有下列情形之一的，应当委托具有相应资质的安全评价机构，按照有关标准的规定采用定量风险评价方法进行安全评估，确定个人和社会风险值。

①构成一级或者二级重大危险源，且毒性气体实际存在（在线）量与其在《危险化学品重大危险源辨识》中规定的临界量比值之和大于或等于 1 的。

②构成一级重大危险源，且爆炸品或液化易燃气体实际存在（在线）量与其在《危险化学品重大危险源辨识》中规定的临界量比值之和大于或等于 1 的。

（3）重大危险源重新进行安全评估

有下列情形之一的，危险化学品单位应当对重大危险源重新进行辨识、安全评估及分级：

①重大危险源安全评估已满 3 年的。

②构成重大危险源的装置、设施或者场所进行新建、改建、扩建的。

③危险化学品种类、数量、生产、使用工艺或者储存方式及重要设备、设施等发生变化,影响重大危险源级别或者风险程度的。

④外界生产安全环境因素发生变化,影响重大危险源级别和风险程度的。

⑤发生危险化学品事故造成人员死亡,或者 10 人以上受伤,或者影响到公共安全的。

⑥有关重大危险源辨识和安全评估的国家标准、行业标准发生变化的。

（4）**管理要求**

①生产经营单位应为安全评估工作创造必备的条件,如实提供所需的资料,并对资料的完整性、真实性负责。

②安全评估人员及相关机构应保守被评估对象的技术和商业秘密。

③安全评估人员应客观、公正地开展安全评估,准确地作出评估结论,并对评估报告的真实性负责。

④重大危险源的安全评估工作由安全评估组组长负责。安全评估组可由安全评价机构具有相应资质的安全评价人员组成,也可以由生产经营单位的注册安全工程师、技术人员、专家等专业人员组成。

（5）**安全评估程序**

安全评估程序主要包括:准备阶段;危险、有害因素辨识与分析;重大危险源分级;安全生产条件评估;安全对策措施建议;安全评估结论;编制安全评估报告。

（6）**安全评估的准备**

①明确评估对象。

②确定适用的法律法规、标准规范。

③收集并分析评估对象的基础资料,包括生产经营单位基本情况、重大危险源基本情况、重大危险源周边情况、气象和地质灾害数据、生产流程等。

④收集并分析评估对象的其他资料,包括安全设施、设备和装置检测检验报告,特种设备使用、特种作业、从业许可证明、监控系统、事故案例、应急预案、相关安全管理制度与记录等。

（7）**危险、有害因素辨识与分析**

依据重大危险源的辨识标准和方法,对评估对象的危险、有害因素进行辨识与分析,确定其存在的部位、发生作用的途径,可能出现的事故类型、事故后果以及变化规律。

（8）**重大危险源分级**

在危险、有害因素辨识与分析的基础上,依据相应行业领域重大危险源辨识与分级标准和方法对重大危险源进行分级。

（9）**对策措施建议**

①依据重大危险源辨识、分级以及安全生产条件评估结果,提出消除或减弱危险、危害的技术和管理对策措施和建议。

②对策措施和建议应具体翔实、具有可操作性。按照针对性和重要性的不同,对策措施和建议可分为应采纳和宜采纳两种类型。

（10）**安全评估结论**

①生产经营单位对提出的对策措施进行整改后,安全评估人员方可作出安全评估结论。

②安全评估组应根据客观、公正、真实的原则,真实、准确地作出安全评估结论。

③安全评估结论的内容应高度概括评估结果,从风险管理角度给出评估对象在评估时与国家有关安全生产的法律法规、标准、规章、规范的符合性结论,给出事故发生的可能性和严重程度的预测性结论,以及采取安全对策措施后的安全状态等。

(11)重大危险源安全评估报告

重大危险源安全评估报告应当客观公正、数据准确、内容完整、结论明确、措施可行。重大危险源安全评估报告应当包括以下内容:

①评估的主要依据。

②重大危险源的基本情况。

③事故发生的可能性及危害程度。

④个人风险和社会风险值(仅适用定量风险评价方法)。

⑤可能受事故影响的周边场所、人员情况。

⑥重大危险源辨识、分级的符合性分析。

⑦安全管理措施、安全技术和监控措施。

⑧事故应急措施。

⑨评估结论与建议。

1.3.2 风险评价方法

风险评价是指在风险识别和风险估测的基础上,对风险发生的概率,损失程度,结合其他因素进行全面考虑,评估发生风险的可能性及危害程度,并与公认的安全指标相比较,以衡量风险的程度,并决定是否需要采取相应的措施的过程。风险评价是安全管理和决策科学化的基础,是依靠现代科学技术预防事故的具体体现。

目前,用于生产过程或设施的风险评价方法达到几十种。常用的风险评价方法可分为定性评价方法、指数评价方法、概率风险评价方法及故障树分析法。

(1)定性评价方法

定性评价方法主要是根据经验和判断能力对生产系统的工艺、设备、环境、人员及管理等方面的状况进行定性的评价。属于定性评价方法的有安全检查表分析法(SCL)、预危险性分析法(PHA)、失效模式与影响分析法(FMEA)及危险与可操作性分析法(HAZOP)等。

这类方法的特点是简单、便于操作,评价过程及结果直观。目前,在国内外企业安全管理过程中得到广泛使用。但是,这类方法含有相当高的经验成分,带有一定的局限性,对系统危险性的描述缺乏深度,不同类型评价对象的评价结果无可比性。

(2)指数评价方法

指数的采用使得系统结构复杂、用概率难以表述其危险性单元的评价有了一个可行的方法。这类方法操作简单,是目前应用较多的评价方法。美国 DOW 化学公司的火灾、爆炸指数法,英国帝国化学公司蒙德评价法、日本六阶段危险评价法、中国化工厂危险程度分级方法等均为指数评价方法。这类方法的缺点是:评价模型对系统安全保障体系的功能重视不够,特别是危险物质与安全保障体系之间的相互作用关系未予考虑。各因素之间均以乘积或相加方式处理,忽视了各因素之间重要性的差别。

（3）概率风险评价方法

概率风险评价方法是根据元部件或子系统的事故发生概率,求取整个系统的发生概率。这种评价方法起源于核电工业的风险评价。目前,在系统结构简单、清晰、相同元件的基础数据相互借鉴性强,在航天、航空、核能等领域得到广泛应用。这种评价方法要求数据准确、充分、分析完整、判断和假设合理,能准确地描述系统中的不确定性。

（4）故障树分析法

故障树分析法（FTA）又称为事故树分析,故障树是以图形的方式表明"系统是怎样失效的",它包括了人的影响与环境影响对系统失效的作用,并且用图形的方法有层次地分别描述系统在失效的过程中,各种中间事件的相互关系,并告诉人们系统是通过什么途径而发生失效的。故障树形似倒立的一棵树,树根顶点节点表示系统的某一个故障,树枝底部节点表示故障发生的中间事件,树枝叉的中间节点表示由基本原因促成的故障结果,也是系统故障的中间原因,故障因果关系的不同性质用不同的逻辑门表示。

1.4　重大危险源监控

1.4.1　重大危险源的监督管理

《安全生产法》第37条规定,生产经营单位对重大危险源应当登记建档,进行定期检测、评估、监控,并制订应急预案,告知从业人员和相关人员在紧急情况下应当采取的应急措施。生产经营单位应当按照国家有关规定将本单位重大危险源及有关安全措施、应急措施报有关地方人民政府安全生产监督管理部门和有关部门备案。

重大危险源的监督管理是一项系统工程,需要合理设计,统筹规划。通过对重大危险源的监控管理,既要促使企业强化内部管理,落实措施,自主保安,又要针对各地实际,有的放矢,便于政府统一领导,科学决策,依法实施监控和安全生产行政执法,以实现重大危险源监督管理工作的科学化、制度化和规范化。

（1）生产经营单位对重大危险源的安全管理

生产经营单位的重大危险源,是指长期地或者临时地生产、搬运、使用或者储存危险物品,且危险物品的数量等于或者超过临界量的单元（包括场所和设施）。因此,重大危险源是指一类特殊的场所和设施,这类场所和设施由于长期地或者临时地生产、搬运、使用或者储存危险物品,使其本身具有危险性。当然,构成重大危险源,还必须是危险物品的数量等于或者超过临界量。临界量是指对于某种危险物品规定的一个数值,一个生产装置、设施或场所,或者同属一个生产经营单位且边缘小于500 m的几个生产装置、设施或场所中的某种危险物品的数量达到或者超过这个数值时,就有可能发生危险。我国曾于2000年颁布了《重大危险源辨识》（GB 18218—2000）国家标准,对各种危险物品的临界量作了明确规定。2009年,该标准进行了全面修订,名称改为《危险化学品重大危险源辨识》（GB 18218—2009）,规定了辨识危险化学品重大危险源的依据和方法,明确标准的适用范围,明确危险化学品重大危险源辨识依据是危险化学品的危险特性及其数量,并对各种危险化学品的临界量作了明确规定。此外,国家安全生产监督管理总局制订了《危险化学品重大危险源安全监控通用技术规范》(AQ 3035—2010)和《危险化学品重大危险源——罐区现场安全监控装备设置规范》(AQ 3036—2010),国家能源局制订了《水电水利工程施工重大危险源辨识及评价导则》(DL/T 5274—2012)等行业标准,部分地方政府也出台了相关标准,进一步完善了重大危险源辨识和监管技术规范体系。

由于重大危险源的特性,必须采取一系列的专门措施,加强对重大危险源的安全管理,对于预防生产安全事故具有重要意义。生产经营单位对重大危险源应采取以下安全管理措施:

①生产经营单位对重大危险源应当登记建档。登记建档的目的是为了对重大危险源的情况有一个总体的掌握,时刻做到心中有数,为重大危险源的安全管理打下基础。登记建档的内容包括重大危险源的名称、地点、性质、可能造成的危害等。登记建档应当注意保证完整性、连贯性。

②生产经营单位对重大危险源应当进行定期检测、评估、监控。检测是指通过一定的技术手段,利用仪器对重大危险源的一些具体指标、参数进行测量;评估是指对重大危险源的各种情况进行综合的分析、判断,掌握其危险程度;监控是对重大危险源进行观察和控制,防止其引发危险。检测、评估、监控的目的都是为了更好地了解和掌握重大危险源的基本情况,及时发现事故隐患,采取相应措施,防止生产安全事故的发生。生产经营单位应当将对重大危险源的检测、评估、监控作为一项经常性的工作,定期进行。具体操作上,既可以由本单位的注册安全工程师、技术人员进行,也可以聘请有关专家或者委托依法设立的专业服务机构进行。无论谁具体承担这项工作,都应当符合有关技术标准的要求,详细记录有关情况,并出具检测、评估或者监控报告,报告应当客观公正、数据准确、内容完整、结论明确、措施可行,由有关人员签字并对其结果负责。

③生产经营单位对重大危险源应当制订应急预案。应急预案是关于发生紧急情况或者生产安全事故时的应对措施、处理办法、程序等的事先安排和计划。提前制订重大危险源的应急预案,并进行必要的应急演练,在出现紧急情况时才会做到心中不慌、有条不紊,采取适当的应对措施,避免生产安全事故的发生或者降低事故的损失。因此,生产经营单位应当根据本单位重大危险源的实际情况,制订相应的应急预案。

④生产经营单位应当告知从业人员和相关人员在紧急情况下应当采取的应急措施。这是生产经营单位的一项法定义务。告知从业人员和其他可能受到影响的相关人员在紧急情况下应当采取的应急措施,有利于从业人员和相关人员对自身安全的保护,也有利于他们在紧急情况下采取正确的应急措施,防止事故或者减少事故损失。

(2)**重大危险源及有关安全措施、应急措施的备案要求**

为便于安全生产监督管理部门和有关部门及时、全面地掌握生产经营单位重大危险源的分布及具体情况,有针对性地对重大危险源采取措施,加强监督管理,以及发生生产安全事故后能够及时采取正确的救援措施,并为事故调查处理提供方便,生产经营单位应当将本单位重大危险源及有关安全措施、应急措施报所在地安全生产监督管理部门和有关部门备案。安全生产监督管理部门和有关部门应当建立、完善有关备案的工作制度和程序,方便生产经营单位进行备案。同时,安全生产监督管理部门和有关部门要管理好报备的有关材料,探索运用现代信息技术建立重大危险源信息管理和预警监控平台,对辖区内重大危险源实施有效预警监控,提高安全生产监管水平。

（3）**重大危险源的监督管理的内容**

①开展重大危险源的普查登记。

②开展重大危险源的检测评估。

③对重大危险源实施监控防范。

④对有缺陷和存在事故隐患的危险源实施治理。

（4）**重大危险源监督管理的主要任务**

①开展重大危险源普查登记，摸清底数，掌握重大危险源的数量、状况和分布情况，建立重大危险源数据库和定期报告制度。

②开展重大危险源安全评估，对重要的设备、设施以及生产过程中的工艺参数、危险物质进行定期检测，建立重大危险源评估监控的日常管理体系。

③建立国家、省（自治区、直辖市）、地级市（地区）、县（县级市）四级重大危险源监控信息管理网络系统，实现对重大危险源的动态监控、有效监控。

④对存在缺陷和事故隐患的重大危险源进行治理整顿，督促生产经营单位加大投入，采取有效措施，消除事故隐患，确保安全生产。

⑤建立和完善有关重大危险源监控和存在事故隐患的重大危险源治理的法规和政策，探索建立长效机制。

（5）**重大危险源管理与事故应急救援的关系**

重大危险源辨识与管理是制订事故应急救援预案的必要准备和物质基础。通过开展重大危险源的辨识，摸清重大危险源底数，掌握重大危险源的数量、状况和分布情况，并对控制对象进行充分系统的分析，全面掌握有关危险信息，才有可能制订出针对性、实用性强的应急救援预案。矿山企业一旦发生灾害事故，就能够在事故应急救援预案的指导下及时、有效地进行事故应急救援，充分发挥矿山救护队和矿山辅助救护队组织作用，最大限度地减少矿山作业人员的伤害和国家、企业和个人财产损失。

重大危险源辨识和管理是制订事故应急救援预案的基础和前提；制订切实可行的事故应急救援预案是确保事故应急救援工作顺利进行的关键和支撑。

1.4.2　重大危险源的控制途径

重大危险源的控制可以分为技术控制、行为控制和管理控制 3 个方面。

（1）**技术控制**

技术控制就是采取技术措施对固有重大危险源进行消除、控制、防护、隔离、监控和转移等措施。

①消除潜在危险。从本质上消除事故隐患，基本做法是以新的系统、新的技术和新的工艺代替旧的不安全系统和工艺，从根本上消除发生事故的基础。

②减低潜在危险性。在系统危险不能根除的情况下，尽量降低系统的危险程度，使系统一旦发生事故，所造成的后果最小。

③能量屏蔽。在人、物与危险之间设置屏障，防止意外能量作用到人体和物体上，以保证人和设备的安全。

④距离防护。当危险和有害因素的伤害作用随距离的增加而减弱时，应尽量使人与危险源距离远一点。

⑤时间防护。使人暴露于危险、有害因素的时间缩短到安全程度之内。

⑥个体防护。根据不同作业性质和条件配备相应的保护用品及用具。

（2）行为控制

行为控制就是控制人的失误，减少人不正确行为对危险源的触发作用。人失误的主要表现有操作失误、指挥错误、不正确的判断或缺乏判断、粗心大意、厌烦、懒散、疲劳、紧张、疾病或心理缺陷、错误使用防护用品和防护装置等。行为控制要求加强教育培训，做到人的安全化，操作安全化。

1）人失误致因分析

①超过人的能力的过负荷。

②与外界刺激要求不一致的反应。

③由于不知道正确方法或故意采取不恰当行为。

2）防止人失误的 3 个阶段

①控制、减少可能引起人失误的各种因素，防止出现人失误。

②在一旦发生人失误的场合，使人失误不至于引起事故，使人失误无害化。

③在人失误引起事故的情况下，限制事故发展，减少事故损失。

3）防止人失误的技术措施

①用机器代替人

在人容易失误的地方用机器代替人操作。

②冗余系统

其主要方法有：两人操作；人机并行；审查。

③耐失误设计

通过精心设计使人员不能发生失误或者发生了失误也不会带来事故等严重后果。

④警告

警告分为视觉警告、听觉警告、气味警告及触觉警告。

⑤人、机、环境匹配

人、机、环境匹配主要包括显示器人机学设计、操纵器人机学设计、生产环境人机学要求。

4）防止人失误的管理措施

①职业适应性

职业适应性是指人员从事某种职业应具备的基本条件，着重于职业对人员的能力要求。它包括职业适应性分析、职业适应性测试、职业适应性人员的选择。

②安全教育与技能训练

安全教育包括安全知识教育、安全技能教育和安全态度教育。

对重大危险源的管理和操作岗位人员进行安全操作技能培训，使其了解重大危险源的危险特性，熟悉重大危险源安全管理规章制度和安全操作规程，掌握本岗位的安全操作技能和应急措施。

③其他管理措施

其他管理措施包括：合理安排工作量；建立和谐人际关系；持证上岗；编制安全技术措施。

（3）**管理控制**

1）建立健全重大危险源管理的规章制度

重大危险源确定后,在对重大危险源进行系统危险性分析的基础上建立健全重大危险源管理的规章制度,包括岗位安全生产责任制、重大危险源重点控制细则、安全操作规程、操作人员培训考核制度、日常管理制度、检查制度、信息反馈制度、危险作业审批制度、异常情况应急措施、考核奖惩制度等。

2）明确责任,定期检查

根据危险源等级,分别确定各级负责人,明确具体责任。定期对重大危险源的安全设施和安全监测监控系统进行检测、检验,并进行经常性维护、保养,保证重大危险源的安全设施和安全监测监控系统有效、可靠运行。维护、保养、检测应当做好记录,并由有关人员签字。明确重大危险源中关键装置、重点部位的责任人或者责任机构,并对重大危险源的安全生产状况进行定期检查,及时采取措施消除事故隐患。事故隐患难以立即排除的,应当及时制订治理方案,落实整改措施、责任、资金、时限和预案。

3）加强重大危险源的日常管理

作业人员必须认真贯彻执行重大危险源日常管理的规章制度,严格按操作规程作业,危险作业按照有关规定进行审批。在重大危险源所在场所设置明显的安全警示标志,写明紧急情况下的应急处置办法。同时,将重大危险源可能发生的事故后果和应急措施等信息,以适当方式告知可能受影响的单位、区域及人员。

4）抓好信息反馈,及时整改隐患

要建立健全重大危险源信息反馈系统,制订信息反馈制度,并严格贯彻落实。对生产过程中发现的事故隐患,应根据其性质和严重程度,按照规定分级实行信息反馈和整改,做好记录,发现重大事故隐患应及时报告本单位行政负责人。信息反馈和整改必须将责任落实到人,考核到人。

5）搞好重大危险源控制管理的基础建设工作

重大危险源控制管理的基础建设工作除建立健全各项规章制度外,还应建立健全重大危险源的安全档案和设置安全标志牌。在重大危险源的显著位置悬挂安全标志牌,标明危险等级,注明负责人,扼要注明防范措施。

6）搞好重大危险源控制管理的考核奖惩

在实际工作中,要对重大危险源控制管理的各个方面工作制订量化考核标准,划分等级,明确奖惩制度,并定期进行考核奖惩。

7）应急救援预案与应急演练

按照《安全生产法》的规定,应当依法制订重大危险源事故应急预案,建立应急救援组织或者配备应急救援人员,配备必要的防护装备及应急救援器材、设备、物资,并保障其完好和方便使用;配合地方人民政府安全生产监督管理部门制订所在地区涉及本单位的事故应急预案。制订事故应急预案的目的是为了一旦事故发生,能够及时、有效地进行事故救援,最大限度地减少人、财、物的损失。

对存在吸入性有毒、有害气体的重大危险源,应当配备便携式有毒有害气体浓度检测设备、空气呼吸器、化学防护服、堵漏器材等应急器材和设备;涉及剧毒气体的重大危险源,还应当配备两套以上气密型化学防护服;涉及易燃易爆气体或者易燃液体蒸气的重大危险源,还应当配备一定数量的便携式可燃气体检测设备。

制订重大危险源事故应急预案演练计划,对重大危险源专项应急预案,每年至少进行一次事故应急预案演练;对重大危险源现场处置方案,每半年至少进行一次事故应急预案演练。应急预案演练结束后,应当对应急预案演练效果进行评估,撰写应急预案演练评估报告,分析存在的问题,对应急预案提出修订意见,并及时修订完善。

8)建立重大危险源档案

存在重大危险源的单位应当对辨识确认的重大危险源及时、逐项进行登记建档。重大危险源档案应当包括以下文件、资料:

①辨识、分级记录、重大危险源基本特征表。

②涉及的所有化学品安全技术说明书。

③区域位置图、平面布置图、工艺流程图和主要设备一览表。

④重大危险源安全管理规章制度及安全操作规程。

⑤安全监测监控系统、措施说明、检测、检验结果。

⑥重大危险源事故应急预案、评审意见、演练计划和评估报告。

⑦安全评估报告或者安全评价报告。

⑧重大危险源关键装置、重点部位的责任人、责任机构名称。

⑨重大危险源场所安全警示标志的设置情况。

⑩其他文件、资料。

9)加强与地方政府联系

将本单位重大危险源及有关安全措施报告当地人民政府的安全生产监督管理部门和有关部门,以便政府及有关部门能够及时掌握情况。一旦发生事故,政府和有关部门可以调动有关社会力量进行事故救援,以减少事故损失。

1.5 矿山重大生产安全事故隐患

1.5.1 煤矿重大生产安全事故隐患

为了准确认定、及时消除煤矿重大生产安全事故隐患,根据《安全生产法》和《国务院关于预防煤矿生产安全事故的特别规定》(国务院令第446号)等法律、法规,国家安全生产监督管理总局制订了煤矿重大生产安全事故隐患判定标准,2015年12月3日国家安全生产监督管理总局局长杨焕宁以国家安全生产监督管理总局令第85号发布,自发布之日起执行。

根据《煤矿重大生产安全事故隐患判定标准》的规定,煤矿重大生产安全事故隐患包括以下15个方面:

(1)**超能力、超强度或者超定员组织生产**

"超能力、超强度或者超定员组织生产"重大生产安全事故隐患,是指有下列情形之一的:

①矿井全年原煤产量超过矿井核定(设计)生产能力110%的,或者矿井月产量超过矿井核定(设计)生产能力10%的。

②矿井开拓、准备、回采煤量可采期小于有关标准规定的最短时间组织生产、造成接续紧

张的，或者采用"剃头下山"开采的。

③采掘工作面瓦斯抽采不达标组织生产的。

④煤矿未制定或者未严格执行井下劳动定员制度的。

（2）瓦斯超限作业

"瓦斯超限作业"重大生产安全事故隐患，是指有下列情形之一的：

①瓦斯检查存在漏检、假检的。

②井下瓦斯超限后不采取措施继续作业的。

（3）煤与瓦斯突出矿井，未依照规定实施防突出措施

"煤与瓦斯突出矿井，未依照规定实施防突出措施"重大生产安全事故隐患，是指有下列情形之一的：

①未建立防治突出机构并配备相应专业人员的。

②未装备矿井安全监控系统和地面永久瓦斯抽采系统或者系统不能正常运行的。

③未进行区域或者工作面突出危险性预测的。

④未按规定采取防治突出措施的。

⑤未进行防治突出措施效果检验或者防突措施效果检验不达标仍然组织生产建设的。

⑥未采取安全防护措施的。

⑦使用架线式电机车的。

（4）高瓦斯矿井未建立瓦斯抽采系统和监控系统，或者不能正常运行

"高瓦斯矿井未建立瓦斯抽采系统和监控系统，或者不能正常运行"重大生产安全事故隐患，是指有下列情形之一的：

①按照《煤矿安全规程》规定应当建立而未建立瓦斯抽采系统的。

②未按规定安设、调校甲烷传感器，人为造成甲烷传感器失效的，瓦斯超限后不能断电或者断电范围不符合规定的。

③安全监控系统出现故障没有及时采取措施予以恢复的，或者对系统记录的瓦斯超限数据进行修改、删除、屏蔽的。

（5）通风系统不完善、不可靠

"通风系统不完善、不可靠"重大生产安全事故隐患，是指有下列情形之一的：

①矿井总风量不足的。

②没有备用主要通风机或者两台主要通风机工作能力不匹配的。

③违反规定串联通风的。

④没有按设计形成通风系统的，或者生产水平和采区未实现分区通风的。

⑤高瓦斯、煤与瓦斯突出矿井的任一采区，开采容易自燃煤层、低瓦斯矿井开采煤层群和分层开采采用联合布置的采区，未设置专用回风巷的，或者突出煤层工作面没有独立的回风系统的。

⑥采掘工作面等主要用风地点风量不足的。

⑦采区进（回）风巷未贯穿整个采区，或者虽贯穿整个采区但一段进风、一段回风的。

⑧煤巷、半煤岩巷和有瓦斯涌出的岩巷的掘进工作面未装备甲烷电、风电闭锁装置或者不能正常使用的。

⑨高瓦斯、煤与瓦斯突出建设矿井局部通风不能实现双风机、双电源且自动切换的。

⑩高瓦斯、煤与瓦斯突出建设矿井进入二期工程前,其他建设矿井进入三期工程前,没有形成地面主要通风机供风的全风压通风系统的。

(6)有严重水患,未采取有效措施

"有严重水患,未采取有效措施"重大生产安全事故隐患,是指有下列情形之一的:

①未查明矿井水文地质条件和井田范围内采空区、废弃老窑积水等情况而组织生产建设的。

②水文地质类型复杂、极复杂的矿井没有设立专门的防治水机构和配备专门的探放水作业队伍、配齐专用探放水设备的。

③在突水威胁区域进行采掘作业未按规定进行探放水的。

④未按规定留设或者擅自开采各种防隔水煤柱的。

⑤有透水征兆未撤出井下作业人员的。

⑥受地表水倒灌威胁的矿井在强降雨天气或其来水上游发生洪水期间未实施停产撤人的。

⑦建设矿井进入三期工程前,没有按设计建成永久排水系统的。

(7)超层越界开采

"超层越界开采"重大生产安全事故隐患,是指有下列情形之一的:

①超出采矿许可证规定开采煤层层位或者标高而进行开采的。

②超出采矿许可证载明的坐标控制范围而开采的。

③擅自开采保安煤柱的。

(8)有冲击地压危险,未采取有效措施

"有冲击地压危险,未采取有效措施"重大生产安全事故隐患,是指有下列情形之一的:

①首次发生过冲击地压动力现象,半年内没有完成冲击地压危险性鉴定的。

②有冲击地压危险的矿井未配备专业人员并编制专门设计的。

③未进行冲击地压预测预报,或者采取的防治措施没有消除冲击地压危险仍组织生产建设的。

(9)自然发火严重,未采取有效措施

"自然发火严重,未采取有效措施"重大生产安全事故隐患,是指有下列情形之一的:

①开采容易自燃和自燃的煤层时,未编制防止自然发火设计或者未按设计组织生产建设的。

②高瓦斯矿井采用放顶煤采煤法不能有效防治煤层自然发火的。

③有自然发火征兆没有采取相应的安全防范措施并继续生产建设的。

(10)使用明令禁止使用或者淘汰的设备、工艺

"使用明令禁止使用或者淘汰的设备、工艺"重大生产安全事故隐患,是指有下列情形之一的:

①使用被列入国家应予淘汰的煤矿机电设备和工艺目录的产品或者工艺的。

②井下电气设备未取得煤矿矿用产品安全标志,或者防爆等级与矿井瓦斯等级不符的。

③未按矿井瓦斯等级选用相应的煤矿许用炸药和雷管、未使用专用发爆器的,或者裸露放炮的。

④采煤工作面不能保证两个畅通的安全出口的。

⑤高瓦斯矿井、煤与瓦斯突出矿井、开采容易自燃和自燃煤层（薄煤层除外）矿井,采煤工作面采用前进式采煤方法的。

（11）煤矿没有双回路供电系统

"煤矿没有双回路供电系统"重大生产安全事故隐患,是指有下列情形之一的:

①单回路供电的。

②有两个回路但取自一个区域变电所同一母线端的。

③进入二期工程的高瓦斯、煤与瓦斯突出及水害严重的建设矿井,进入三期工程的其他建设矿井,没有形成双回路供电的。

（12）新建煤矿边建设边生产,煤矿改扩建期间,在改扩建的区域生产,或者在其他区域的生产超出安全设计规定的范围和规模

"新建煤矿边建设边生产,煤矿改扩建期间,在改扩建的区域生产,或者在其他区域的生产超出安全设计规定的范围和规模"重大生产安全事故隐患,是指有下列情形之一的:

①建设项目安全设施设计未经审查批准,或者批准后做出重大变更后未经再次审批擅自组织施工的。

②改扩建矿井在改扩建区域生产的。

③改扩建矿井在非改扩建区域超出设计规定范围和规模生产的。

（13）煤矿实行整体承包生产经营后,未重新取得或者及时变更安全生产许可证而从事生产,或者承包方再次转包,以及将井下采掘工作面和井巷维修作业进行劳务承包

"煤矿实行整体承包生产经营后,未重新取得或者及时变更安全生产许可证从事生产的,或者承包方再次转包,以及将井下采掘工作面和井巷维修作业进行劳务承包"重大生产安全事故隐患,是指有下列情形之一的:

①生产经营单位将煤矿承包或者托管给没有合法有效煤矿生产建设证照的单位或者个人的。

②煤矿实行承包（托管）但未签订安全生产管理协议,或者未约定双方安全生产管理职责合同而进行生产的。

③承包方（承托方）未按规定变更安全生产许可证进行生产的。

④承包方（承托方）再次将煤矿承包（托管）给其他单位或者个人的。

⑤煤矿将井下采掘工作面或者井巷维修作业作为独立工程承包（托管）给其他企业或者个人的。

（14）煤矿改制期间,未明确安全生产责任人和安全管理机构,或者在完成改制后,未重新取得或者变更采矿许可证、安全生产许可证和营业执照

"煤矿改制期间,未明确安全生产责任人和安全管理机构,或者在完成改制后,未重新取得或者变更采矿许可证、安全生产许可证和营业执照"重大生产安全事故隐患,是指有下列情形之一的:

①改制期间,未明确安全生产责任人而进行生产建设的。

②改制期间,未健全安全生产管理机构和配备安全管理人员进行生产建设的。

③完成改制后,未重新取得或者变更采矿许可证、安全生产许可证、营业执照而进行生产建设的。

（15）其他重大生产安全事故隐患

"其他重大生产安全事故隐患"，是指有下列情形之一的：

①没有分别配备矿长、总工程师和分管安全、生产、机电的副矿长，以及负责采煤、掘进、机电运输、通风、地质测量工作的专业技术人员的。

②未按规定足额提取和使用安全生产费用的。

③出现瓦斯动力现象，或者相邻矿井开采的同一煤层发生了突出，或者煤层瓦斯压力达到或者超过 0.74 MPa 的非突出矿井，未立即按照突出煤层管理并在规定时限内进行突出危险性鉴定的（直接认定为突出矿井的除外）。

④图纸作假、隐瞒采掘工作面的。

1.5.2　非煤矿山企业重大安全生产隐患

国务院安委会办公室《关于贯彻落实〈国务院关于进一步加强企业安全生产工作的通知〉精神进一步加强非煤矿山安全生产工作的实施意见》（安委办〔2010〕17 号）规定，非煤矿山企业有下列重大安全生产隐患和行为的，要立即停止生产，消除隐患。

①没有按有关规定建立安全管理机构和安全生产制度，制订安全技术规程和岗位安全操作规程的。

②超能力、超强度、超定员组织生产的。

③相邻矿山开采错动线重叠，开采移动线与周边居民村庄、重要设备设施安全距离不符合相关要求，以及与相邻矿山开采相互严重影响安全的。

④有严重水患，没有采取有效防范措施的。

⑤没有按规定使用取得矿用产品安全标志的设备设施的。

⑥危险性较大的设备设施未按规定经有资质的安全检测检验机构检测，以及经检测检验不合格的。

⑦民爆器材库不符合规程规范要求以及违规、超量和混存的。

⑧危险级排土场（废石场）没有治理，以及没有采取有效安全措施的。

⑨露天矿山开采周边安全距离不符合相关法律法规、标准规定的。

⑩露天矿山没有采用自上而下顺序、分台阶（层）开采的。

⑪露天矿山企业没有对高陡边坡采取监测监控措施，以及对较大滑坡体没有治理的。

⑫露天矿山台阶参数和设备能力严重不匹配的。

⑬地下矿山每个矿井、每个生产水平（中段）、每个采场没有两个安全出口的。

⑭地下矿山没有按规定建立机械通风系统，以及通风能力不足，风速、风量、风质不符合要求的。

⑮地下矿山未按相关规定建立排水系统，以及排水系统能力严重不足的。

⑯有自然发火倾向，没有采取有效措施的。

⑰没有对采空区进行治理，以及对地表塌陷没有采取有效监测监控措施的。

⑱地下矿山一级负荷没有采用双回路、双电源供电的。

⑲地下矿山开采与煤共（伴）生矿产资源，没有采取防治瓦斯、煤尘爆炸等措施的。

⑳尾矿库坝体超过设计坝高、超设计库容储存尾矿，以及尾矿库排洪设施不符合设计要求的。

㉑危库、险库没有停止生产并采取有效治理措施的。

㉒尾矿库未按规定进行闭库的。

㉓石油企业没有采取防井喷、防爆炸、防硫化氢中毒、防恶劣气象措施的。

㉔其他重大安全生产隐患。

1.5.3 非煤矿山非法违法建设生产经营行为情形

国务院安委会办公室《关于贯彻落实〈国务院关于进一步加强企业安全生产工作的通知〉精神进一步加强非煤矿山安全生产工作的实施意见》（安委办［2010］17号）规定，非煤矿山非法违法建设生产经营行为情形有12种，分别如下：

①无证、证照不全或证照过期从事勘查、建设、生产、经营的。

②盗采矿产资源的。

③以采代探、超层越界开采，以及不同矿山井下巷道相互贯通的。

④关闭取缔后又擅自恢复生产建设，已纳入资源整合范围予以关闭仍继续从事生产建设，以及以整合名义违规组织生产建设的。

⑤新建、改建、扩建项目未经安全监管部门对安全设施设计进行审查批复进行建设的，以及未经安全监管部门验收通过擅自进行生产的。

⑥资源整合后未重新取得采矿许可证，未依法履行安全设施"三同时"审批手续擅自组织建设和生产的。

⑦尾矿库未取得安全生产许可证擅自生产的。

⑧向无勘查许可证、采矿许可证、安全生产许可证的单位提供民爆物品的。

⑨发现重大隐患隐瞒不报，以及不按规定期限进行整改的。

⑩对事故隐瞒不报的。

⑪拒不执行安全监管指令、抗拒安全执法的。

⑫其他违反安全生产法律法规的建设生产经营行为。

复习与思考

1. 什么是特别重大事故、重大危险源、重大事故隐患？

2. 生产过程中危险有害因素如何分类？矿山企业有哪些重大事故隐患？

3. 按照事故造成的人员伤亡或者直接经济损失，伤亡事故如何划分等级？

4. 重大危险源安全评估程序是如何规定的？安全评估报告编制有何要求？

5. 矿山企业有哪些常见灾害事故类型？

6. 在哪些情形下重大危险源需要重新进行安全评估？

7. 重大危险源安全评估报告应当包括哪些内容？

8. 重大危险源档案包括哪些具体内容？

9. 传递安全信息的安全标志有哪些？

10. 矿山灾害事故有哪些特征与特性？

第**2**章
应急救援预案与应急演练

【学习目标】

☞ 熟悉综合应急预案、专项应急预案、现场处置方案和应急演练。
☞ 熟悉综合应急预案、专项应急预案和现场处置方案的编制程序和主要内容。
☞ 熟悉应急演练类型、综合演练组织与实施。
☞ 熟悉应急预案评审方法、评审程序和评审要点。
☞ 熟悉矿井灾害预防与处理计划的编制原则、程序和主要内容。
☞ 掌握综合应急预案、专项应急预案和现场处置方案的编制方法。
☞ 掌握矿井灾害预防与处理计划的编制方法。

2.1　应急救援预案编制

矿山企业安全生产事故应急预案是国家安全生产应急预案体系的重要组成部分。制订矿山企业安全生产事故应急预案是贯彻落实"安全第一、预防为主、综合治理"方针,规范矿山企业应急管理工作,提高应对安全风险和防范事故的能力,保证职工安全健康和公众生命安全,最大限度地减少财产损失、环境损害和社会影响的重要措施。

2.1.1　编制要求

《生产安全事故应急救援预案管理办法》规定,矿山企业应当根据有关安全生产法律、法规和《生产经营单位安全生产事故应急预案编制导则》(GB/T 29639—2013),结合本单位的危险源状况、危险性分析情况和可能发生的事故特点,制订相应的安全生产事故应急预案。

矿山企业的应急预案按照针对情况的不同,可分为综合应急预案、专项应急预案和现场处置方案。矿山企业风险种类多、可能发生多种事故类型的,应当组织编制本单位的综合应急预案。

综合应急预案应当包括本单位的应急组织机构及其职责、预案体系及响应程序、事故预防及应急保障、应急培训及预案演练等主要内容。

对于某一种类的风险,矿山企业应当根据存在的重大危险源和可能发生的事故类型,制订相应的专项应急预案。专项应急预案应当包括危险性分析、可能发生的事故特征、应急组织机构与职责、预防措施、应急处置程序和应急保障等内容。

对于危险性较大的重点岗位,矿山企业应当制订重点工作岗位的现场处置方案。现场处置方案应当包括危险性分析、可能发生的事故特征、应急处置程序、应急处置要点和注意事项等内容。矿山企业编制的综合应急预案、专项应急预案和现场处置方案之间应当相互衔接,并与所涉及的其他单位的应急预案相互衔接。

应急预案应当包括应急组织机构和人员的联系方式、应急物资储备清单等附件信息。附件信息应当经常更新,确保信息准确有效。

2.1.2　应急预案的编制

(1)编制准备

①全面分析本单位危险因素、可能发生的事故类型及事故的危害程度。

②排查事故隐患的种类、数量和分布情况,并在隐患治理的基础上,预测可能发生的事故类型及事故的危害程度。

③确定事故危险源,进行风险评估。

④针对事故危险源和存在的问题,确定相应的防范措施。

⑤客观评价本单位应急能力。

⑥充分借鉴国内外同行业事故教训及应急工作经验。

(2)编制程序

1)应急预案编制工作组

结合本单位部门职能分工,成立以单位主要负责人为领导的应急预案编制工作组,明确编制任务、职责分工,制订工作计划。

2)资料收集

收集应急预案编制所需的相关法律法规、应急预案、技术标准、国内外同行业事故案例分析、本单位技术资料等。

3)危险源与风险分析

在危险因素分析及事故隐患排查、治理的基础上,确定本单位可能发生事故的危险源、事故的类型和后果,进行事故风险分析,并排查出事故可能产生的次生、衍生事故,形成分析报告,分析结果作为应急预案的编制依据。

4)应急能力评估

对本单位应急装备、应急队伍等应急能力进行评估,并结合本单位实际,加强应急能力建设。

5)应急预案编制

针对可能发生的事故,应按照有关规定和要求编制应急预案。应急预案编制过程中,应注重全体人员的参与和培训,使所有与预案有关人员均充分认识危险源的危险性、掌握应急处置方案和技能。应急预案应充分利用社会应急资源,与地方政府预案、上级主管单位的预案相衔接。

6)应急预案评审与发布

应急预案编制完成后,应进行评审。内部评审由本单位主要负责人组织有关部门和人员进行。外部评审由上级主管部门或地方人民政府负责安全管理的部门组织审查。评审后,按规定报有关部门备案,并经矿山企业主要负责人签署发布。

2.1.3 应急预案体系的构成

应急预案应形成体系,针对各级各类可能发生的事故和所有危险源制订专项应急预案和现场应急处置方案,并明确事前、事发、事中、事后的各个过程中相关部门和有关人员的职责。生产规模小、危险因素少的矿山企业,综合应急预案和专项应急预案可以合并编写。

(1)综合应急预案

综合应急预案是从总体上阐述事故的应急方针、政策,应急组织结构及相关应急职责,应急行动、措施和保障等基本要求和程序,是应对各类事故的综合性文件。

(2)专项应急预案

专项应急预案是针对具体的事故类别、危险源和应急保障而制订的计划或方案,是综合应急预案的组成部分,应按照综合应急预案的程序和要求组织制订,并作为综合应急预案的附件。专项应急预案应制订明确的救援程序和具体的应急救援措施。

(3)现场处置方案

现场处置方案是针对具体的装置、场所或设施、岗位所制订的应急处置措施。现场处置方案应具体、简单、针对性强。现场处置方案应根据风险评估及危险性控制措施逐一编制,做到事故相关人员应知应会、熟练掌握,并通过应急演练,做到迅速反应、正确处置。

2.1.4 综合应急预案的主要内容

(1)总则

1)编制目的

简述应急预案编制的目的、作用等。

2)编制依据

简述应急预案编制所依据的法律法规、规章,有关行业管理规定、技术规范和技术标准等。

3)适用范围

说明应急预案适用的区域范围,以及事故的类型、级别。

4)应急预案体系

说明本单位应急预案体系的构成情况。

5)应急工作原则

说明本单位应急工作的原则,内容应简明扼要、明确具体。

(2)矿山企业的危险性分析

1)矿山企业概况

它主要包括单位地址、从业人数、隶属关系、主要原材料、主要产品、产量等内容,以及周边重大危险源、重要设施、目标、场所和周边布局情况。必要时,可附平面图进行说明。

2)危险源与风险分析

主要阐述本单位存在的危险源及风险分析结果。

(3)组织机构及职责

1)应急组织体系

明确应急组织形式、构成单位或人员,并尽可能以结构图的形式表示出来。

2）指挥机构及职责

明确应急救援指挥机构总指挥、副总指挥、各成员单位及其相应职责。应急救援指挥机构根据事故类型和应急工作需要,可以设置相应的应急救援工作小组,并明确各小组的工作任务及职责。

（4）**预防与预警**

1）危险源监控

明确本单位对危险源监测监控的方式、方法,以及采取的预防措施。

2）预警行动

明确事故预警的条件、方式、方法及信息的发布程序。

3）信息报告与处置

按照有关规定,明确事故及未遂伤亡事故信息报告与处置办法。

①信息报告与通知

明确 24 h 应急值守电话、事故信息接收和通报程序。

②信息上报

明确事故发生后向上级主管部门和地方人民政府报告事故信息的流程、内容和时限。

③信息传递

明确事故发生后向有关部门或单位通报事故信息的方法和程序。

（5）**应急响应**

1）响应分级

针对事故危害程度、影响范围和单位控制事态的能力,将事故分为不同的等级。按照分级负责的原则,明确应急响应级别。

2）响应程序

根据事故的大小和发展态势,明确应急指挥、应急行动、资源调配、应急避险、扩大应急等响应程序。

3）应急结束

明确应急终止的条件。事故现场得以控制,环境符合有关标准,导致次生、衍生事故隐患消除后,经事故现场应急指挥机构批准后,现场应急结束。应急结束后,应明确:事故情况上报事项;需向事故调查处理小组移交的相关事项和事故应急救援工作总结报告。

（6）**信息发布**

明确事故信息发布的部门,发布原则。事故信息应由事故现场指挥部及时准确向新闻媒体通报。

（7）**后期处置**

后期处置主要包括污染物处理、事故后果影响消除、生产秩序恢复、善后赔偿、抢险过程和应急救援能力评估以及应急预案的修订等内容。

（8）**保障措施**

1）通信与信息保障

明确与应急工作相关联的单位或人员通信联系方式和方法,并提供备用方案。建立信息通信系统及维护方案,确保应急期间信息通畅。

2）应急队伍保障

明确各类应急响应的人力资源,包括专业应急队伍、兼职应急队伍的组织与保障方案。

3）应急物资装备保障

明确应急救援需要使用的应急物资和装备的类型、数量、性能、存放位置、管理责任人及其联系方式等内容。

4）经费保障

明确应急专项经费来源、使用范围、数量和监督管理措施,保障应急状态时生产经营单位应急经费的及时到位。

5）其他保障

根据本单位应急工作需求而确定的交通运输、治安、技术、医疗、后勤等其他保障措施。

(9)**培训与演练**

1）培训

明确对本单位人员开展的应急培训计划、方式和要求。如果预案涉及社区和居民,要做好宣传教育和告知等工作。

2）演练

明确应急演练的规模、方式、频次、范围、内容、组织、评估及总结等内容。

(10)**奖惩**

明确事故应急救援工作中奖励和处罚的条件和内容。

(11)**附则**

1）术语和定义

对应急预案涉及的一些术语进行定义。

2）应急预案备案

明确本应急预案的报备部门。

3）维护和更新

明确应急预案维护和更新的基本要求,定期进行评审,实现可持续改进。

4）制订与解释

明确应急预案负责制订与解释的部门。

5）应急预案实施

明确应急预案实施的具体时间。

2.1.5　专项应急预案的主要内容

(1)**事故类型和危害程度分析**

在危险源评估基础上,对可能发生事故类型和可能发生季节及事故严重程度进行确定。

(2)**应急处置基本原则**

明确处置安全生产事故应当遵循的基本原则。

(3)**组织机构及职责**

1）应急组织体系

明确应急组织形式、构成单位或人员,并以结构图的形式表示出来。

2）指挥机构及职责

根据事故类型,明确应急救援指挥机构总指挥、副总指挥以及各成员单位或人员的具体职责。应急救援指挥机构内可设应急救援工作小组,明确其工作任务及主要负责人职责。

（4）预防与预警

1）危险源监控

明确本单位对危险源监测监控的方式、方法以及采取的预防措施。

2）预警行动

明确具体事故预警的条件、方式、方法和信息的发布程序。

（5）信息报告程序

确定报警系统及程序;确定现场报警方式;确定 24 h 与相关部门的通信、联络方式;明确相互认可的通告、报警形式和内容;明确应急反应人员向外求援的方式。

（6）应急处置

1）响应分级

针对事故危害程度、影响范围和单位控制事态的能力,将事故分为不同的等级。按照分级负责的原则,明确应急响应级别。

2）响应程序

根据事故的大小和发展态势,明确应急指挥、应急行动、资源调配、应急避险、扩大应急等响应程序。

3）处置措施

针对矿山企业事故类别和可能发生的事故特点、危险性,制订瓦斯爆炸、冒顶片帮、火灾、水灾、尾矿库、排土场等事故应急处置措施。

（7）应急物资与装备保障

明确应急处置所需的物质与装备数量、管理和维护、正确使用等。

2.1.6　现场处置方案的主要内容

（1）事故特征

①危险性分析,可能发生的事故类型。

②事故发生的区域、地点或装置的名称。

③事故可能发生的季节和造成的危害程度。

④事故前可能出现的征兆。

（2）应急组织与职责

①基层单位应急自救组织形式及人员构成情况。

②应急自救组织机构、人员的具体职责,应同单位或车间、班组人员工作职责紧密结合,明确相关岗位和人员的应急工作职责。

（3）应急处置

①事故应急处置程序。根据可能发生的事故类别及现场情况,明确事故报警、各项应急措施启动、应急救护人员的引导、事故扩大及同企业应急预案衔接的程序。

②现场应急处置措施。针对可能发生的火灾、爆炸、危险化学物泄漏、坍塌、水患、机动车辆伤害等,从操作措施、工艺流程、现场处置、事故控制,人员救护、消防、现场恢复等方面制订明确的应急处置措施。

③报警电话及上级管理部门、相关应急救援单位联络方式和联系人员,事故报告基本要求和内容。

(4)注意事项

①佩戴个人防护器具方面的注意事项。

②使用抢险救援器材方面的注意事项。

③采取救援对策或措施方面的注意事项。

④现场自救和互救注意事项。

⑤现场应急处置能力确认和人员安全防护等事项。

⑥应急救援结束后的注意事项。

⑦其他需要特别警示的事项。

2.1.7　附件

(1)有关应急部门、机构或人员的联系方式

列出应急工作中需要联系的部门、机构或人员的多种联系方式,并不断进行更新。

(2)重要物资装备的名录或清单

列出应急预案涉及的重要物资和装备名称、型号、存放地点和联系电话等。

(3)规范化格式文本

信息接报、处理、上报等规范化格式文本。

(4)关键的路线、标识和图纸

①警报系统分布及覆盖范围。

②重要防护目标一览表、分布图。

③应急救援指挥位置及救援队伍行动路线。

④疏散路线、重要地点等的标识。

⑤相关平面布置图纸、救援力量的分布图纸等。

(5)相关应急预案名录

列出与本应急预案相关的或相衔接的应急预案名称。

(6)有关协议或备忘录

与相关应急救援部门签订的应急支援协议或备忘录。

(7)应急预案编制格式和要求

1)封面

应急预案封面主要包括应急预案编号、应急预案版本号、矿山企业名称、应急预案名称、编制单位名称、颁布日期等内容。

2)批准页

应急预案必须经发布单位主要负责人批准方可发布。

3)目次

应急预案应设置目次,目次中所列的内容及顺序为:批准页;章的编号、标题;带有标题的条的编号、标题;附件,用序号表明其顺序。

4)印刷与装订

应急预案采用 A4 版面印刷,活页装订。

2.2　应急救援预案评审

2.2.1　评审要求

应急救援预案的评审是保证应急救援预案质量的关键,但又要避免对所有矿山企业的应急救援预案进行评审,给矿山企业带来不必要的经济负担。

《生产安全事故应急救援预案管理办法》规定,地方各级安全生产监督管理部门应当组织有关专家对本部门编制的应急救援预案进行审定;必要时,可以召开听证会,听取社会有关方面的意见。涉及相关部门职能或者需要有关部门配合的,应当征得有关部门同意。

矿山企业应当组织专家对本单位编制的应急救援预案进行评审。评审应当形成书面纪要并附有专家名单。参加应急救援预案评审人员应包括应急救援预案涉及的政府部门工作人员和有关安全生产及应急管理方面专家。评审人员与所评审应急救援预案的矿山企业有利害关系的,应当回避。

2.2.2　评审方法

应急救援预案评审采取形式评审和要素评审两种方法。形式评审主要用于应急救援预案备案的评审;要素评审用于矿山企业组织的应急救援预案评审工作。应急救援预案评审采用符合、基本符合和不符合 3 种意见进行判定。对于基本符合和不符合的项目,应给出具体修改意见或建议。

（1）形式评审

依据《生产经营单位安全生产事故应急预案编制导则》（GB/T 29639—2013）和有关行业规范,对应急救援预案的层次结构、内容格式、语言文字、附件项目以及编制程序等内容进行审查,重点审查应急救援预案的规范性和编制程序。应急救援预案形式评审的具体内容及要求见表 2.1。

表 2.1　应急救援预案形式评审表

评审项目	评审内容及要求	评审意见
封　面	应急预案版本号、应急预案名称、生产经营单位名称、发布日期等内容	
批准页	1. 对应急预案实施提出具体要求 2. 发布单位主要负责人签字或单位盖章	
目　录	1. 页码标注准确（预案简单时目录可省略） 2. 层次清晰,编号和标题编排合理	
正　文	1. 文字通顺、语言精练、通俗易懂 2. 结构层次清晰,内容格式规范 3. 图表、文字清楚,编排合理（名称、顺序、大小等） 4. 无错别字,同类文字的字体、字号统一	

续表

评审项目	评审内容及要求	评审意见
附件	1. 附件项目齐全,编排有序合理 2. 多个附件应标明附件的对应序号 3. 需要时,附件可以独立装订	
编制过程	1. 成立应急预案编制工作组 2. 全面分析本单位危险因素,确定可能发生的事故类型及危害程度 3. 针对危险源和事故危害程度,制订相应的防范措施 4. 客观评价本单位应急能力,掌握可利用的社会应急资源情况 5. 制订相关专项预案和现场处置方案,建立应急预案体系 6. 充分征求相关部门和单位意见,并对意见及采纳情况进行记录 7. 必要时与相关专业应急救援单位签订应急救援协议 8. 应急预案经过评审或论证 9. 重新修订后评审的,一并注明	

(2)要素评审

依据国家安全生产相关法律法规,矿山企业安全生产事故应急救援预案编制导则和有关行业规范,从合法性、完整性、针对性、实用性、科学性、操作性和衔接性等方面对应急救援预案进行评审。为细化评审,采用列表方式分别对应急救援预案的要素进行评审。评审时,将应急救援预案的要素内容与评审表中所列要素的内容进行对照,判断是否符合有关要求,指出存在问题及不足。应急救援预案要素分为关键要素和一般要素。应急救援预案要素评审的具体内容及要求,见表2.2—表2.5。

表2.2 综合应急预案要素评审表

评审项目		评审内容及要求	评审意见
总则	编制目的	目的明确,简明扼要	
	编制依据	1. 引用的法规标准合法有效 2. 明确相衔接的上级预案,不得越级引用应急预案	
	应急预案体系*	1. 能够清晰表述本单位及所属单位应急预案组成和衔接关系(推荐使用图表) 2. 能够覆盖本单位及所属单位可能发生的事故类型	
	应急工作原则	1. 符合国家有关规定和要求 2. 结合本单位应急工作实际	
适用范围*		范围明确,适用的事故类型和响应级别合理	
危险性分析	生产经营单位概况	1. 明确有关设施、装置、设备以及重要目标场所的布局等情况 2. 需要各方应急力量(包括外部应急力量)事先熟悉的有关基本情况和内容	
	危险源辨识与风险分析*	1. 能够客观分析本单位存在的危险源及危险程度 2. 能够客观分析可能引发事故的诱因、影响范围及后果	

续表

评审项目		评审内容及要求	评审意见
组织机构及职责*	应急组织体系	1. 能够清晰描述本单位的应急组织体系(推荐使用图表) 2. 明确应急组织成员日常及应急状态下的工作职责	
	指挥机构及职责	1. 清晰表述本单位应急指挥体系 2. 应急指挥部门职责明确。 3. 各应急救援小组设置合理,应急工作明确	
预防与预警	危险源管理	1. 明确技术性预防和管理措施 2. 明确相应的应急处置措施	
	预警行动	1. 明确预警信息发布的方式、内容和流程 2. 预警级别与采取的预警措施科学合理	
	信息报告与处置*	1. 明确本单位 24 h 应急值守电话 2. 明确本单位内部信息报告的方式、要求与处置流程 3. 明确事故信息上报的部门、通信方式和内容时限 4. 明确向事故相关单位通告、报警的方式和内容 5. 明确向有关单位发出请求支援的方式和内容 6. 明确与外界新闻舆论信息沟通的责任人以及具体方式	
应急响应	响应分级*	1. 分级清晰,并且与上级应急预案响应分级衔接 2. 能够体现事故紧急和危害程度 3. 明确紧急情况下应急响应决策的原则	
	响应程序*	1. 立足于控制事态发展,减少事故损失 2. 明确救援过程中各专项应急功能的实施程序 3. 明确扩大应急的基本条件及原则 4. 能够辅以图表直观表述应急响应程序	
	应急结束	1. 明确应急救援行动结束的条件和相关后续事宜 2. 明确发布应急终止命令的组织机构和程序 3. 明确事故应急救援结束后负责工作总结部门	
后期处置		1. 明确事故发生后,污染物处理、生产恢复、善后赔偿等内容 2. 明确应急处置能力评估及应急预案的修订等要求	
保障措施*		1. 明确相关单位或人员的通信方式,确保应急期间信息通畅 2. 明确应急装备、设施和器材及其存放位置清单,以及保证其有效性的措施 3. 明确各类应急资源,包括专业应急救援队伍、兼职应急队伍的组织机构以及联系方式 4. 明确应急工作经费保障方案	
培训与演练*		1. 明确本单位开展应急管理培训的计划和方式方法 2. 如果应急预案涉及周边社区和居民,应明确相应的应急宣传教育工作 3. 明确应急演练的方式、频次、范围、内容、组织、评估、总结等内容	

续表

评审项目		评审内容及要求	评审意见
附　则	应急预案备案	1. 明确本预案应报备的有关部门(上级主管部门及地方政府有关部门)和有关抄送单位 2. 符合国家关于预案备案的相关要求	
	制订与修订	1. 明确负责制订与解释应急预案的部门 2. 明确应急预案修订的具体条件和时限	

注: *代表应急预案的关键要素。

表2.3　专项应急预案要素评审表

评审项目		评审内容及要求	评审意见
事故类型和危险程度分析*		1. 能够客观分析本单位存在的危险源及危险程度 2. 能够客观分析可能引发事故的诱因、影响范围及后果 3. 能够提出相应的事故预防和应急措施	
组织机构及职责*	应急组织体系	1. 能够清晰描述本单位的应急组织体系(推荐使用图表) 2. 明确应急组织成员日常及应急状态下的工作职责	
	指挥机构及职责	1. 清晰表述本单位应急指挥体系 2. 应急指挥部门职责明确 3. 各应急救援小组设置合理,应急工作明确	
预防与预警	危险源监控	1. 明确危险源的监测监控方式、方法 2. 明确技术性预防和管理措施 3. 明确采取的应急处置措施	
	预警行动	1. 明确预警信息发布的方式及流程 2. 预警级别与采取的预警措施科学合理	
信息报告程序*		1. 明确24 h应急值守电话 2. 明确本单位内部信息报告的方式、要求与处置流程 3. 明确事故信息上报的部门、通信方式和内容时限 4. 明确向事故相关单位通告、报警的方式和内容 5. 明确向有关单位发出请求支援的方式和内容	
应急响应*	响应分级	1. 分级清晰合理,并且与上级应急预案响应分级衔接 2. 能够体现事故紧急和危害程度 3. 明确紧急情况下应急响应决策的原则	
	响应程序	1. 明确具体的应急响应程序和保障措施 2. 明确救援过程中各专项应急功能的实施程序 3. 明确扩大应急的基本条件及原则 4. 能够辅以图表直观表述应急响应程序	
	处置措施	1. 针对事故种类制订相应的应急处置措施 2. 符合实际,科学合理 3. 程序清晰,简单易行	

续表

评审项目	评审内容及要求	评审意见
应急物资与 装备保障*	1. 明确对应急救援所需的物资和装备的要求 2. 应急物资与装备保障符合单位实际,满足应急要求	

注:* 代表应急预案的关键要素。如果专项应急预案作为综合应急预案的附件,综合应急预案已经明确的要素,专项应急预案可省略。

表2.4 现场处置方案要素评审表

评审项目	评审内容及要求	评审意见
事故特征*	1. 明确可能发生事故的类型和危险程度,清晰描述作业现场风险 2. 明确事故判断的基本征兆及条件	
应急组织及职责*	1. 明确现场应急组织形式及人员 2. 应急职责与工作职责紧密结合	
应急处置*	1. 明确第一发现者进行事故初步判定的要点及报警时的必要信息 2. 明确报警、应急措施启动、应急救护人员引导、扩大应急等程序 3. 针对操作程序、工艺流程、现场处置、事故控制和人员救护等方面制订应急处置措施 4. 明确报警方式、报告单位、基本内容和有关要求	
注意事项	1. 佩戴个人防护器具方面的注意事项 2. 使用抢险救援器材方面的注意事项 3. 有关救援措施实施方面的注意事项 4. 现场自救与互救方面的注意事项 5. 现场应急处置能力确认方面的注意事项 6. 应急救援结束后续处置方面的注意事项 7. 其他需要特别警示方面的注意事项	

注:* 代表应急预案的关键要素。现场处置方案落实到岗位每个人,可以只保留应急处置。

表2.5 应急预案附件要素评审表

评审项目	评审内容及要求	评审意见
有关部门、机构或 人员的联系方式	1. 列出应急工作需要联系的部门、机构或人员至少两种以上联系方式,并保证准确有效 2. 列出所有参与应急指挥、协调人员姓名、所在部门、职务和联系电话,并保证准确有效	
重要物资装备 名录或清单	1. 以表格形式列出应急装备、设施和器材清单,清单应当包括种类、名称、数量以及存放位置、规格、性能、用途和用法等信息 2. 定期检查和维护应急装备,保证准确有效	
规范化格式文本	给出信息接报、处理、上报等规范化格式文本,要求规范、清晰、简洁	

续表

评审项目	评审内容及要求	评审意见
关键的路线、标识和图纸	1. 警报系统分布及覆盖范围 2. 重要防护目标一览表、分布图 3. 应急救援指挥位置及救援队伍行动路线 4. 疏散路线、重要地点等标识 5. 相关平面布置图纸、救援力量分布图等	
相关应急预案名录、协议或备忘录	列出与本应急预案相关的或相衔接的应急预案名称以及与相关应急救援部门签订的应急支援协议或备忘录	

注:附件根据应急工作需要而设置,部分项目可省略。

关键要素是指应急救援预案构成要素中必须规范的内容。它涉及矿山企业日常应急管理及应急救援的关键环节,具体包括危险源辨识与风险分析、组织机构及职责、信息报告与处置和应急响应程序与处置技术等要素。关键要素必须符合矿山企业实际和有关规定要求。

一般要素是指应急救援预案构成要素中可简写或省略的内容。这些要素不涉及矿山企业日常应急管理及应急救援的关键环节,具体包括应急救援预案中的编制目的、编制依据、适用范围、工作原则、单位概况等要素。

2.2.3 评审程序

应急救援预案编制完成后,矿山企业应在广泛征求意见的基础上,对应急救援预案进行评审。

(1)**评审准备**

成立应急救援预案评审工作组,落实参加评审的单位或人员,将应急救援预案及有关资料在评审前送达参加评审的单位或人员。

(2)**组织评审**

评审工作应由矿山企业主要负责人或主管安全生产工作的负责人主持,参加应急救援预案评审人员应符合《生产安全事故应急预案管理办法》要求。生产经营规模小、人员少的单位,可以采取演练的方式对应急救援预案进行论证,必要时应邀请相关主管部门或安全管理人员参加。应急救援预案评审工作组讨论并提出会议评审意见。

(3)**修订完善**

矿山企业应认真分析研究评审意见,按照评审意见对应急救援预案进行修订和完善。评审意见要求重新组织评审的,矿山企业应组织有关部门对应急救援预案重新进行评审。

(4)**批准印发**

矿山企业的应急救援预案经评审或论证,符合要求的,由矿山企业主要负责人签发。

2.2.4 评审要点

应急救援预案评审应坚持实事求是的工作原则,结合矿山企业工作实际,按照《生产经营单位安全生产事故应急预案编制导则》和有关行业规范,从以下7个方面进行评审:

(1)**合法性**

符合有关法律、法规、规章和标准,以及有关部门和上级单位规范性文件要求。

（2）**完整性**

具备《生产经营单位安全生产事故应急预案编制导则》所规定的各项要素。

（3）**针对性**

紧密结合本单位危险源辨识与风险分析。

（4）**实用性**

切合本单位工作实际，与生产安全事故应急处置能力相适应。

（5）**科学性**

组织体系、信息报送和处置方案等内容科学合理。

（6）**操作性**

应急响应程序和保障措施等内容切实可行。

（7）**衔接性**

综合应急预案、专项应急预案和现场处置方案形成体系，并与相关部门或单位应急预案相互衔接。

2.3　矿井灾害预防处理计划

2.3.1　编制原则、程序和实施

矿山企业井下生产作业场所多处于地壳深部，地理环境特殊、生产条件复杂多变，自然灾害因素诸多。在生产过程中往往会受到瓦斯、煤尘、火、水、顶板等自然灾害的侵袭威胁，同时还受潮湿、噪声、高温、振动等有害因素的干扰。因此，矿井发生灾害事故的可能性极大。矿井一旦发生重大的灾害事故，则会影响范围大、人员伤亡严重、生产中断时间长、井巷工程与生产设备破坏严重，事故救援和处理也非常困难。

在矿井生产和建设过程中，制订周密的矿井灾害预防及处理计划，掌握重大灾害事故的处理原则、方法和救援技术，是安全有效地预防灾害事故发生和抢救受灾人员、保护设备、控制并缩小事故影响范围，将事故造成的人员伤亡及财产损失降低到最低限度的关键工作。

依据《煤矿安全规程》规定，煤矿企业必须编制年度矿井灾害预防和处理计划，并根据具体情况及时修改。矿井灾害预防和处理计划由矿长负责组织实施。每年必须至少组织一次矿井救灾演习。在矿井生产或建设期间，根据矿井的实际生产建设情况，针对事故隐患和可能发生的灾害，拟订出切合矿井灾害预防与处理的计划措施，作为矿井防灾、救灾的行为准则和处理灾害事故的行动纲领。一旦遇到重大灾害事故发生时，即使不能转危为安，也能有效地阻止灾害的蔓延扩大，正确地组织灾区人员安全撤离和进行抢险救灾处理工作。

（1）**编制原则**

编制矿井灾害预防与处理计划的目的是全面贯彻执行"安全第一、预防为主、综合治理"的安全生产方针，保护矿工健康、生命安全和国家财产不受损失，行之有效地防止灾害事故发生，及时处理已发生的矿井灾害。为此，编制矿井灾害预防与处理计划必须坚持以下 3 个原则：

1）坚持预防为主的原则

坚持预防为主的原则，并不是无根据的主观臆测，而是在客观上存在着实现的可能性。在矿井生产过程中，任何灾害事故发生前，一般都会呈现某些预兆和迹象，即使灾害的预兆或迹象不甚明显，也可以通过安全系统的监测或仪表检测，测得比较准确的灾害动态结果。因此，在编制矿井灾害预防与处理计划时，可以根据灾害发生前呈现的迹象或检测的结果，作出事先的预防判断，以采取相应有效的防治技术措施，彻底避免矿井灾害的发生。

2）坚持防治并重的原则

矿井灾害预防与处理计划编制坚持预防为主，这是首要的原则。但是制订的预防措施并不是百分之百的有效，即使矿井灾害预防与处理计划中的预防措施考虑得很周密，由于有些灾害的因素目前还没完全得到认识，采取的预防措施和采用的机械设备的可靠度也不可能达到1，难免有矿井灾害事故发生可能性的存在。因此，在编制矿井灾害预防与处理计划中，除必须坚持预防为主的措施外，还要重视综合治理的实施，以及救灾处理的措施。

3）坚持实事求是、慎重对待的原则

矿井灾害预防与处理计划中制订的预防与处理措施，要达到预期的效果，主要取决于对矿井灾害发生地点、灾害性质及危害范围调查估计的准确性，工程设计采取安全措施的正确性，工程设施强度及安全系数的合理性，灾害事故抢救和处理组织工作的周密性等问题的解决。因此，在编制矿井灾害预防与处理计划中，必须坚持实事求是、慎重对待的原则，首先对矿井灾害进行实事求是的调查分析，对采取的防治措施要慎重研究，使矿井灾害预防与处理计划中制订的预防与处理措施工作有恃无恐，即使遇到出乎预料的特殊情况，也能有效地组织救灾与处理工作。

（2）编制方法与审批

①矿井灾害预防与处理计划必须由矿总工程师负责组织采掘、机电、通风安全、地质及矿山救护等技术单位的有关人员，依据矿井安全技术计划和生产计划，结合矿井灾害的调查分析情况，进行慎重研究编制出切实可行的矿井灾害预防与处理计划，并征得驻矿安全监察处的同意签字。

②编制的矿井灾害预防与处理计划，必须每年开始的前一个月报矿务局总工程师审批。

③矿务局总工程师审批的矿井灾害预防与处理计划，在每季度开始的前15 d，矿总工程师根据矿井自然条件和采掘工程的实际情况，组织有关部门进行修改和补充。

（3）矿井灾害预防与处理计划的实施

①已由矿务局总工程师审批的矿井灾害预防与处理计划，由矿长负责贯彻执行。

②矿长负责将已审批的矿井灾害预防与处理计划及时向全矿职工和矿山救护队员贯彻。并认真组织学习和进行考试，要求每个管理人员、职工和救护队员熟悉有关灾害发生预兆、应急措施和避灾路线。没参加学习或考试不及格，以及不熟悉矿井灾害预防与处理计划有关内容的管理人员、职工和救护队员，不准下井工作。

③修改补充的矿井灾害预防与处理计划必须重新组织所有员工学习，并进行考试。

④按照矿井灾害预防与处理计划要求，每年至少组织一次矿井救灾演习。对演习中发现的问题，必须及时修改，制订出相应的措施，予以解决。

⑤将已审批的矿井灾害预防与处理计划和所附的工程图及表册，分别送交矿长、有关副矿长、矿调度室、驻矿安全监察处、矿山救护队和有关职能科室，以及矿务局总工程师、调度室、安

全监察局各一份。以加强对矿井灾害预防与处理计划执行情况的检查,明确各级领导和职能部门对矿井灾害预防与处理计划所承担的职责。

2.3.2 基本内容

矿井灾害预防与处理计划编制的基本内容包括矿井可能发生的重大灾害、预防各种重大灾害的措施、组织灾区人员撤离和自救措施、处理重大灾害的措施、处理灾害所必备的技术资料以及处理事故时各有关人员的职责 6 个部分。

(1)确定矿井可能发生重大灾害

矿井自然条件和生产条件不尽相同,所发生灾害的种类、地点和出现的灾害预兆也有差异。因此,在编制《矿井灾害预防与处理计划》时,首先必须依据矿井的具体情况,组织有关人员对可能发生的矿井瓦斯、煤尘、火、水、冲击地压、大面积冒顶等重大灾害,进行全面的调查分析,查明确定重大灾害的种类、发生地点、波及范围以及发生前的预兆。

(2)确定预防各种重大灾害的措施

根据矿井可能发生的各种重大灾害事故,有针对性的分别确定出预防灾害事故发生和阻止灾害事故蔓延的措施,并提出各种预防措施的技术设计、工程项目、所需设备及材料、所需监测设备及检测仪表的要求,以及实施预防措施的负责人。

(3)规定组织灾区人员撤离和自救措施

矿井灾害事故发生时,按照安全抢险救灾的行动原则,首要任务是安全撤离人员和组织自救。矿井灾害预防与处理计划中规定组织灾区人员撤离和自救的主要措施内容如下:

①及时通知灾区和受灾害威胁区域人员撤离的方法,以及安全撤离的组织与自救方法。

②事故灾区和受灾害威胁区域人员撤离避灾路线、照明设施、路标及避难硐室位置。

③灾害事故的控制方法、实施措施步骤及使用条件。

④发生事故后,对井下人员的统计方法及入井人员和人数的控制方法。

⑤灾害事故抢险救援人员的行动路线及向避灾待救人员供给空气、食物和水的方法。

(4)制订处理重大灾害的措施

矿井重大灾害事故,往往随着时间的推移,事故灾害情况不断发展变化。因此,必须按照矿井事故灾害处理的基本原则要求,制订处理各种重大灾害事故的措施。

①矿井发生瓦斯爆炸、煤尘爆炸、煤与瓦斯突出、矿井火灾、矿井突水等重大灾害事故时,首先按照抢险救灾的原则,制订安全撤离事故灾区和受灾害威胁区域的人员措施,以及组织抢救遇难人员的措施。

②按灾害事故类型的发生地点、发生原因、灾害性质和波及范围,制订防止灾害事故蔓延的措施。

③按照重大灾害处理和恢复生产原则,制订恢复破坏巷道和生产系统的措施。

(5)处理灾害事故所必备的技术资料

①矿井通风系统图、反风试验报告以及保证反风设施完好的检查报告。

②矿井供电系统图和井下通信系统图。

③采掘工程平面图、井上与井下对照图,图中应标明井口位置和标高、地面铁路、公路、钻孔、水井、水管、储水池、泵房,以及可供处理事故使用材料、设备和工具存放地点。

④井下消防洒水管路、排水管路和压风管路、灌浆管路和充填管路的系统图。

⑤地面和井下消防材料库位置及其储备材料、设备、工具的品名和数量登记表。

（6）处理事故时相关部门及人员的职责

矿井重大灾害事故发生后，为使抢险救灾和事故处理工作有条不紊的进行，将灾害损失减小到最低程度。矿井灾害预防与处理计划中，必须明确抢险救援和处理事故指挥部组成人员，以及参加抢险救灾部门和人员的职责。

1）矿长职责

全权指挥处理事故，并在矿总工程师、矿务局长、矿务局总工程师和矿山救护队的协同下，制订抢险救援和处理事故应急方案。

2）矿总工程师职责

协助矿长制订抢险救援和处理事故应急方案计划，并组织实施。

3）矿务局总工程师职责

参加救援和处理事故指挥工作，并代表矿务局长从所属矿井调配人员、设备和器材。

4）矿山救护队队长职责

全面负责指挥矿山救护队和辅助救护队的抢险救援作战行动。并根据制订的抢险救援和处理事故应急方案所规定的任务，完成灾区遇难人员的救援和事故处理工作。

5）驻矿安全监察处长职责

根据已批准的抢险救援和处理事故应急方案，依照《煤矿安全规程》规定对抢险救灾工作和入井人员的控制实施有效的监督。

6）通风科职责

按照抢险救援和处理事故应急方案和矿长的指令，实施抢险救灾通风措施，并监视矿井主要通风机的工作状况和组织完成抢险救灾必需的通风工程。

7）生产技术科职责

按照矿长指令负责协调各方面的工作，协助进行抢险救灾工作和事故的处理。

8）调度室职责

负责记录事故发生的时间、地点和灾害情况，统计出入井人数和留在井下各地点的人数。并将事故情况立即报告有关领导和部门。

9）考勤、矿灯和自救器发放室职责

根据入井的考勤牌和领取矿灯、自救器的号码，清查在井下的人数和姓名，并立即报告调度室。

10）机电科职责

根据抢险救援和处理事故应急方案和矿长的指令，实施抢险救灾的停、送电措施，并及时抢修或安装机电设备。

11）地测科职责

负责准备好抢险救灾必要的图纸和资料，并根据抢险救援和处理事故应急方案和矿长的指令，完成测量和打钻孔工作。

12）保卫科职责

负责维持矿区正常的秩序，并设置警戒，严禁无关人员进入、逗留和围观。

13）医院职责

负责事故遇难人员的救护和安置，以及提供医疗保障。

2.4　应急演练

应急演练是指针对事故情境,依据应急救援预案而模拟开展的预警行动、事故报告、指挥协调及现场处置等活动。

2.4.1　应急演练目的

①检验预案。发现应急救援预案中存在的问题,提高应急救援预案的科学性、实用性和可操作性。

②锻炼队伍。熟悉应急救援预案,提高应急人员在紧急情况下妥善处置事故的能力。

③磨合机制。完善应急管理相关部门、单位和人员的工作职责,提高协调配合能力。

④宣传教育。普及应急管理知识,提高参演和观摩人员风险防范意识和自救互救能力。

⑤完善准备。完善应急管理和应急处置技术,补充应急装备和物资,提高其适用性和可靠性。

⑥其他需要解决的问题。

2.4.2　应急演练原则

(1)符合相关规定

按照国家相关法律、法规、标准及有关规定组织开展演练。

《安全生产法》规定,生产经营单位应当制订本单位生产安全事故应急救援预案,与所在地县级以上地方人民政府组织制订的生产安全事故应急救援预案相衔接,定期组织演练。

《煤矿安全规程》规定,煤矿企业必须建立应急救援机构,健全规章制度,编制应急预案,储备应急救援物资、装备并定期检查补充。煤矿企业必须建立矿井安全避险系统,对井下人员进行安全避险和应急救援培训,每年至少组织一次应急演练。煤矿企业必须建立应急演练制度。应急演练计划、方案、记录和总结评估报告等资料保存期限不少于 2 年。

(2)切合企业实际

结合企业生产安全事故特点和可能发生的事故类型组织开展演练。

(3)注重能力提高

以提高指挥协调能力、应急处置能力为主要出发点组织开展演练。

(4)确保安全有序

在保证参演人员及设备设施安全的条件下组织开展演练。

2.4.3　应急演练类型

应急演练按照演练内容,可分为综合演练和单项演练。按照演练形式,可分为现场演练和桌面演练。不同类型的演练可相互组合。

(1)事故情境

针对生产经营过程中存在的危险源或有害因素而预先设定的事故状况。

（2）**综合演练**

针对应急预案中多项或全部应急响应功能开展的演练活动。

（3）**单项演练**

针对应急预案中某项应急响应功能开展的演练活动。

（4）**现场演练**

选择或模拟生产经营活动中的设备、设施、装置或场所，设定事故情境，依据应急预案而模拟开展的演练活动。

（5）**桌面演练**

针对事故情境，利用图纸、沙盘、流程图、计算机、视频等辅助手段，依据应急预案而进行交互式讨论或模拟应急状态下应急行动的演练活动。

2.4.4 应急演练内容

（1）**预警与报告**

根据事故情境，向相关部门或人员发出预警信息，并向有关部门和人员报告事故情况。

（2）**指挥与协调**

根据事故情境，成立应急指挥部，调集应急救援队伍和相关资源，开展应急救援行动。

（3）**应急通信**

根据事故情境，在应急救援相关部门或人员之间进行音频、视频信号或数据信息互通。

（4）**事故监测**

根据事故情境，对事故现场进行观察、分析或测定，确定事故严重程度、影响范围和变化趋势等。

（5）**警戒与管制**

根据事故情境，建立应急处置现场警戒区域，实行交通管制，维护现场秩序。

（6）**疏散与安置**

根据事故情境，对事故可能波及范围内的相关人员进行疏散、转移和安置。

（7）**医疗卫生**

根据事故情境，调集医疗卫生专家和卫生应急队伍开展紧急医学救援，并开展卫生监测和防疫工作。

（8）**现场处置**

根据事故情境，按照相关应急预案和现场指挥部要求对事故现场进行控制和处理。

（9）**社会沟通**

根据事故情境，召开新闻发布会或事故情况通报会，通报事故有关情况。

（10）**后期处置**

根据事故情境，应急处置结束后，所开展的事故损失评估、事故原因调查、事故现场清理和相关善后工作。

（11）**其他**

根据相关行业安全生产特点所包含的其他应急功能。

2.4.5 综合演练组织与实施

（1）演练计划

演练计划应包括：演练目的、类型、时间、地点，以及演练主要内容、参加单位和经费预算等。

（2）演练准备

1）成立演练组织机构

综合演练通常成立演练领导小组，下设策划组、执行组、保障组及评估组等专业工作组。根据演练规模大小，其组织机构可进行调整。

①领导小组

负责演练活动筹备和实施过程中的组织领导工作，具体负责审定演练工作方案、演练工作经费、演练评估总结以及其他需要决定的重要事项等。

②策划组

负责编制演练工作方案、演练脚本、演练安全保障方案或应急预案、宣传报道材料、工作总结及改进计划等。

③执行组

负责演练活动筹备及实施过程中与相关单位、工作组的联络和协调、事故情境布置、参演人员调度及演练进程控制等。

④保障组

负责演练活动工作经费和后勤服务保障，确保演练安全保障方案或应急预案落实到位。

⑤评估组

负责审定演练安全保障方案或应急预案，编制演练评估方案并实施，进行演练现场点评和总结评估，撰写演练评估报告。

2）编制演练文件

①演练工作方案

其内容包括：应急演练目的及要求；应急演练事故情境设计；应急演练规模及时间；参演单位和人员主要任务及职责；应急演练筹备工作内容；应急演练主要步骤；应急演练技术支撑及保障条件；应急演练评估与总结。

②演练脚本

根据需要，可编制演练脚本。演练脚本是应急演练工作方案具体操作实施的文件，帮助参演人员全面掌握演练进程和内容。

演练脚本多采用表格形式，主要内容包括：演练模拟事故情境；处置行动与执行人员；指令与对白、步骤及时间安排；视频背景与字幕；演练解说词等。

③演练评估方案

a.演练信息：应急演练目的和目标、情境描述，应急行动与应对措施简介等。

b.评估内容：应急演练准备、应急演练组织与实施、应急演练效果等。

c.评估标准：应急演练各环节应达到的目标评判标准。

d.评估程序：演练评估工作主要步骤及任务分工。

e. 附件：演练评估所需要用到的相关表格等。

④演练保障方案

针对应急演练活动可能发生的意外情况制订演练保障方案或应急预案，并进行演练，做到相关人员应知应会，熟练掌握。演练保障方案应包括应急演练可能发生的意外情况、应急处置措施及责任部门，应急演练意外情况中止条件与程序等。

⑤演练观摩手册

根据演练规模和观摩需要，可编制演练观摩手册。演练观摩手册通常包括应急演练时间、地点、情境描述、主要环节及演练内容、安全注意事项等。

3）演练工作保障

①人员保障

按照演练方案和有关要求，策划、执行、保障、评估、参演等人员参加演练活动，必要时考虑替补人员。

②经费保障

根据演练工作需要，明确演练工作经费及承担单位。

③物资和器材保障

根据演练工作需要，明确各参演单位所准备的演练物资和器材等。

④场地保障

根据演练方式和内容，选择合适的演练场地。演练场地应满足演练活动需要，避免影响企业和公众正常生产、生活。

⑤安全保障

根据演练需要，采取必要安全防护措施，确保参演、观摩等人员以及生产运行系统安全。

⑥通信保障

根据演练工作需要，采用多种公用或专用通信系统，保证演练通信信息通畅。

⑦其他保障

根据演练工作需要，提供的其他保障措施。

（3）应急演练的实施

1）熟悉演练任务和角色

组织各参演单位和参演人员熟悉各自参演任务和角色，并按照演练方案要求组织开展相应的演练准备工作。

2）组织预演

在综合应急演练前，演练组织单位或策划人员可按照演练方案或脚本组织桌面演练或合成预演，熟悉演练实施过程的各个环节。

3）安全检查

确认演练所需的工具、设备、设施、技术资料以及参演人员到位。对应急演练安全保障方案以及设备、设施进行检查确认，确保安全保障方案可行，所有设备、设施完好。

4）应急演练

总指挥下达演练开始指令后，参演单位和人员按照设定的事故情境，实施相应的应急响应行动，直至完成全部演练工作。演练过程中出现意外情况，总指挥可决定中止演练。

5）演练记录

演练实施过程中,安排专门人员采用文字、照片和音像等手段记录演练过程。

6）评估准备

演练评估人员根据演练事故情境设计以及具体分工,在演练现场实施过程中展开演练评估工作,记录演练中发现的问题或不足,收集演练评估需要的各种信息和资料。

7）演练结束

演练总指挥宣布演练结束,参演人员按预定方案集中进行现场讲评或者有序疏散。

2.4.6　应急演练评估与总结

（1）应急演练评估

1）现场点评

应急演练结束后,在演练现场,评估人员或评估组负责人对演练中发现的问题、不足及取得的成效进行口头点评。

2）书面评估

评估人员针对演练中观察、记录以及收集的各种信息资料,依据评估标准对应急演练活动全过程进行科学分析和客观评价,并撰写书面评估报告。评估报告重点对演练活动的组织和实施、演练目标的实现、参演人员的表现以及演练中暴露的问题进行评估。

（2）应急演练总结

演练结束后,由演练组织单位根据演练记录、演练评估报告、应急预案、现场总结等材料,对演练进行全面总结,并形成演练书面总结报告。报告可对应急演练准备、策划等工作进行简要总结分析。参与单位也可对本单位的演练情况进行总结。内容主要包括:演练基本概要;演练发现的问题,取得的经验和教训;应急管理工作建议。

（3）演练资料归档与备案

①应急演练活动结束后,将应急演练工作方案以及应急演练评估、总结报告等文字资料,以及记录演练实施过程的相关图片、视频、音频等资料归档保存。

②对主管部门要求备案的应急演练资料,演练组织部门应将相关资料报主管部门备案。

2.4.7　持续改进

（1）应急预案修订完善

根据演练评估报告中对应急预案的改进建议,由编制部门按程序对预案进行修订完善。

（2）应急管理工作改进

①应急演练结束后,组织应急演练的部门应根据应急演练评估报告、总结报告提出的问题和建议对应急管理工作进行持续改进。

②组织应急演练的部门应督促相关部门和人员,制订整改计划,明确整改目标,落实整改资金,并应跟踪督查整改情况。

复习与思考

1. 什么是综合应急预案、专项应急预案、现场处置方案及应急演练?

2. 综合应急预案、专项应急预案和现场处置方案的编制程序有何要求?

3. 综合应急预案的主要内容有哪些?

4. 专项应急预案的主要内容有哪些?

5. 现场处置方案的主要内容有哪些?

6. 常用的应急预案评审方法有哪些?

7. 矿井灾害预防与处理计划的编制原则是什么?

8. 矿井灾害预防与处理计划的主要内容有哪些?

9. 现场处置方案应当明确哪些注意事项?

10. 如何进行事故应急预案的形式评审和要素评审?

第 **3** 章
矿山应急救援组织与管理

【**学习目标**】

☞　熟悉安全生产法的立法宗旨、安全生产工作机制、生产经营单位的安全生产义务。

☞　熟悉企业主要负责人的安全生产法律责任、安全生产违法犯罪行为处罚规定。

☞　熟悉事故灾难的应急处置措施、矿山企业应急管理主体责任。

☞　熟悉矿山救护队的性质、任务、特点与指战员职责。

☞　熟悉矿山救护质量标准的内容及制订质量标准的意义。

☞　熟悉矿山救护队进行预防性检查工作时的具体要求。

☞　熟悉矿山救护小队和个人救护装备应达到的标准。

☞　熟悉矿山救护队大队、中队、小队基本装备配备标准。

☞　熟悉矿山救护程序、矿山救护指挥、矿山救护保障及灾区行为规范。

☞　熟悉矿山救护队各级指战员的培训要求。

☞　熟悉避免矿山救护队自身伤亡的措施。

3.1　矿山应急救援法规

3.1.1　《安全生产法》相关规定

（1）主要内容

《安全生产法》共 7 章，114 条。具体内容包括总则（16 条）、生产经营单位的安全生产保障（32 条）、从业人员的安全生产权利和义务（10 条）、安全生产的监督管理（17 条）、生产安全事故的应急救援与调查处理（11 条）、法律责任（25 条）、附则（3 条）。

（2）立法宗旨

立法宗旨是为了加强安全生产工作，防止和减少生产安全事故，保障人民群众生命和财产安全，促进经济社会持续健康发展。

安全生产事关人民群众生命财产安全，事关改革开放、经济发展和社会稳定大局，事关党和政府的形象,是一项只能持续加强而不能有任何削弱的极为重要的工作。

防止和减少生产安全事故,是制订安全生产法的基本目的。人民群众的生命和财产安全,是人民群众的根本利益所在。加强安全生产工作,防止和减少生产安全事故,归根到底是为了保障人民群众的生命和财产安全,这是以人为本理念的本质要求。

安全生产是经济社会持续健康发展的前提,是促进经济社会转型升级的重要抓手。这就要求我们把安全生产与经济社会发展各项工作同步规划、同步部署、同步推进,实现安全与速度、质量、效益相统一,安全生产与经济社会发展相协调。

(3)**安全生产工作机制**

安全生产工作应当以人为本,坚持安全发展,坚持安全第一、预防为主、综合治理的方针,强化和落实生产经营单位的主体责任,建立生产经营单位负责、职工参与、政府监管、行业自律和社会监督的机制。

(4)**生产经营单位的安全生产义务**

《安全生产法》第25、第37、第38、第47、第48条规定了生产经营单位的安全生产义务。

①生产经营单位应当对从业人员进行安全生产教育和培训,保证从业人员具备必要的安全生产知识,熟悉有关的安全生产规章制度和安全操作规程,掌握本岗位的安全操作技能,了解事故应急处理措施,知悉自身在安全生产方面的权利和义务。未经安全生产教育和培训合格的从业人员,不得上岗作业。

②生产经营单位对重大危险源应当登记建档,进行定期检测、评估、监控,并制订应急预案,告知从业人员和相关人员在紧急情况下应当采取的应急措施。生产经营单位应当按照国家有关规定将本单位重大危险源及有关安全措施、应急措施报有关地方人民政府安全生产监督管理部门和有关部门备案。

③生产经营单位应当建立健全生产安全事故隐患排查治理制度,采取技术、管理措施,及时发现并消除事故隐患。事故隐患排查治理情况应当如实记录,并向从业人员通报。县级以上地方各级人民政府负有安全生产监督管理职责的部门应当建立健全重大事故隐患治理督办制度,督促生产经营单位消除重大事故隐患。

④生产经营单位发生生产安全事故时,单位的主要负责人应当立即组织抢救,并不得在事故调查处理期间擅离职守。

⑤生产经营单位必须依法参加工伤保险,为从业人员缴纳保险费。国家鼓励生产经营单位投保安全生产责任保险。

(5)**生产安全事故的应急救援**

《安全生产法》第76、第77、第78、第79、第81、第16条对生产安全事故应急救援作出了明确规定。

①县级以上地方各级人民政府负责安全生产监督管理的部门应当定期统计分析本行政区域内发生生产安全事故的情况,并定期向社会公布。

②县级以上地方各级人民政府应当组织有关部门制订本行政区域内生产安全事故应急救援预案,建立应急救援体系。

③生产经营单位应当制订本单位生产安全事故应急救援预案,与所在地县级以上地方人民政府组织制订的生产安全事故应急救援预案相衔接,并定期组织演练。

④生产经营单位发生生产安全事故后,事故现场有关人员应当立即报告本单位负责人。

单位负责人接到事故报告后,应当迅速采取有效措施,组织抢救,防止事故扩大,减少人员伤亡和财产损失,并按照国家有关规定立即如实报告当地负有安全生产监督管理职责的部门,不得隐瞒不报、谎报或者迟报,不得故意破坏事故现场、毁灭有关证据。

⑤负有安全生产监督管理职责的部门接到事故报告后,应当立即按照国家有关规定上报事故情况。负有安全生产监督管理职责的部门和有关地方人民政府对事故情况不得隐瞒不报、谎报或者迟报。

⑥国家对在改善安全生产条件、防止生产安全事故、参加抢险救护等方面取得显著成绩的单位和个人,给予奖励。

（6）生产经营单位主要负责人的法律责任

《安全生产法》第 90、第 91 条对生产经营单位主要负责人的法律责任作出了明确规定。

①生产经营单位的决策机构、主要负责人或者个人经营的投资人不依照《安全生产法》规定保证安全生产所必需的资金投入,致使生产经营单位不具备安全生产条件的,责令限期改正,提供必需的资金;逾期未改正的,责令生产经营单位停产停业整顿。

有前款违法行为,导致发生生产安全事故的,对生产经营单位的主要负责人给予撤职处分,对个人经营的投资人处 2 万元以上 20 万元以下的罚款;构成犯罪的,依照刑法有关规定追究刑事责任。

②生产经营单位主要负责人未履行《安全生产法》规定的安全生产管理职责,责令限期改正;逾期未改正的,处 2 万元以上 5 万元以下的罚款,责令生产经营单位停产停业整顿。

生产经营单位的主要负责人有前款违法行为,导致发生生产安全事故的, 给予撤职处分;构成犯罪的,依照刑法有关规定追究刑事责任。

生产经营单位的主要负责人依照前款规定受刑事处罚或者撤职处分的,自刑罚执行完毕或者受处分之日起,5 年内不得担任任何生产经营单位的主要负责人;对重大、特别重大生产安全事故负有责任的,终身不得担任本行业生产经营单位的主要负责人。

《生产安全事故罚款处罚规定》第 11、第 13、第 18、第 19 条对生产经营单位主要负责人的法律责任作出了明确规定。

③事故发生单位主要负责人有《安全生产法》第 106 条、《生产安全事故报告和调查处理条例》第 35 条规定的下列行为之一的,依照下列规定处以罚款:

a. 事故发生单位主要负责人在事故发生后不立即组织事故抢救的,处上一年年收入 100% 的罚款。

b. 事故发生单位主要负责人迟报事故的,处上一年年收入 60% ～80% 的罚款;漏报事故的,处上一年年收入 40% ～60% 的罚款。

c. 事故发生单位主要负责人在事故调查处理期间擅离职守的,处上一年年收入 80% ～100% 的罚款。

④事故发生单位的主要负责人、直接负责的主管人员和其他直接责任人员有《安全生产法》第 106 条、《生产安全事故报告和调查处理条例》第 36 条规定的下列行为之一的,依照下列规定处以罚款:

a. 伪造、故意破坏事故现场,或者转移、隐匿资金、财产、销毁有关证据、资料,或者拒绝接受调查,或者拒绝提供有关情况和资料,或者在事故调查中作伪证,或者指使他人作伪证的,处上一年年收入 80% ～90% 的罚款。

b. 谎报、瞒报事故或者事故发生后逃匿的,处上一年年收入 100% 的罚款。

⑤事故发生单位主要负责人未依法履行安全生产管理职责,导致事故发生的,依照下列规定处以罚款:

a. 发生一般事故的,处上一年年收入 30% 的罚款。

b. 发生较大事故的,处上一年年收入 40% 的罚款。

c. 发生重大事故的,处上一年年收入 60% 的罚款。

d. 发生特别重大事故的,处上一年年收入 80% 的罚款。

⑥个人经营的投资人未依照《安全生产法》的规定保证安全生产所必需的资金投入,致使生产经营单位不具备安全生产条件,导致发生生产安全事故的,依照下列规定对个人经营的投资人处以罚款:

a. 发生一般事故的,处 2 万元以上 5 万元以下的罚款。

b. 发生较大事故的,处 5 万元以上 10 万元以下的罚款。

c. 发生重大事故的,处 10 万元以上 15 万元以下的罚款。

d. 发生特别重大事故的,处 15 万元以上 20 万元以下的罚款。

3.1.2 《突发事件应对法》相关规定

(1)主要内容

《突发事件应对法》共 7 章,70 条。主要内容有总则(16 条)、预防与应急准备(20 条)、监测与预警(11 条)、应急处置与救援(10 条)、事后恢复与重建(5 条)、法律责任(6 条)、附则(2 条)。

(2)立法宗旨

为了预防和减少突发事件的发生,控制、减轻和消除突发事件引起的严重社会危害,规范突发事件应对活动,保护人民生命财产安全,维护国家安全、公共安全、环境安全和社会秩序。

(3)突发事件

突发事件是指突然发生,造成或者可能造成严重社会危害,需要采取应急处置措施予以应对的自然灾害、事故灾难、公共卫生事件和社会安全事件。

(4)突发事件预警

可以预警的自然灾害、事故灾难的预警级别,按照突发事件发生的紧急程度、影响范围、突发事件性质、发展势态、可能造成的危害程度、可控性、行业特点等因素分为一级(特别重大)、二级(重大)、三级(较大)和四级(一般),分别用红、橙、黄和蓝色标示。

(5)自然灾害、事故灾难的应急处置措施

自然灾害、事故灾难发生后,履行统一领导职责的人民政府可以采取的应急措施如下:

①组织营救和救治受害人员,疏散、撤离并妥善安置受到威胁人员及采取其他救助措施。

②迅速控制危险源,标明危险区域,封锁危险场所,划定警戒区,实行交通管制。

③立即抢修被损坏的交通、通信、供水、排水、供电、供气、供热等公共设施,向受到危害的人员提供避难场所和生活必需品,实施医疗救护和卫生防疫以及其他保障措施。

④禁止或者限制使用有关设备、设施,关闭或者限制使用有关场所,中止人员密集的活动或者可能导致危害扩大的生产经营活动以及采取其他保护措施。

⑤启用本级政府设置的财政预备费和储备的应急救援物资,必要时调用其他急需物资、设

备、设施、工具;组织公民参加应急救援和处置工作,要求具有特定专长的人员提供服务。

⑥保障食品、饮用水、燃料等基本生活必需品的供应。

⑦依法从严惩处囤积居奇、哄抬物价、制假售假等扰乱市场秩序的行为。

⑧依法惩处哄抢财物、干扰破坏应急处置工作等扰乱社会秩序的行为,维护社会治安。

⑨采取防止发生次生、衍生事件的必要措施。

3.1.3　《矿山安全法》相关规定

（1）**主要内容**

《矿山安全法》共8章,50条。主要内容包括总则(6条)、矿山建设的安全保障(6条)、矿山开采的安全保障(7条)、矿山企业的安全管理(13条)、矿山安全的监督和管理(3条)、矿山事故处理(4条)、法律责任(9条)、附则(2条)。

（2）**立法宗旨**

为了保障矿山生产安全,防止矿山事故,保护矿山职工人身安全,促进采矿业的发展。

（3）**对事故隐患或危害应采取预防措施**

①矿山企业对冒顶、片帮、边坡滑落和地表塌陷;瓦斯爆炸和煤尘爆炸;冲击地压、瓦斯突出和井喷;地面和井下的火灾、水灾;爆破器材和爆破作业发生的危害;粉尘、有毒有害气体、放射性物质和其他有害物质引起的危害等事故隐患必须采取预防措施。

②矿山企业对使用机械设备、电气设备,排土场、矸石山、尾矿库和矿山闭坑后可能引起的危害,应当采取预防措施。

（4）**矿山安全事故防范**

矿山企业必须制订矿山事故防范措施,并组织落实。矿山企业应当建立由专职或者兼职人员组成的救护和医疗急救组织,配备必要的装备、器材和药物。矿山企业必须从矿产品销售额中按照国家规定提取安全技术措施专项费用。安全技术措施专项费用必须全部用于改善矿山安全生产条件,不得挪作他用。

（5）**矿山事故处理**

①发生矿山事故,矿山企业必须立即组织抢救,防止事故扩大,减少人员伤亡和财产损失,对伤亡事故必须立即如实报告安全生产监管部门和管理矿山企业的主管部门。

②发生一般矿山事故,由矿山企业负责调查和处理。发生重大矿山事故,由政府及其有关部门、工会和矿山企业按照行政法规的规定进行调查和处理。

③矿山企业对矿山事故中伤亡的职工按照国家规定给予抚恤或者补偿。

3.1.4　《煤炭法》相关规定

（1）**主要内容**

《煤炭法》共8章,81条。主要内容包括总则(13条)、煤炭生产开发规划与煤矿建设(8条)、煤炭生产与煤矿安全(24条)、煤炭经营(12条)、煤矿矿区保护(5条)、监督检查(4条)、法律责任(14条)、附则(1条)。

（2）**立法宗旨**

为了合理开发利用和保护煤炭资源,规范煤炭生产、经营活动,促进和保障煤炭行业的发展。

（3）煤矿企业安全生产的方针

煤炭生产必须坚持"安全第一，预防为主，综合治理"的方针，是根据煤炭生产的自然规律、客观条件、历史的经验教训和社会主义性质所确定的一项重要的、长期的方针。

（4）煤炭生产安全的有关规定

1）紧急情况的处理

在煤矿井下作业中，出现危及职工生命安全并无法排除的紧急情况时，作业现场负责人或者安全管理人员应当立即组织职工撤离危险现场，并及时报告有关方面负责人。

2）工会对安全的职责和权利

煤矿企业工会发现企业行政方面违章指挥、强令职工冒险作业或者生产过程中发现明显重大事故隐患，可能危及职工生命安全的情况，有权提出解决问题的建议，煤矿企业行政方面必须及时作出处理决定。企业行政方面拒不处理的，工会有权提出批评、检举和控告。

3）安全器材、装备劳动与保护用品

煤矿企业使用的设备、器材、火工产品和安全仪器，必须符合国家标准或者行业标准。煤矿企业必须为职工提供保障安全生产所需的劳动保护用品。

4）井下作业职工的意外伤害保险

煤矿企业必须为煤矿井下作业职工办理意外伤害保险，支付保险费。

3.1.5 《刑法》相关规定

（1）刑法的主要内容

《刑法》共有 15 章，451 条。主要内容有：刑法的任务、基本原则和适用范围；犯罪；刑罚；刑罚的具体运用；其他规定；危害国家安全罪；危害公共安全罪；破坏社会主义市场经济秩序罪；侵犯公民人身权利、民主权利罪；侵犯财产罪；妨害社会管理秩序罪；危害国防利益罪；贪污贿赂罪；渎职罪；军人违反职责罪。

（2）刑法的任务

刑法的任务是用刑罚同一切犯罪行为作斗争，以保卫国家安全，保卫人民民主专政的政权和社会主义制度，保护国有财产和劳动群众集体所有的财产，保护公民私人所有的财产，保护公民的人身权利、民主权利和其他权利，维护社会秩序、经济秩序，保障社会主义建设事业的顺利进行。

（3）刑罚的种类

①主刑的种类有：管制；拘役；有期徒刑；无期徒刑；死刑。

②附加刑的种类有：罚金；剥夺政治权利；没收财产。附加刑也可以独立适用。

（4）安全生产违法犯罪处罚

1）重大责任事故罪

重大责任事故罪是指工厂、矿山、林场、建筑企业或者其他企业、事业单位的职工，由于不服管理、违反规章制度，或者强令工人违章冒险作业，因而发生的重大伤亡事故或者造成严重后果的行为。《刑法》第 134 条规定，在生产、作业中违反有关安全管理的规定，因而发生重大伤亡事故或者造成其他严重后果的，处 3 年以下有期徒刑或者拘役；情节特别恶劣的，处 3 年以上 7 年以下有期徒刑。强令他人违章冒险作业，因而发生重大伤亡事故或者造成其他严重后果的，处 5 年以下有期徒刑或者拘役；情节特别恶劣的，处 5 年以上有期徒刑。

2）重大劳动安全事故罪

重大劳动安全事故罪是指工厂、矿山、林场、建筑企业或者其他企事业单位的劳动安全设施不符合国家规定，经有关部门或者单位职工提出后，对事故隐患仍不采取措施，因而发生重大伤亡事故或者造成其他严重后果的行为。《刑法》第 135 条规定，安全生产设施或者安全生产条件不符合国家规定，因而发生重大伤亡事故或者造成其他严重后果的，对直接负责的主管人员和其他直接责任人员，处 3 年以下有期徒刑或者拘役；情节特别恶劣的，处 3 年以上 7 年以下有期徒刑。

3）强令违章冒险作业罪

强令违章冒险作业罪是指强令违章冒险作业，因而发生重大伤亡事故或者造成其他严重后果，危害公共安全的行为。《刑法》第 134 条规定，强令他人违章冒险作业，因而发生重大伤亡事故或者造成其他严重后果的，处 5 年以下有期徒刑或者拘役；情节特别恶劣的，处 5 年以上有期徒刑。

4）危险物品肇事罪

危险物品肇事罪是指违反爆炸性、易燃性、放射性、毒害性、腐蚀性物品的管理规定，在生产、储存、运输、使用中，由于过失发生重大事故，造成严重后果的行为。《刑法》第 136 条规定，违反爆炸性、易燃性、放射性、毒害性、腐蚀性物品的管理规定，在生产、储存、运输、使用中发生重大事故，造成严重后果的，处 3 年以下有期徒刑或者拘役；后果特别严重的，处 3 年以上 7 年以下有期徒刑。

5）不报、谎报安全事故罪

不报、谎报安全事故罪是指在安全事故发生后，负有报告职责的人员不报或者谎报事故情况，贻误事故抢救，情节严重的行为。《刑法》第 139 条规定，在安全事故发生后，负有报告职责的人员不报或者谎报事故情况，贻误事故抢救，情节严重的，处 3 年以下有期徒刑或者拘役；情节特别严重的，处 3 年以上 7 年以下有期徒刑。

6）消防责任事故罪

消防责任事故罪是指违反消防管理法规，经消防监督机构通知采取改正措施而拒绝执行，造成严重后果的行为。《刑法》第 139 条规定，违反消防管理法规，经消防监督机构通知采取改正措施而拒绝执行，造成严重后果的，对直接责任人员，处 3 年以下有期徒刑或者拘役；后果特别严重的，处 3 年以上 7 年以下有期徒刑。

7）玩忽职守罪

玩忽职守罪是指国家机关工作人员严重不负责任，不履行或者不认真履行职责，致使公共财产、国家和人民利益遭受重大损失的行为。《刑法》第 397 条规定，国家机关工作人员滥用职权或者玩忽职守，致使公共财产、国家和人民利益遭受重大损失的，处 3 年以下有期徒刑或者拘役；情节特别严重的，处 3 年以上 7 年以下有期徒刑。

8）滥用职权罪

滥用职权罪是指国家机关工作人员故意逾越职权或者不履行职责，致使公共财产、国家和人民利益遭受重大损失的行为。《刑法》第 397 条规定，国家机关工作人员滥用职权或者玩忽职守，致使公共财产、国家和人民利益遭受重大损失的，处 3 年以下有期徒刑或者拘役；情节特别严重的，处 3 年以上 7 年以下有期徒刑。

3.1.6 《矿山救护规程》

《矿山救护规程》（AQ 1008—2007）于 2007 年 10 月 22 日由国家安全生产监督管理总局颁布，自 2008 年 1 月 1 日起施行。

（1）主要内容

《矿山救护规程》共 10 章。主要内容有范围、规范性引用文件、术语和定义、总则、矿山应急救援组织、矿山救护队军事化管理、矿山救护队装备与设施、矿山救护队培训与训练、矿山事故应急救援一般规定、矿山事故救援。

（2）立法目的

为保证安全、快速、有效地实施矿山企业生产与建设事故应急救援，保护矿山职工和救护人员的生命安全，减少国家资源和财产损失。

（3）编制依据

编制依据有《安全生产法》《矿山安全法》《煤矿安全规程》《金属非金属矿山安全规程》等国家有关安全生产的法律、法规、规程和标准。

（4）主要内容及适用范围

《矿山救护规程》规定了矿山救护工作涉及的矿山应急救援组织、矿山救护队军事化管理、矿山救护队装备与设施、矿山救护队培训与训练、矿山事故应急救援一般规定、矿山事故救援等各项内容。

《矿山救护规程》适用于中国境内矿山企业，矿山救护队伍及管理部门，不适用于石油和天然气、液态矿等。

3.2　矿山救护队组织

3.2.1　矿山救护的重要作用

党中央、国务院历来高度重视安全生产工作，非常关注和支持应急队伍能力的建设。我国应急管理和应急救援工作实行"统一领导、分级管理、条块结合、属地为主"的原则，形成了"统一指挥、功能齐全、反应灵敏、运转高效"的应急机制，国家矿山应急救援体系框架初步形成。2005 年 5 月经中央机构编制委员会批准，成立国家安全生产应急救援指挥中心。国家安全生产监督管理总局是全国安全生产应急管理和救援工作的主管部门，国家安全生产应急救援指挥中心履行安全生产应急救援综合监督管理行政职责，国家安全生产监督管理总局矿山救援指挥中心具体指导协调全国矿山应急救援工作。各省、区、市的矿山救援主管部门和机构负责本地区矿山救援的指导协调工作。全国 32 个省级、304 个市级、1 133 个县级单位建立了应急管理工作机构，54 家中央企业建立了应急管理组织。制订出台并实施了一批规范应急准备、事故处置的政策制度标准规范；建立了覆盖各行业、领域的五级安全生产应急预案体系；国家、地方、企业专兼职安全生产应急救援队伍体系基本建成。

新中国成立以来，开始建立专业矿山救援队伍，随着经济社会的发展，全国矿山应急救援队伍经历了从无到有、从小到大、从弱到强,不断发展壮大。技术装备也从少到多、从单到全、从差到好、从好到精,切实提高技术水平和救援能力。目前我国已建成矿山救援的纵向体系和横向网络,应急救援能力明显提升,确保关键时刻能"拉得出、靠得住、打得赢"。

为了从根本上提高矿山应急救援能力和水平,近年来国家出资数十亿元,地方和企业出资百余亿元,强化矿山应急救援体系和能力建设。根据国务院安全生产委员会关于进一步加强安全生产应急救援体系建设的实施意见,依托黑龙江鹤岗、山西大同、河北开滦、安徽淮南、河南平顶山、四川芙蓉、甘肃靖远矿山救护队,建成 7 支国家矿山应急救援队。国家矿山应急救援队的装备水平将达到国际先进水平,主要承担全国各大区域内,以及跨区域重特大、特别复杂矿山事故的应急救援任务。

为提高我国矿山应急救援能力,按照党中央、国务院的部署和要求,国家安全生产监督管理总局决定在全国建设山西汾西、内蒙古平庄、辽宁沈阳、山东兖州、江西乐平、湖南郴州、广西华锡、重庆天府、贵州六枝、云南东源、陕西铜川、青海、新疆、新疆建设兵团等 14 个区域矿山应急救援队。同时,16 支中央企业应急救援队和 10 个培训演练基地建设投资全部到位,建设正在推进中。以建设国家、区域矿山应急救援队为契机,河北、山西、黑龙江、内蒙古、云南、甘肃、新疆等地大力推进矿山应急救援体系建设。

2006—2014 年,全国矿山救护队共参与事故救援 28 631 起,抢救遇险被困人员 61 400 多人。其中,经救护队直接抢救生还 11 755 人。

根据国家安全生产监督管理总局最新统计,我国拥有比较健全的矿山救援体系和完善的工作机制,国家、省(自治区、直辖市)建立了矿山救援管理机构,所有矿区和产煤县(区、市)建立了矿山救护队。目前,在全国 28 个省(自治区、直辖市)及新疆建设兵团共有矿山救护大队 98 支,救护中队 609 支,救护小队 1 831 支。从事矿山事故应急救援的专职救援人员 24 522 人。其中,煤矿救援队伍 23 088 人,非煤矿山救援队伍 1 434 人。

矿山救护队在矿山抢险救灾、恢复灾区、预防检查、消除事故隐患、抗震救灾、地面消防和其他行业各种灾害事故的抢险救灾工作中发挥了重大作用,深受广大矿山职工、家属和社会各界人士的称赞。

矿山救护的重要作用,是通过矿山救护队指战员在事故处理和其他各项工作中,英勇拼搏、团结奋战表现出来的。主要表现在以下 3 个方面:

(1)处理矿井灾变事故的主力军

矿井发生灾变事故后,矿山救护队指战员是战斗在抢险救灾第一线的主力军,他们发扬英勇顽强、吃苦耐劳、舍己为公、不怕牺牲的精神,运用灵活机动的战略战术,有效地处理了矿山灾害事故,减少了人员伤亡和国家财产的损失。在 2010 年山西省王家岭"3·28"煤矿透水事故的抢险救援中,共调动各类救援队伍 30 多支,救援人员 3 000 多人,经过 8 天 8 夜的连续奋战,成功救出 115 名被困矿工,创造了救援史上的奇迹,震惊了世界。

(2)为矿山安全生产保驾护航

矿山救护队除完成处理矿井灾害事故,抢救井下遇险遇难人员外,还担负着为煤矿安全生产保驾护航的任务。主要工作是参加排放瓦斯、远距离爆破、启封火区、反风演习和其他需要佩戴氧气呼吸器的安全技术工作;参加审查《矿井灾害预防和处理计划》,有计划地派出矿山救护小队到服务矿井熟悉巷道、预防检查,做好矿井消除事故隐患的工作;协助矿井搞好职工救护知识的教育等。

（3）为社会上的抢险救灾作出重大贡献

由于矿山救护队佩用氧气呼吸器，可以在各种缺氧条件下工作和救灾，是其他任何队伍和工种无法比拟的。他们有着过硬的处理各种灾害的技能，多次奉命走出矿井范围，走向社会，参加抗震救灾、地面消防和其他行业各种灾害的抢险救灾战斗，并作出了重大贡献。

在 2008 年"5.12"汶川大地震抢险救灾中，矿山救护队开赴救灾现场，从废墟中抢救出生还者 1 113 人，转移被困人员 14 860 人。在 2010 年"4.14"玉树大地震抢险救灾中，矿山救援队伍救出遇险人员 46 人，搜救出遇难人员 71 人，救助和转运受伤人员 241 人。

3.2.2 矿山救护队的性质与任务

（1）矿山救护队的性质

矿山救护队是处理矿山灾害事故的专业队伍，实行军事化管理。矿山救护队指战员是矿山一线特种工作人员。矿山救护队是一支职业性、技术性的特殊队伍。

矿山救护队的职业性反映在矿山救护指战员要以抢险救灾和矿井预防性检查为中心任务，必须时刻保持高度警惕。严格训练、严格管理，熟悉矿井巷道路线，检查消除隐患，并由不少于 6 人的小队执行昼夜值班，接到事故通知后要在 1 min 内出动。

矿山救护队的技术性反映在矿山救护指战员为了完成抢险救灾工作，必须熟悉矿井采掘、通风、机电、运输、急救和处理矿井各种灾害事故以及安全法规等方面的技术业务知识；了解各种救护装备的性能、构造和维护保养，并能熟练操作和排除故障；掌握在处理矿井灾害过程中需要救护队进行的各种技术操作等。

矿山救护工作是煤矿安全工作的最后一道防线，矿山救护队执行抢险救灾任务时是以小队为单位工作的，要求每个参加抢险救灾工作的救护队员必须严格按照规定的程序动作，服从命令，听从指挥。

（2）矿山救护队的任务

为适应国民经济建设和煤矿安全生产需要，矿山救护队的建设目标确定为将矿山救护队建设成为矿井救灾、安全监察、安全培训、地区消防、安全装备检测等多功能面向社会的职业性、技术性组织。

1）矿山救护队的任务

①抢救矿山遇险遇难人员。

②处理矿山灾害事故。

③参加排放瓦斯、远距离爆破、启封火区、反风演习和其他需要佩用氧气呼吸器作业和安全技术性工作。

④参加审查矿山应急预案或灾害预防处理计划，做好矿山安全生产预防性检查，参与矿山安全检查和消除事故隐患的工作。

⑤负责兼职矿山救护队的培训和业务指导工作。

⑥协助矿山企业搞好职工的自救、互救和现场急救知识的普及教育。

2）矿山救护队进行矿井预防性工作的主要内容

①宣传党的安全生产方针，协助通风安全部门做好安全生产的预防工作。

②经常深入服务矿井熟悉情况,了解各矿采掘布置、通风系统、安全设施、火区管理、运输、防排水、输配电系统、洒水灭尘、消防管路系统及其设备使用情况;各区队、班组的分布情况,机电硐室、井下爆炸材料库安全出口的所在位置,事故隐患及安全生产动态等。

③协助矿井搞好探查古窑,恢复旧巷等需要佩用氧气呼吸器的安全技术工作。

④协助矿井训练井下职工、工程技术人员使用和管理自救器。

3)辅助救护队的任务

①引导和救助遇险人员脱离灾区,协助专职矿山救护队积极抢救遇险遇难人员。

②做好矿山安全生产预防性检查,控制和处理矿山初期事故。

③参加需要佩用氧气呼吸器作业和安全技术工作。

④协助矿山救护队完成矿山事故救援工作。

⑤协助做好矿山职工自救与互救知识的宣传教育工作。

3.2.3　矿山救护组织及支持体系

(1)矿山救护组织

根据矿山救护队的特点和矿山行业的管理职能,国家安全生产监督管理总局在全国矿山行业建立国家安全监督管理总局矿山救援指挥中心(军事化矿山救护总队)→省级矿山救援指挥中心(矿山救护支队)→区域矿山救护大队→矿山救护中队→矿山救护小队的管理体系。跨省(区)调动,由总队统一指挥;省(区)内调动,由支队统一指挥;区域内调动,由大队统一指挥。各省(区)的矿山救护队,打破隶属关系,不分管理体制,实行统一规划。我国的矿山救护队管理体系如图 3.1 所示。

根据《矿山救护规程》规定,矿山企业(包括生产和建设矿山的企业)均应设立矿山救护队,地方政府或矿山企业,应根据本区域矿山灾害、矿山生产规模、企业分布等情况,合理划分救护服务区域,组建矿山救护大队或矿山救护中队。生产经营规模较小、不具备单独设立矿山救护队条件的矿山企业应设立兼职救护队,并与就近的矿山救护队签订有偿服务救护协议,签订救护协议的救护队服务半径不得超过 100 km;矿井比较集中的矿区经各省(区、市)煤炭行业管理部门规划、批准,可以联合建立矿山救护大(中)队。矿山救护队驻地至服务矿井的距离,以行车时间不超过 30 min 为限。年生产规模 60 ×

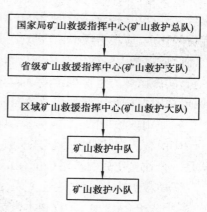

图 3.1　矿山救护队管理体系

10^4 t(含)以上的高瓦斯矿井和距离救护队服务半径超过 100 km 的矿井必须设置独立的矿山救护队。

1)国家安监总局矿山救援指挥中心

国家安全生产监督管理总局成立矿山救援指挥中心,作为国家矿山救护及其应急救援委员会的办事机构,负责组织、指导和协调全国矿山救护及应急救援的日常工作;组织研究制订有关矿山救护的工作条例、技术规程、方针政策;组织开展矿山救护技术的国际交流等;组织指导矿山救护的技术培训和救护队的质量审查认证,以及对安全产品的性能检测和生产厂家的质量保证体系的检查。矿山救援指挥中心配备具有实战经验的指挥员,具备技术支持能力。当矿山发生重大灾变事故,需要得到矿山救援指挥中心技术支持时,矿山救援指挥中心可协调全国救援力量,协助制订救灾方案,提出技术意见,并对复杂事故的调查分析取证提供足够的技术支持。

国家安全生产监督管理总局矿山救援指挥中心设主任 1 人,副主任 1~2 人,参谋长 1 人,并聘请若干名矿山救护专家作为顾问。

国家安全生产监督管理总局矿山救援指挥中心下设综合处、救援处、技术处、管理处。

2)省级矿山救援指挥中心

在省级煤矿安全监察机构或省级煤矿安全监管部门设立省级矿山救援指挥中心,负责组织、指导和协调所辖区域的矿山救护及其应急救援工作。省级矿山救援指挥中心,业务上将接受国家安全监督管理总局矿山救援指挥中心的领导。省级矿山救援指挥中心设主任 1 人,副主任 1~2 人,参谋长 1 人,参谋数人。

3)区域救护大队

区域救护大队是区域内矿山抢险救灾技术支持中心,具有救护专家、救护设备和演习训练中心。为保证有较强的战斗力,区域救护大队必须拥有 3 个以上的救护中队,每个救护中队应不少于 4 个救护小队,每个救护小队至少由 9 名队员组成。区域救护大队的现有隶属关系不变、资金渠道不变,但要由国家安全生产监督管理总局利用技术改造资金对其进行重点装备,提高技术水平和作战能力。在矿山重大事故应急救援时,应接受国家安全监督管理总局救援指挥中心的协调和指挥。

区域救护大队设大队长 1 人,副大队长 2 人,总工程师 1 人,副总工程师 1 人,工程技术人员数人;应设立相应的管理及办事机构,并配备必要的管理人员和医务人员。矿山救护大队指挥员的任免,应报省级矿山救援指挥机构备案。

区域救护大队的主要任务是制订区域内的各矿救灾方案,协调使用大型救灾设备和出动人员,实施区域力量协调抢救;培训矿山救护队指战员;参与矿山救护队技术装备的开发和试验;必要时执行跨区域的应急救援任务。

4)矿山救护中队

矿山救护中队距服务矿井一般不超过 10 km 或行车时间一般不超过 15 min。矿山救护中队是一个独立作战的基层单位,由 3 个以上的小队组成,直属中队由 4 个以上的小队组成。

矿山救护中队设中队长 1 人,副中队长 2 人,工程技术人员 1 人。直属中队设中队长 1 人,副中队长 2~3 人,工程技术人员至少 1 人。救护中队应配备必要的管理人员及汽车司机、机电维修、氧气充填等人员。

5)矿山救护小队

矿山救护小队由 9 人以上组成,是执行作战任务的最小战斗集体。矿山救护小队设正、副小队长各 1 人。

6)兼职矿山救护队

兼职矿山救护队应根据矿山企业的生产规模、自然条件、灾害情况确定编制,原则上应由两个以上小队组成,每个小队由 9 人以上组成。

兼职矿山救护队应设专职队长及仪器装备管理人员。兼职矿山救护队直属矿长领导,业务上受总工程师和矿山救护大队指导。

兼职矿山救护队员由符合矿山救护队员条件,能够佩用氧气呼吸器的矿山生产、通风、机电、运输、安全等部门的骨干工人和管理人员兼职组成。

(2)矿山救护支持体系

1)技术支持体系

矿山应急救援工作具有技术强、难度大和情况复杂多变、处理困难等特点,一旦发生爆炸或火灾等灾变事故,往往需要动用数支矿山救护队。为了保证矿山应急救援的有效、顺利进行,必须建立应急救援技术支持体系。根据煤矿应急救援组织结构,它将分级设立、分级运作,统一指挥、统一协调,形成强有力的技术支撑。

国家安全监督管理总局矿山救援指挥中心的技术支持职能,将由各职能处室履行。主要是对重大恶性事故、极复杂灾变事故的救护及其应急救援提供技术支持。

区域救护大队是区域内矿山应急救援技术支持中心。可利用国家的重点资金支持,来提高其技术水平、装备水平和作战能力,能够对本区域的应急救援提供支持和保障。必要时,在国家安全监督管理总局矿山救援指挥中心的协调和指导下,可提供跨区域的应急救援技术支持和帮助。

为了促进矿山救护技术的发展和技术进步,促进矿山应急救援整体水平的提高,在组建国家矿山救援指挥中心的同时还组建了国家矿山救护技术实验中心和国家矿山救护技术培训中心。

2)矿山应急救援信息网络体系

矿山应急救援信息网络和通信体系采取分步实施的办法进行建设。首先在国家安全监督管理总局矿山救援指挥中心、各省矿山救援指挥中心与区域救援大队、矿山救护队之间联成网络;然后再与各矿山企业联成网络,逐步扩大覆盖面,提高快速反应能力。

在矿山应急救援信息网络体系中,它既包含矿山应急救援工作的信息网络,也包含为矿山全面服务的信息系统。为满足应急救援的需要,还将逐步建立起救灾远程会商视频系统。

3)矿山救护及其应急救援装备保障体系

为保证矿山应急救援的及时、有效和具备对重大、复杂灾变事故的应急处理能力,必须建立矿山救护及其应急救援装备保障体系,以形成全方位应急救援装备的支持和保障。

国家安全监督管理总局矿山救援指挥中心将配备先进、具备较高技术含量的救灾技术装备,为重大、复杂事故的抢险救灾提供可靠的装备支持。

区域救护大队除按矿山救护大队进行装备外,还应根据区域内矿山灾害特点,配备较先进和关键性的救灾技术装备,一旦发生较大灾变事故,即可迅速投入使用,并对其他矿山救护队也能形成有力的装备支持。区域救护大队是我国矿山应急救援的中坚力量,要不断加快加强技术装备和更新改造的步伐,要具有与其作用和地位相称的装备水平。

矿山救护队要根据有关要求进行应急救援设施、设备、材料的储备,如建立消防系统、消防材料库等。矿山救护队应对矿山应急救援装备材料的储备、布局和状态实施有效监督。

4)矿山救护及其应急救援资金保障体系

矿山救护及其应急救援工作是重要的社会公益性事业,矿山救护及其应急救援资金保障实行国家、地方和矿山企业共同保障的体制。

对于国家安全生产监督管理总局矿山救援指挥中心和区域救护大队的救灾技术装备、救灾通信和信息体系,国家安全生产监督管理总局将加大投入,以保证必要的应急救援能力。参考国外的通常做法,将设立矿山应急救援基金,以应对矿山重大灾变事故。另外,对应急救援技术及装备的研制开发也将给予足够的资金支持,以促进矿山应急救援的技术水平适应矿山生产和社会发展的需要。地方政府对矿山应急救援体系的建设和发展,也将提供必要的资金支持,以保证所辖区域矿山应急救援工作的有效进行。矿山企业则应保证所属矿山救护队的资金投入,继续实行矿山应急救援的有偿服务,并逐步完善矿山工伤保险体系。

3.2.4　矿山救护队的特点

(1)矿山救护队是军事化队伍

矿山救护队应严格按照军事化管理规范进行日常管理,加强技术练兵,不断提高技术业务水平和战斗力。

(2)矿山救护队是非生产单位

矿山救护队是非生产单位,参与矿山安全生产预防性检查,实施矿山事故应急救援工作,对企业、对社会的贡献不能简单地用经济效益指标来衡量。

(3)流动性大,平均年龄低

矿山救护队流动性大,平均年龄低。为保证矿山救护工作的连续性,必须加强对矿山救护指战员的思想教育工作,充分发挥其工作积极性。

(4)工作具有危险性和急迫性

矿山救护队工作具有较大的危险性和明显的急迫性。

3.2.5　矿山救护队指战员的职责

(1)矿山救护队指战员的一般职责

①热爱矿山救护工作,全心全意为矿山安全生产服务。

②加强体质锻炼和业务技术学习,适应矿山救护工作素质需要。

③自觉遵守有关安全生产法律、法规、标准和规定。

④爱护救护仪器装备,做好仪器装备的维护保养,使其保持完好。

⑤按规定参加战备值班工作,坚守岗位,随时做好出动准备。

⑥服从命令,听从指挥,积极主动地完成各项工作任务。

(2)大队长职责

①对救护大队的救援准备与行动、技术培训与训练、日常管理等工作全面负责。

②组织制订大队长远规划,年度、季度和月度计划,并组织实施,定期进行检查、总结、评比等。

③负责组织全大队的矿山救护业务活动。

④事故救援时的具体职责是:及时带队出发到事故矿井;在事故现场负责矿山救护队具体工作的组织,必要时亲自带领救护队下井进行矿山救护工作;参加抢救指挥部的工作,参与事故救援方案的制订和随灾情变化进行方案的重新修订,并组织制订矿山救护队的行动计划和安全技术措施;掌握矿山救护工作进度,合理组织和调动战斗力量,保证救护任务的完成;根据

灾情变化与指挥部总指挥研究变更事故救援方案。

（3）**副大队长职责**

①协助大队长工作，主管救援准备及行动、技术训练和后勤工作。当大队长不在时，履行大队长职责。

②事故救援时具体职责是：根据需要带领救护队伍进入灾区抢险救灾，确定和建立井下救灾基地，准备救护器材，建立通信联系；经常了解井下事故救援的进展，及时向救援指挥部报告井下救护工作进展情况；当大队长不在或工作需要时，代替大队长领导矿山救护工作。

（4）**大队总工程师职责**

①在大队长领导下，对大队的技术工作全面负责。

②组织编制大队训练计划，负责指战员的技术教育。

③参与审查各服务矿井的矿井灾害预防和处理计划或应急预案。

④组织科研、技术革新、技术咨询及新技术、新装备的推广应用等项工作。

⑤负责事故救援和其他技术工作总结的审定工作。

⑥事故救援时具体职责是：参与救援指挥部事故救援方案制订；与大队长一起制订矿山救护队的行动计划和安全技术措施，协助大队长指挥矿山救护工作；采取科学手段和可行的技术措施，加快事故救援的进程；必要时根据抢救指挥部的命令，担任矿山救护工作的领导。

（5）**中队长职责**

①负责本中队的全面领导工作。

②根据大队工作计划，结合本中队情况制订实施计划，开展各项工作，负责总结评比。

③事故救援时的具体职责是：接到出动命令后，立即带领救护队奔赴事故矿井，担负中队作战工作的领导责任；到达事故矿井后，组织各小队做好下井准备，同时了解事故情况，向抢救指挥部领取救护任务，制订中队行动计划并向各小队下达救援任务；在救援指挥部尚未成立、无人负责的特殊情况下，可根据矿山灾害事故应急预案或事故现场具体情况，立即开展先期救护工作；向小队布置任务时，应讲明完成任务的方法、时间，应补充的装备、工具和救护时的注意事项和安全措施等；在救护工作过程中，始终与工作小队保持经常联系，掌握工作进程，向工作小队及时供应装备和物资；必要时亲自带领救护队下井完成任务；需要时，及时召请其他救护队协同救援。

（6）**副中队长职责**

①协助中队长工作，主管救援准备、技术训练和后勤管理。当中队长不在时，履行中队长职责。

②事故救援时的具体职责是：在事故救援时，直接在井下领导一个或几个小队从事救护工作；及时向救援指挥部报告所掌握的事故救援和现场情况。

（7）**中队技术人员职责**

①在中队长领导下，全面负责中队的技术工作。

②事故救援时的具体职责是：协助中队长做好事故救援的技术工作；协助中队长制订中队救护工作行动计划和安全措施；记录事故救援经过及为完成任务而采取的一切措施；了解事故的处理情况并提出修改补充建议；当正、副中队长不在时，担负起中队工作的指挥责任。

（8）**小队长职责**

①负责小队的全面工作,带领小队完成上级交给的任务。

②领导并组织小队的学习和训练,做好日常管理和救援准备工作。

③事故救援时的具体职责是:小队长是小队的直接领导,负责指挥本小队的一切救援行动,带领全小队完成救援任务;接受上级布置的任务,了解事故类别、矿井概况、事故简要经过、井下人员分布、已经采取的救灾措施等;向队员布置救护任务,说明灾情类型、与其他队的分工、任务要点、行动路线、联系方式、安全措施、注意事项等;必须保持与上级指挥员或救援指挥部经常联系;带领队员做好救灾前检查和下井准备工作;进入灾区前,确定在灾区作业时间和撤离时氧气呼吸器最低氧气压力;在井下工作时,必须注意队员的疲劳程度,指导正确使用救护装备,检查队员和本人氧气呼吸器的氧气消耗;出现有人自我感觉不良、氧气呼吸器发生故障或受到伤害时,应带领全小队人员立即撤出灾区;带领小队撤出灾区后,经过检查气体情况符合安全规定,确定摘掉氧气呼吸器面罩的地点;从灾区撤出后,应立即向指挥员报告灾区状况和小队任务完成情况。

（9）**副小队长职责**

协助小队长工作。当小队长不在时,履行小队长职责并指定临时副小队长。

（10）**队员职责**

①遵守纪律、听从指挥,积极主动地完成领导分配的各项任务。

②保养好技术装备,使之达到战斗准备标准要求。

③积极参加学习和技术、体质训练,不断提高思想、技术、业务、身体素质。

④事故救援时的具体职责是:在事故救援时,应迅速、准确地完成指挥员的命令,并与之保持经常联系;了解本队的救援任务,熟练运用自己的技术装备;积极救助遇险人员和消灭事故;在行进或作业时,时刻注意周围的情况,发现异常现象立即报告小队长;注意自己仪器的工作情况和氧气呼吸器的氧气压力,发生故障及时报告小队长;在工作中帮助同志,在任何情况下都不准单独离开小队;撤出矿井后,应迅速整理好氧气呼吸器及个人分管的装备。

3.2.6　矿山救护指战员条件

（1）**矿山救护大队指挥员条件**

大队指挥员应由熟悉矿山救护业务及其相关知识,热爱矿山救护事业,能够佩用氧气呼吸器,从事矿山井下工作不少于5年,并经国家级矿山救护培训机构培训取得资格证的人员担任。大队长应具有大专以上文化程度,大队总工程师应具有大专以上学历及中级以上职称。

（2）**矿山救护中队指挥员条件**

中队指挥员应由熟悉矿山救护业务及其相关知识,热爱矿山救护事业,能够佩用氧气呼吸器,从事矿山救护工作不少于3年,并经培训取得资格证的人员担任。中队长应具有中专以上文化程度,中队技术员应具有中专以上学历及初级以上职称。

（3）**矿山救护队队员条件**

新招收的矿山救护队员应具有高中以上文化程度,年龄在30周岁以下,身体符合矿山救护队员标准,从事井下工作在1年以上,并经过培训、考核、试用、取得合格证后,方可从事矿山救护工作。

救护队实行队员服役合同制。正式入队前,必须由矿山救护队、输送队员单位和队员本人三方签订服役合同,合同期为 3～5 年。队员服役合同期满,本人表现较好、身体条件等符合要求的可再续签合同,延长服役年限。

(4)不得从事矿山救护工作的疾病

凡有下列疾病之一者,严禁从事矿山救护工作:

①有传染性疾病者。

②色盲、近视及耳聋者。

③脉搏不正常,呼吸系统、心血管系统有疾病者。

④强度神经衰弱,高血压、低血压,眩晕症者。

⑤尿内有异常成分者。

⑥经医生检查确认或经实际考核身体不适应救护工作者。

⑦脸形特殊不适合佩用面罩者。

(5)身体检查与年龄规定

救护队指战员每年应进行一次身体检查,对身体不合格人员,必须立即调整。企业应根据其自身状况安置工作。

救护队员年龄不应超过 40 岁,中队指挥员年龄不应超过 45 岁,大队指挥员年龄不应超过 55 岁。但根据救护工作需要,允许保留少数(指挥员和队员分别不超过 1/3 的)身体健康、能够下井从事救护工作、有技术专长及经验丰富的超龄人员,超龄年度不大于 5 岁。超龄人员每半年应进行一次身体检查,符合条件方可留用。

3.2.7　矿山救援标识

我国矿山救援标识分为彩色、单色两种标志,如图 3.2 所示。

(a)彩色标识　　　　　　　　　　(b)单色标识

图 3.2　矿山救援标识

(1)标识说明

矿山救援标识中的五角星寓意在中国共产党和中国政府的坚强正确领导下,矿山救援为灾区矿工带来胜利和希望;锤头镐头齿轮组合取自国家安全生产监督管理总局局徽,表示安全生产领域和矿山开采行业的职业特点,体现了矿山救援是安全生产工作的重要组成部分;两边的两列飞鹰组合表示快速反应的矿山救援队伍和应急救援机制,又似两束橄榄枝,象征平安、和谐;两列飞鹰最后形成"人"字形,体现矿山救援工作以人为本、拯救生命的主题;"人"字形上面是两个汉字"山",体现矿山开采行业特点,山山相连形似长城,寓意矿山救援队伍是矿山的安全卫士、是坚不可摧的钢铁长城。

（2）矿山救援标识使用与管理

①矿山救援标识是我国矿山救援行业的象征性标识，由国家安全生产监督管理总局确认、发布。矿山救援标识的所有权属于国家安全生产监督管理总局，受法律保护，未经授权，任何单位和个人不得擅自使用。

②全国各级矿山救援管理部门和指挥机构、矿山救援队伍、国家矿山救援研究中心和培训中心以及其他经国家安全生产监督管理总局授权单位，可以使用矿山救援标识。

③矿山救援标识适用于我国矿山救援相关会议、技术竞赛、技术服务、应急救援、国际交流与合作等活动，矿山救援有关证件、证书、请柬、信笺、信封等文书，矿山救援服装、车辆、装备、设施，以及其他经国家安全生产监督管理总局授权可使用场合。

④国家安全生产监督管理总局矿山救援管理部门具体负责受理使用矿山救援标识的申请，进行合法性审查和办理使用授权，以及对矿山救援标识使用情况进行监督检查。

⑤矿山救援标识的使用规定：

a. 全国各级矿山救援管理部门和指挥机构、全国矿山救援队伍、国家矿山救援研究中心和培训中心及其举办的各类活动，可以直接使用矿山救援标识。

b. 其他单位使用矿山救援标识的，应当向国家安全生产监督管理总局矿山救援管理部门提出申请，说明用途和使用范围，经审查同意后方可使用。

⑥矿山救援标识使用单位应当尊重、爱护并规范使用矿山救援标识，可以根据需要按等比例进行放大或缩小复制，但不得改变其形状、字型和颜色。

⑦各级安全监管监察部门和应急管理机构负责对管辖区域内矿山救援标识的使用情况进行监督检查，对未经授权擅自使用或有损于矿山救援标识的，应当责令其立即停止违规行为，必要时采取相关法律措施，坚决予以制止。

3.3　矿山救护队军事化管理

3.3.1　工作规范管理

（1）质量标准化考核

矿山救护队各项工作应按《矿山救护队质量标准化考核规范》的要求定期进行检查、验收评比。矿山救护中队应每季度组织一次达标自检，矿山救护大队应每半年组织一次达标检查，省级矿山救援指挥机构应每年组织一次检查验收，国家矿山救援指挥机构适时组织抽查。

1）制订矿山救护质量标准的意义

①加强矿山救护队的管理，全面促进矿山救护队的专业化、正规化、标准化建设。

②提高管理水平、技术水平、装备水平和整体素质，保证安全、迅速、有效地处理矿井事故。

③最大限度地减少人员伤亡和财产损失，保护矿工生命和国家财产的安全。

2）矿山救护质量标准的内容

①矿山救护大队质量标准化

矿山救护大队质量标准化标准及评定办法见表3.1。

表 3.1　矿山救护大队质量标准化标准及评定办法

检查项目	检查小项与质量标准	评分办法
一、指挥员及组织机构	1. 矿山救护大队设大队长 1 人,副大队长 2 人,总工程师 1 人,副总工程师 1 人 2. 矿山救护大队指挥员应由熟悉矿山救护业务及其相关知识,能够佩用氧气呼吸器,并经国家矿山救援技术培训中心培训,取得合格证的人员担任 3. 救护大队指挥员年龄不应超过 55 岁 4. 组织机构健全:设立相应的管理及办事机构,如战训科、后勤科、培训科等	该大项为 10 分 　全部合格得 10 分。领导班子人员缺 1 人扣 1 分;发现 1 人未取得国家矿山救援技术培训中心的培训合格证扣 1 分;发现 1 人年龄超过规定扣 1 分。无相应的机构,扣 2 分
二、救护培训	1. 制订救护大队指战员年度培训计划 2. 救护中队指挥员按时参加救护培训 3. 按规定对新队员进行入队前的基础培训 4. 组织救护队员进行年度再培训和知识更新教育	该大项为 10 分 　查资料和记录,全部合格得 10 分。无培训计划扣 4 分;未组织救护指挥员参加培训(培训率低于 70%),扣 2 分;未组织新队员入队前的基础培训扣 2 分;未组织救护队员进行再培训和知识更新教育扣 2 分
三、技术装备与设施	1. 救护大队按规定配备救护仪器、装备、交通运输工具、办公、信息通信设备 2. 救护大队应具有符合标准的培训、技能、体能、战备值班等设施和场所	该大项为 10 分 　全部合格得 10 分。大队技术装备缺一件扣 1 分;设施缺一项扣 2 分
四、综合管理	1. 大队领导及业务科室责任制和执行情况 2. 战备值班管理:有战备值班的各项制度,并严格落实 3. 业务技术管理:有业务技术管理的办法,定期或不定期开展业务技术训练、考核、知识竞赛、业务比武活动 4. 救护工作管理:有安全技术工作、事故处理、有偿服务的规定及其执行情况的记录或资料 5. 质量达标管理:有救护中队达标验收制度,并定期组织开展达标活动	该大项为 10 分 　全部合格得 10 分。缺少一项内容扣 2 分;有一项制度落实不到位扣 1 分
五、所属救护中队的综合素质	按"救护中队质量标准化达标标准及评定办法"进行考核	该大项为 60 分 所属救护中队的平均分数乘 60%,即为该项的实得分数

　　矿山救护大队质量标准化的主要内容包括:指挥员及组织机构(10 分);救护培训(10 分);技术装备与设施(10 分);综合管理(10 分);所属救护中队的综合素质(60 分)。

　　采用各项目扣分的方法计分,各项目标准分扣完为止。5 个项目中,前 4 项满分为 40 分,后 1 项采用矿山救护中队质量标准化计分方法,并乘以系数,满分为 60 分。总分计算方法为

$$总分 = 前四项分数之和 + 所属各救护中队综合素质项目平均分数 \times 60\%$$

71

②矿山救护中队质量标准化

矿山救护中队质量标准化标准及评定办法见表3.2。

表3.2 矿山救护中队质量标准化达标标准及评定办法

检查项目	检查小项与质量标准	评分办法
一、救护人员	1. 救护中队设中队长1人、副中队长2人,工程技术人员1人。救护小队由不少于9人组成,设有正、副小队长 2. 救护中队指挥员应由熟悉矿山救护业务及其相关知识,能够佩用氧气呼吸器,按国家有关规定进行培训,并取得合格证的人员担任 3. 中队指挥员年龄不应超过45岁,救护队员年龄不应超过40岁。矿山救护队队员中,35岁以下的队员至少要保持2/3以上。确因工作需要,救护队允许保留一些能发挥特殊作用,身体健康,有技术专长及丰富经验的超龄人员,其数量不得超过救护队员总数的1/5 4. 救护队指战员每年进行一次身体检查,对身体不合格人员必须立即调整	该大项为5分 查阅资料和现场抽查相结合。全部符合要求得5分。班子不健全或缺少工程技术人员,扣0.5分;每发现一个小队人员少于9人扣2分;有一名救护中队指挥员未取得培训合格证或超过年龄规定,扣0.5分;超龄队员超过五分之一扣1分;未按规定进行体检,扣1分;对不符合条件的人员不及时调整,发现一人扣0.5分
二、救护培训	1. 新队员入队前经过救援工作基础培训;在职救护队员每年经过救护大队组织的重复培训 2. 小队长经过省级组织的救援培训	该大项为5分 查阅资料与现场抽查核实相结合,全部合格得5分。每发现一名小队长不符合标准,扣0.5分;每发现一名救护队员不符合标准,扣0.1分
三、救护装备、维护保养与设施	1. 救护装备 按照《煤矿安全规程》《矿山救护规程》的规定,对救护中、小队和救护队员配备必要的技术装备	该小项为5分 中、小队装备仪器、设备,每缺少一件扣0.2分;值班人员的个人装备缺少一件扣0.2分
	2. 技术装备的维护保养 (1)4 h氧气呼吸器:按各类氧气呼吸器说明书规定标准,检查在用的氧气呼吸器性能 (2)自动苏生器:自动肺工作范围在12~16次/min,氧气瓶压力在15 MPa以上,附件、工具齐全,各系统好用,不漏气 (3)氧气呼吸器检验仪:按说明书检查其性能 (4)瓦斯检定器:气密、光谱清晰、性能良好、附件全、吸收剂符合要求 (5)一氧化碳检定器:气密、推拉灵活、附件全、检定管在有效期内不少于30支 (6)氧气测定仪:数值准确、灵敏度高 (7)灾区电话:使用方便、通话清晰	该小项为5分 全面检查,发现有一台、件、处不合格扣0.1分气密性检查方法:打开氧气瓶,关闭分配阀开关,再关闭氧气瓶,观看氧气压力下降值,大于0.5 MPa/min为不合格

续表

检查项目	检查小项与质量标准	评分办法
三、救护装备、维护保养与设施	(8)氧气充填泵:专人管理、工具齐全,按规程操作,氧气压力达到 20 MPa 时,不漏气、不漏水,运转正常 (9)矿山救护车:灯亮、信号响、方向灵活、制动好、能在规定时间出车;电、水、油要足;不漏水、不漏油、传动正常;车体内外清洁、工具、附件完整齐全。值班车和室内的装备要摆放整齐,挂牌管理,无脏乱物品。大型装备要有保养制度,放在固定地点,指定专人保管,保证战时好用 (10)小队装备、工具:须有专人保养,达到全、亮、准、尖、利、稳的规定要求	
	3.救护队的设施 矿山救护中队应有值班室、办公室、学习室、会议室、装备室、修理室、氧气充填室、矿灯充电室、战备器材库、汽车库、演习训练设施、运动场地、宿舍、浴室、食堂等	该小项为5分 发现有一项不符合标准,扣0.2分;缺少一项扣0.5分
四、业务技术工作	1.业务知识 按《煤矿安全规程》《矿山救护规程》等有关内容出题,被检小队队员参加笔试	该小项为5分 每有一人不及格,扣1分
	2.战术运用 在服务矿井采掘工作面平面图上假设一次事故(火灾、瓦斯、煤尘事故),根据《煤矿安全规程》制订作战方案,15 min 完成	该小项为5分 被检中队指挥人员参加考核,每有一人不正确扣1分
	3.仪器操作 以小队为单位,每个队员随机确定6种仪器进行考核。 仪器部件名称以说明书为准,应知与应会分数各占50%;应知部分每台仪器至少提两个问题,按回答正确与否的程度进行评分,以仪器说明书的有关内容为标准答案 (1)4 h 氧气呼吸器 应知:仪器构造、性能、部件名称、作用和氧气循环系统 应会:正确进行席位操作,按规定时间完成 (2)更换氧气瓶 自换氧气瓶60 s 完成。互换氧气瓶40 s 完成	该小项为5分 (1)4 h 氧气呼吸器 操作错误或超过时间,扣1分 (2)更换氧气瓶 自换氧气瓶超过 60 s 扣 0.5分;互换氧气瓶超过40 s 扣0.5分 (3)1 h(2 h)氧气呼吸器 将4 h 氧气呼吸器更换成1 h或2 h 氧气呼吸器,超过30 s扣1分

续表

检查项目	检查小项与质量标准	评分办法
四、业务技术工作	(3)1 h(2 h)氧气呼吸器 应知:仪器构造、性能、部件名称、作用和氧气循环系统 应会:能熟练地将4 h氧气呼吸器更换成1 h或2 h氧气呼吸器,30 s完成 (4)自动苏生器 应知:仪器构造、性能、使用范围、主要部件名称和作用 应会:正确进行苏生器准备,准备时间不超过60 s (5)氧气呼吸器校验仪 应知:仪器的构造、性能、各部件名称、作用,检查氧气呼吸器的各项性能指标 应会:对氧气呼吸器能正确进行检查 (6)瓦斯检定器 应知:仪器构造、性能、部件名称、作用,吸收剂名称 应会:正确检查瓦斯和二氧化碳 (7)一氧化碳检定器 应知:仪器的构造、性能、各部件名称、作用 应会:对一氧化碳三量(常量、微量、浓量)进行检查,会读数,会换算结果 (8)氧气测定仪 应知:仪器构造、性能、各部件名称及作用 应会:正确检查氧气在空气中的含量 (9)自救器 应知:过滤式、隔离式自救器的构造、原理、作用性能、使用条件、注意事项 应会:能自己或给他人正确佩用 (10)灾区电话 应知:灾区电话的构造、性能、各部件名称及作用 应会:正确使用电话通信 (11)矿用多功能起重器 应知:器械的构造、性能、各部件名称、作用、使用条件及范围 应会:在其他队员的配合下,正确操作器械,进行维护和保养 (12)便携式爆炸三角形测定仪 应知:仪器用途、主要技术参数、工作原理 应会:会熟练使用,精确测定	(4)自动苏生器 苏生器准备时间超过60 s;超时扣1分 (5)氧气呼吸器校验仪 对仪器连接不熟练,检查不正确每人次扣0.2分 (6)瓦斯检定器 检查瓦斯和二氧化碳操作不正确每人次扣0.2分,不会检查瓦斯或二氧化碳每人次扣0.3分 (7)一氧化碳检定器 对一氧化碳常量、微量、浓量检查不正确,每人次扣0.3分;读数不正确,不会换算或换算结果不正确,均按检查不正确处理 (8)氧气测定仪 不能正确检查氧气在空气中含量;每人次扣0.3分 (9)自救器 不能正确佩用,每人次扣0.3分 (10)灾区电话 不能正确使用电话通信,每人次扣0.3分 (11)矿用多功能起重器 不能正确、熟练地使用,每人次扣0.5分 (12)便携式爆炸三角形测定仪 不会熟练使用,结果不正确,扣1分

检查项目	检查小项与质量标准	评分办法
五、救援准备	1. 闻警集合 (1)值班小队不少于6人,集体住宿,24 h值班 (2)接到事故电话通知时,应打预备铃 (3)60 s出动。不需乘车时,不得超过120 s (4)电话值班员必须按规定接听和记录事故电话内容:事故矿井名称、事故地点、事故类别、遇险人数、通知人姓名及单位;出动小队及人数、记录人、出动时间,并立即发出事故警报 (5)值班队员听到事故警报,立即跑步集合,面向汽车列队,小队长清点人数,电话值班员向指挥员简要报告事故情况,指挥员简要宣布任务后上车 (6)值班队出动后,待机队立即转为值班队	该小项为2分 (1)少于6人或不能24 h值班,该项无分 (2)不打预备铃扣0.2分 (3)出动时间超过规定,扣1分 (4)事故电话内容错误、记录不全或缺项,每处扣0.1分 (5)未按规定上车,每个内容不合格扣0.2分
	2. 下井准备 (1)按《矿山救护规程》的规定,根据事故类别要求带全最低限度装备 (2)指战员穿统一的战斗服、带个人装备下车(背包除外) (3)领取和布置任务明确 (4)正确地进行氧气呼吸器战前检查,120 s完成	该小项为3分 (1)小队和个人装备每缺少一件扣0.5分 (2)每有一人不穿战斗服,扣0.5分 (3)下井准备顺序颠倒、漏项、漏报或报告内容错误,每处扣0.3分 (4)战前检查超过规定时间扣0.5分,每有一人战前检查不正确扣0.3分
六、伤员急救包扎	1. 急救知识 　能够对伤员受何种伤害,伤害部位、伤害程度进行正确的分析判断,并熟练掌握对各种伤员急救的处置技术和方法 2. 伤员急救包扎模拟训练 (1)对一名模拟小腿开放性骨折伤员进行急救,7 min完成 (2)模拟伤员要穿工作服、高筒胶鞋、戴矿工帽,佩戴好矿灯,在规定地点仰卧好 (3)操作小队着战斗服、佩戴氧气呼吸器 (4)操作队员携带夹板两块、保温毯、急救箱,箱内要有止血带、止血垫、绷带、衬垫等,在距伤员10 m处待命 (5)模拟伤员仰卧好,检查人员发出"开始"命令,并开始起表,操作人员迅速进入伤员地点,对伤员进行急救	该项为10分,每小项5分 (1)伤员和操作小队不按要求着装或佩戴装备,每少一件扣0.5分 (2)超过时间扣0.2分 (3)准备工作 ①对伤员伤情了解错误(左右腿错),扣0.5分 ②伤员矿工帽、矿灯、高筒胶鞋未脱下,每一件扣0.2分 ③裤腿未理顺、顺腿向上打折,扣0.2分

续表

检查项目	检查小项与质量标准	评分办法
六、伤员急救包扎	(6)准备工作 ①检查伤员伤情,由检查人员在伤员胸前放一伤势情况纸条,操作人员详细阅读,明确伤情 ②将伤员矿工帽摘下,将灯带解开,摘下矿灯,将伤腿上的高筒胶鞋脱下,理顺伤腿裤腿,对伤员要轻抬轻放 (7)止血固定 ①用止血带和止血垫在伤员小腿上部止血,止血带要扎紧系好,止血垫要垫在小腿内侧动脉血管处 ②在小腿伤处内外两侧加衬垫,再在衬垫外边放置两块夹板,然后用四段绷带将伤腿固定 ③四段绷带布置要均匀,缠绕时绷带要展开,两端绷带边距夹板端头不得大于50 mm,中间3处间隔距离之差不得大于100 mm ④每处绷带必须缠绕四圈以上。第一圈绷带要留打结头,打结要牢固。绷带松紧度要适当 ⑤两侧夹板要平行一致,两端头相差不得大于50 mm,最后一个绷带结打好后,操作队员将保温毯盖在伤员身上,举手示意完成,并喊"好"	(4)止血固定 ①止血带未扎紧,扣0.2分 ②止血带开扣,扣1分 ③止血垫位置放错,扣0.5分 ④未放止血垫扣1分 ⑤夹板和衬垫放错位置或未加衬垫,每处扣0.2分 ⑥绷带布置不均匀,缠绕时未展开,每处扣0.2分 ⑦绷带圈数不足四圈、打结不紧、松紧度超过规定,每处扣0.2分 ⑧夹板不齐,超过规定,扣0.3分 ⑨未给伤员盖保温毯扣0.3分
七、一般技术操作	1. 一般要求 (1)佩用氧气呼吸器在模拟灾区工作时,在每次工作的开始和结束都应正确使用规定的音响信号。暂不使用的装备、工具可放置在基地,工作结束后必须带回 (2)在灾区工作时,氧气呼吸器发生故障应立即处理。当处理不了时,全小队退出灾区,处理后再进入灾区。操作中出现工伤事故,不能坚持工作时,全小队退出灾区,安置伤员后,再进入灾区继续操作;少于6人时,不得继续操作 (3)挂风障、建造木板密闭墙、建造砖密闭墙、安装局部通风机接风筒、安装高倍数泡沫灭火机等项目连续操作,中间允许佩用氧气呼吸器休息两次,每次不超过10 min	该小项为2.5分 不正确使用规定的音响信号,每次扣0.2分。暂不使用的装备、工具,发现丢失一件扣0.2分
	2. 挂风障 (1)用四根方木架一带底梁的梯形框架,在框架中间用方木打一立柱。架腿、立柱必须座在底梁上 (2)风障四周用压条压严,钉在骨架上。中间立柱处,竖压一根压条,每根压条不少于3个钉子	该小项为2分 (1)不按规定结构操作扣0.5分 (2)少一跟立柱或结构不牢,该项无分

检查项目	检查小项与质量标准	评分办法
七、一般技术操作	(3)同一根压条上的钉子分布大致均匀,底压条上相邻两钉的间距不得小于 1 m,其余各根压条上相邻两钉的间距不得小于 0.5 m (4)结构牢固,四周严密 (5)4 min 完成	(3)每少一根压条扣 0.5 分 (4)每少一个钉子或钉子未钉在骨架上,每处扣 0.1 分 (5)钉子距压条端大于 100 mm,每处扣 0.1 分 (6)压条搭接或压条接头处间隙大于 50 mm,每处扣 0.1 分 (7)障面孔隙大于 20 cm^2,每处扣 0.3 分 (8)障面不平整,折叠宽度大于 15 mm,每处扣 0.3 分 (9)同一根压条上,相邻两个钉子间距不符合要求,每处扣 0.2 分 (10)超过时间扣 0.5 分
	3.建造木板密闭墙 (1)骨架结构 　①先用三根方木设一梯形框架 　②再用一根方木,紧靠巷道底板,钉在框架两腿上 　③在框架顶梁和紧靠底板的横木上钉上四根立柱,立柱排列必须均匀,间距为 380～460 mm (2)钉板要求 　①木板采用搭接方式,下板压上板,压茬不少于 20 mm,两帮镶小板,在上部大板上钉托泥板 　②每块大板不得少于 8 个钉子,钉子必须穿过两块大板钉在立柱上。每块小板不得少于一个钉子,每个钉子要穿透两块小板钉在大板上 　③小板不准横纹钉,不得钉劈,压茬不少于 20 mm 　④托泥板宽度为 30～60 mm,与顶板间距为 30～50 mm,两头距小板间距不大于 50 mm,托泥板不少于 3 个钉子 　⑤大板要平直,以巷道为准,大板两端距顶板距离差不大于 50 mm 　⑥板壁四周严密,缝隙不准超过宽 5 mm,长 200 mm 　⑦结构牢固 (3)10 min 完成	该小项为 3.5 分 (1)骨架不牢、缺立柱、缺大板,该项无分 (2)立柱排列不均匀,扣 1 分 (3)大板压茬小于 20 mm,大板平直超过 50 mm,每处扣 0.3 分 (4)缺小板、小板横纹钉、小板钉劈、小板压茬小于 20 mm,每处扣 0.3 分 (5)大板钉子未钉在立柱上,小板未座在大板上,少钉、跑钉或弯钉、钉子未钉在大板上,每处扣 0.3 分 (6)未钉托泥板,扣 0.5 分 (7)托泥板与顶板或小板的间距超过规定,每处扣 0.2 分,少一个钉子,扣 0.3 分 (8)板壁四周缝隙宽度超过 5 mm,且长度超过 200 mm,每处扣 0.3 分 (9)超过时间扣 0.3 分

续表

检查项目	检查小项与质量标准	评分办法
七、一般技术操作	4. 建造砖密闭墙 ①密闭墙牢固、面平、浆饱、不漏光,不透光,结构合理,25 min 完成 ②墙厚一砖半,结构为一横一竖,按普通密闭施工,不考虑水沟和管路 ③前倾、后仰不大于 100 mm ④砖墙完成后,除两帮和顶可抹不大于 100 mm 宽的泥浆外,墙面应整洁,砖缝线条应清晰,符合要求	该小项为 2.5 分 ①墙体不牢,结构不合理、墙面漏风或透亮,该项无分 ②墙面平整以砖墙最上和最下两层砖所构成平面为基准面,砖墙内任何砖块凹凸,应不超过基准面正负 20 mm,否则发现一处扣 0.1 分 ③前倾、后仰大于 100 mm 扣 0.5 分 ④砖缝应符合要求。每有一处大缝、窄缝、对缝扣 0.2 分,墙面泥浆抹面,扣 1 分 ⑤接顶不实,该项无分。使用可燃性材料扣 0.5 分 ⑥超过时间扣 0.5 分
	5. 安装局部通风机和接风筒 ①安装和接线正确 ②风筒接口严密不漏风 ③现场做接线头,局部通风机动力线接在防爆开关上,操作人员不限,使用挡板密封圈 ④5 节风筒,每节长度为 10 m,直径 400 mm;采用双反压边接头,吊环向上一致 ⑤8 min 完成	该小项为 1.5 分 ①安装与接线不正确,每处扣 1 分 ②接头漏风,每处扣 0.2 分 ③事先做好线头,不使用挡板、密封圈,该项无分 ④不采用双反压边接头,扣 0.5 分;吊环错距大于 20 mm,每处扣 0.2 分 ⑤未接地线或接错,该项无分 ⑥超过时间扣 0.5 分
	6. 安装高倍数泡沫灭火机 (1)在安装地点备好一台 QC83—80 型防爆磁力启动器、3 个防爆插座开关、连好线的四通接线盒、带电源的三相闸刀及水源 (2)小队把模拟巷道仓库内的高泡机、潜水泵、配制好的药剂、水龙带等器材运至安装地点,进行安装。防爆四通接线盒的输入电缆要接在磁力启动器上,磁力启动器的输入电缆接在三相闸刀电源上,两处接线头必须现场做。风机、潜水泵与四通接线盒之间均采用事先接好的防爆插销、插座开关连接和控制,接线、安装应符合防爆要求 (3)安装完成后,送电开机,发泡灭火 (4)15 min 完成	该小项为 1.5 分 (1)不能发泡、地线接错,接线未接完或磁力启动器盖子上螺钉未上完就送电开机、接线电缆没有密封圈、风机安装颠倒,未将火扑灭,发现上述情形之一者,该项无分 (2)接线不正确,每处扣 0.3 分 (3)螺钉未上紧,每处扣 0.5 分 (4)螺钉垫圈,压线金属片,每缺一件扣 0.3 分 (5)发泡不满网的 2/3 扣 0.5 分 (6)BGP200 型高倍数泡沫灭火机单机运转或风机反转,各扣 1 分 (7)超过时间扣 0.5 分

检查项目	检查小项与质量标准	评分办法
七、一般技术操作	7.安装惰性气体发生装置或惰泡装置 正确进行安装,熟练使用,会排除故障,30 min 安装完毕,发泡灭火	该小项为 1.5 分 不能产生惰性气体或不发泡,该项无分;超过时间扣 0.5 分。尚未配备的,该项无分
八、综合体质	1.引体向上(0.5 分):正手握杠,连续 8 次 2.举重(0.5 分):杠铃重 30 kg,连续举 10 次 3.跳高(0.5 分):1.1 m 4.跳远(0.5 分):3.5 m 5.爬绳(0.5 分):爬高 3.5 m 6.哑铃(0.5 分):8 kg(两个)上、中、下各 20 次 7.负重蹲起(0.5 分):负重为 40 kg 杠铃,连续蹲起 15 次 8.跑步(0.5 分):2 000 m,10 min 完成 9.激烈行动(2 分):佩戴氧气呼吸器,按火灾事故携带装备,8 min 行走 1 000 m,每人在 150 s 拉检力器 100 次(携带装备行走 1 000 m 与拉检力器要连续进行,不得间隔)。激烈行动时,可只携带个人装备,每人加带 10 kg 沙袋 10.耐力锻炼(2 分):佩戴氧气呼吸器负重 15 kg,4 h 行走 1 万 m 11.高温浓烟训练(2 分):在演习巷道内,在 50 ℃的浓烟中,30 min 每人拉检力器 50 次	该小项为 10 分 (1)前 8 项,有一人一项达不到标准或完不成扣个人 0.2 分 (2)第 9 项、第 10 项完不成任务,每人扣 0.5 分 (3)检力器达不到标准(质量 20 kg,拉距为 1.2 m),扣 1 分 (4)第 11 项查训练记录,不按规定进行训练,该项无分;发现有一人次未按规定完成,扣 0.2 分
九、军事化风纪、礼节、队容	1.风纪、礼节 全队人员按规定着装,正常佩戴标志(肩章、臂章、领花、帽徽),着装整齐一致,帽子要戴端正,不得留胡须	该小项为 2 分 不符合以上规定,有一人次扣 0.5分
	2.队容 (1)基本规定 　①队列操练由一个小队完成,着装统一整齐。 　②队列操练由领队指挥员在场外整理队伍,跑步进入场地内开始至各项操练完毕 　③项目操练按照排列顺序依次进行,不得颠倒 　④除领取与布置任务、整理服装外,其余各单项均操练两次 　⑤行进间队列操练时,行进距离不小于 10 m 　⑥操练完毕,领队指挥员向首长请示后,将小队纵队跑步带出场地结束 　⑦ 指挥员要做到: 　a.姿态端正,精神振作,动作准确熟练	该小项 8 分,其中整齐 2 分,操练 6 分 (1)基本规定 　①指挥员位置不合适扣 1 分 　②队列操练项目,每缺一项扣 0.5 分,各单项少做一次扣 0.2 分 　③项目顺序颠倒,每次扣 0.2分 　④ 行进距离小于 10 m,扣 0.5分

续表

检查项目	检查小项与质量标准	评分办法
九、军事化风纪、礼节、队容	b.口令准确、清楚、响亮 c.指挥员位置合适 (2)领取与布置任务 ①领队指挥员整好队伍后,应跑步到首长处报告及领取任务,再返回向队列人员简要布置任务 ②报告前和领取任务后向首长行举手礼 ③领队指挥员在报告和向队列人员布置任务时,队列人员应成立正姿势,不许做其他动作 ④在各项操练过程中,不许再分项布置任务和作口令、动作提示。领队指挥员报告词:"报告!××救护队操练队列集合完毕,请首长指示!报告人:队长××!"首长指示词:"请操练!"接受指示后回答:"是!"行礼后返回队列前,向队列人员简要布置操练的项目 (3)解散 队列人员听到口令后迅速离开原位散开	(2)领取与布置任务 ①指挥员在操练过程中有口令和动作提示,扣0.5分 ②队列人员有一人次不正确,扣0.2分 ③报告词有漏项或报告词出现错误,每处扣0.2分 (3)解散 每有一人次不按要求散开,扣0.2分
十、综合管理	1.值班室管理 电话值班室应装备普通电话机;专用录音电话机;事故记录图板;矿井位置交通显示图板;当月工作与学习日程图表;作息时间表;计时钟表;紧急出动警报装置;事故通知记录簿以及供值班人员住宿的床铺、卧具	该小项为2分 每缺一种扣0.5分;不完好,每件扣0.2分
	2.规章制度 按《矿山救护规程》的要求,必须建立下列制度:值班工作制度、待机工作制度、交接班制度、技术装备维修保养制度、学习和训练制度、考勤制度、战后总结讲评制度、下井预防检查制度、内务卫生管理制度、材料装备库房管理制度、车辆管理使用制度、计划与财务管理制度、会议制度、评比检查制度和奖惩制度	该小项为2分 每缺少一种制度扣0.5分,有一项制度不执行扣0.2分
	3.各种记录 应建立下列几种记录簿:矿山救护工作日志、技术装备检查维护登记簿、学习训练情况和考核登记簿、事故处理登记簿、会议记录簿、安全技术工作登记簿 由值班队长认真、及时填写各种记录。	该小项为2分 缺一种记录簿或登记不全,每发现一处扣0.3分

检查项目	检查小项与质量标准	评分办法
十、综合管理	4. 计划管理 　按《矿山救护规程》的要求,计划管理应根据本队实际情况,做到年有计划,季有安排,月有工作学习日程表。计划内容:队伍建设、教育与训练、技术装备管理、矿井预防检查、内务管理、战备管理、劳动工资及财务、设备维修等	该小项为1分 　①查上年度中队年终总结,无年终总结,该项无分 　②查当年的季、月工作计划和安排及中队的季度、月份小结,每发现少一项扣0.5分
	5. 内务管理 　①有计划地绿化、美化环境 　②室内保持窗明壁净、地板卫生无痰迹,物品陈设整齐、床下无脏乱杂物 　③室外无杂草、无积水、不随地吐痰,无纸屑、果皮、烟头 　④宿舍、值班室做到物品悬挂一条线、床上卧具叠放一条线、洗刷用品放置一条线	该小项为2分 　不符合要求,每一项扣0.5分
	6. 竞赛评比 　有组织、有领导、有措施、有评比办法,工作扎扎实实,有记录、有总结。每年至少开展一次竞赛评比活动	该小项为1分 　查资料,无记录、无总结,不得分

矿山救护中队质量标准化的主要内容包括:救护人员(5分);救护培训(5分);救护装备、维护保养与设施(15分);业务技术工作(15分);救援准备(5分);伤员急救包扎(10分);一般技术操作(15分);综合体质(10分);军事化风纪、礼节、队容(10分);综合管理(10分)。

对矿山救护中队进行考核时,以小队为基础单位,各单项原则上按下列分工进行操作:业务知识、仪器操作、综合体质由一个小队完成。救护装备与维护保养、伤员急救包扎、军事化队容由一个小队完成。下井准备、一般技术操作由一个小队完成。其余各项按项目具体要求进行,即

$$中队分数 = 小队实得分数之和 + 其余各项分数$$

③矿山救护队质量标准等级

矿山救护队质量标准划分为4个等级。

a. 特级:总分90分以上(含90分)。

b. 一级:总分85分以上(含85分)。

c. 二级:总分80分以上(含80分)。

d. 省级:总分75分以上(含75分)。

矿山救护中队应每季度组织一次达标自检,矿山救护大队应每半年组织一次达标检查,省级矿山救援指挥中心应每年组织一次检查验收,国家安全生产监督管理总局矿山救援指挥中心适时组织抽查。被评为特级、一级、二级的矿山救护队,由国家安全生产监督管理总局矿山救援指挥中心命名;省级矿山救护队由省级矿山救援指挥中心命名,分别颁发证书和表彰奖

励;同时,企业主管部门也要给予表彰奖励。凡是在抢险救援、矿井技术服务、演习训练等工作中,因违章作业、违章指挥发生伤亡事故的矿山救护队,取消当年的达标资格。

(2)救护队必须建立健全的制度

矿山救护队必须建立健全下列制度:岗位责任制度,值班工作制度,待机工作制度,交接班工作制度,技术装备检查维护保养制度,学习和训练制度,考勤制度,战后总结讲评制度,预防性检查制度,内务卫生管理制度,材料装备库房管理制度,车辆管理使用制度,计划、财务管理制度,会议制度,评比检查制度,奖惩制度等各项规章制度。

(3)救护队必须建立的牌板

矿山救护队必须建立下列牌板:队伍组织机构牌板、服务矿井交通示意图、主要技术装备管理牌板、值班工作安排牌板、事故接警电话记录牌板、救护队伍营区管理分布示意图、竞赛评比检查牌板等牌板。

(4)救护队必须建立和完善的记录和报表

矿山救护队必须建立和完善下列记录和报表:救护工作日志、大中型装备维护保养记录、小队装备维护保养记录、个人装备维护保养记录、体质训练记录、一般技术训练记录、仪器设备操作训练记录、急救训练记录、理论学习记录、军训记录、预防性检查记录、事故救援记录、战后总结评比记录、安全技术工作记录、竞赛评比记录、各种会议记录、好人好事记录、违章违纪记录、考勤记录、请销假记录、交接班记录、事故电话记录等记录簿。

(5)昼夜值班制度

矿山救护队必须建立昼夜值班制度。战备值班以小队为单位,按照轮流值班表担任值班队、待机队、工作队,值班小队负责电话值班。中队以上指挥员及汽车司机须轮流上岗值班,有事故时和小队一起出动。值班和待机小队的技术装备,必须装在值班、待机汽车上,保持战斗准备状态。听到事故警报,必须保证在规定时间内出动。

(6)值班室必须装备的设备和图板

①普通电话机。

②专用录音电话机。

③事故电话记录。

④事故记录牌板。

⑤矿井位置、交通显示图。

⑥计时钟。

⑦事故紧急出动报警装置。

(7)救护工作计划

矿山救护队应做到年有计划、季有安排、月有工作与学习日程表。计划内容包括:队伍建设,教育与训练,技术装备管理,矿井预防性安全检查,内务管理,战备管理,劳动工资及财务,设备维修等。

(8)救护大队应上报的报表

①年度计划、年度工作总结、人员和装备情况报表。

②每次救援后,应填写救援登记卡(见表3.3)及写出救援报告,在救援工作结束15 d内上报省级矿山救援指挥机构。跨省(自治区、直辖市)区域救援,应立即报告省级矿山救援指挥机构,省级矿山救援指挥机构应将情况报告国家矿山救援指挥机构。

表 3.3　救援登记卡

填报单位：　　　　　　　　　　　报出时间：

事故单位名称					
事故发生地点		遇险人员	名	事故性质	
来电时间	月　日　时　分	遇难人员	名	召请人姓名	
出动时间	月　日　时　分	出动人数	名	抢救总指挥	
返回队部时间	月　日　时　分	出动总时间	h	救护队负责人	
事故现场情况及处理经过					
主要经验与教训					
事故现场示意图					
佩用呼吸器时间		运出尸体	具	救出受伤人员	人
未佩用呼吸器时间		恢复巷道	m	挽回经济损失	万元
其他工作内容					
填表人姓名					

注：1. 每次事故救援返队后 15 d 内填写此卡一式四份，分别上报省级矿山救援指挥机构和国家矿山救援指挥机构；存档两份。

　　2. 此卡应打印填报，人工填写，字迹清楚。

③救护队发生自身伤亡后，应在 12 h 内报省级矿山救援指挥机构；省级矿山救援指挥机构接报后，应在 12 h 内报国家矿山救援指挥机构，15 d 内上报自身伤亡教训总结材料及其有关图纸。矿山救护人员伤亡事故报告表见表 3.4。

表 3.4　矿山救护人员伤亡事故报告表

事故发生时间	事故发生地点	伤亡/人	重伤/人	队　别	伤亡主要原因
姓名	年龄	队龄	职务	备注	

填报单位：　　　报出时间：　　　单位负责人：　　　填表人：

④科研成果在通过技术鉴定后报出。上述报告同时上报主管部门。

（9）建立技术档案

救护队应利用信息电子网络建立技术、人员档案，加强对技术资料和各种重要记录的管理。技术档案包括以下内容：

①矿山救护队指战员登记卡（见表 3.5）。

表 3.5　矿山救护队指战员登记卡

单位：　　　　　　　　　　　　　　　　　　　　　编号：

姓名		性别		民族		出生年月		
政治面貌		文化程度		籍贯				照片
毕业院校和专业				职称		职务		
参工时间		入队时间		入队前工种				
身高		血型		身份证号码				
培训时间		培训地点		证书编号				
个人工作简历								
参加事故救援经历								
复训情况				体检情况				
年度	结论	年度	结论	年度	结论	年度	结论	
通信地址				联系电话				

②各项工作、会议记录，收集整理的与救护有关的技术资料及经验材料。

③矿区交通图、矿山救护队到达各矿（井）的距离和行车时间表、矿山事故应急预案（灾害预防和处理计划）、通风系统图等服务矿井的资料。

④历年救护工作总结，技术状况和评比情况，事故救援报告等。

⑤上级的有关指示、通知、文件及有关规定。

⑥大型装备、设备的技术说明书、相关资料及维护、使用情况等。

（10）预防性检查要求

①了解矿井巷道及采掘工作面、采空区的分布和管理情况。

②了解矿井通风、排水、运输、供电、压风、消防、监测等系统的基本情况。

③检查矿井有害气体情况。

④了解矿井各硐室分布情况和防火设施。

⑤了解矿井瓦斯、水害、自然发火、顶板、煤与瓦斯突出等方面的重大事故隐患，以及矿井火区的分布与管理情况。

⑥检查了解矿井应急预案或灾害预防和处理计划执行情况。

⑦熟悉井下非常仓库的地点及材料、设备的储备情况。

在预防性检查工作中，矿山救护队员发现危及安全生产的重大事故隐患，应通知作业人员立即停止作业并撤出现场人员,同时报告有关主管部门;对查出的重大事故隐患和问题应提出排除建议,并填写三联单,交给企业负责人和上级主管部门。

3.3.2　技术装备管理

①矿山救护队个人、小队、中队及大队应定期检查、准确掌握在用、库存救护装备状况及数量,并认真填写登记,保持完好状态。

②根据技术装备的使用情况,做出装备报废、更新、备品备件的补充计划,并及时补充。

③库房须设专人管理,保持库房清净卫生,设备存放整齐,严格审批领用制度,做到账、物、卡"三相符"。

④矿山救护小队装备必须根据小队人员进行分工保管,严格按照规定进行检查和登记,使小队和个人救护装备达到"全、亮、准、尖、利、稳"的标准。

a. 全:小队和个人装备应齐全。

b. 亮:装备带金属的部分要亮。

c. 准:仪器经检查达到技术标准。

d. 尖:带尖的工具要尖锐。

e. 利:带刃的工具要锋利。

f. 稳:装把柄的工具要牢靠、稳固。

⑤矿山救护队的各种仪器仪表,必须按国家计量标准要求定期校正,使之达到规定标准。矿山救护小队和个人装备使用后,必须立即进行清洗、消毒、去垢除锈、更换药品、补充备品备件,并检查其是否达到技术标准要求,保持完好状态。

⑥必须保证使用的氧气瓶、氧气和二氧化碳吸收剂的质量。

a. 氧气符合医用氧气的标准。

b. 库存二氧化碳吸收剂每季度化验一次,对于二氧化碳吸收剂的吸收率低于30%,二氧化碳含量大于4%,水分不能保持在15%~21%的不准使用。

c. 用过的二氧化碳吸收剂,无论其使用时间长短,严禁重复使用。

d. 氧气呼吸器内的二氧化碳吸收剂3个月及以上没有使用的,必须更换新的二氧化碳吸收剂,否则氧气呼吸器不准使用。

e. 使用的氧气瓶,必须按国家压力容器规定标准,每3年进行除锈清洗、水压试验;达不到标准的氧气瓶不准使用。

⑦新装备使用前必须组织技术培训,使用人员考试合格后方可上岗操作使用。

⑧救护装备不得露天存放。大型设备,如高倍数泡沫灭火机、惰性气体发生装置、水泵等,应每季度必须检查、保养一次,使其保持完好状态。

⑨矿山救护车必须专人专车,使其经常能够处于战备状态,做到发生各种事故时在1 min内出动。矿山救护车司机必须坚守岗位,认真执行交接班制度,认真填写出车记录。任何人不得随意调动矿山救护队、救护装备和救护车辆从事与矿山救护无关的工作。

3.3.3　内务管理

①矿山救护队应根据营区条件,有计划地绿化和美化环境,创造舒适整洁的环境。

②内务卫生要求如下:

a. 集体宿舍墙壁悬挂物体一条线,床上卧具叠放整齐一条线,保持窗明壁净。

b. 个人应做到:常洗澡、常理发、常换衣服。

c. 人员患病应早报告、早治疗。

3.3.4 后勤管理

(1)氧气充填泵操作

氧气充填泵必须由专人操作,充填工必须遵守有关操作规程。

①氧气充填泵在 20 MPa 压力检查时,应不漏油、不漏气、不漏水、无杂音。

②容积为 40 L 的氧气瓶不得少于 5 个,其压力应在 10 MPa 以上。空瓶和实瓶应分别存放,并标明充填日期。

③氧气瓶应做到轻拿轻放,距暖气片和高温点的距离在 2 m 以上。

④新购进或经水压试验后的氧气瓶在充填前须稀释 2~3 次后,方可进行充氧。

⑤充填泵房应安装防爆灯具,并严禁烟火,严禁存放易燃、易爆物品。

⑥泵房必须保持通风良好、卫生清洁。

(2)矿山救护大队化验室

矿山救护大队应设立化验室,配备能化验 O_2、CO_2、CH_4、CO、SO_2、H_2S、C_2H_4、C_2H_2 及 N_2 等成分的设备。

①化验员按操作规程规定准确操作,并认真填写化验单,经本人签字,负责人审核后送报样单位,存根保存期不低于两年。

②化验室内温度应保持在 15~23 ℃,不允许明火取暖和阳光曝晒。

③应保持化验设备完好和化验室整洁,备有足够数量的备品。

(3)矿山救护队自备矿灯

矿山救护队应自备矿灯,并按有关规定管理。

3.3.5 劳动保障

①矿山救护属特殊工种,并从事高危环境工作。矿山救护指战员应享受与井下采掘工同等待遇,并实行救护岗位津贴。

②矿山救护队指战员凡佩用氧气呼吸器工作,应享受特殊津贴。在高温或浓烟恶劣环境佩用氧气呼吸器工作津贴提高 1 倍。

③矿山救护队着装按企业专职消防人员标准配备,劳动保护用品应按井下一线职工标准发放。

④矿山救护队指战员除执行企业职工保险政策外,应享受人身意外伤害保险。

3.3.6 队容、风纪、礼节

①矿山救护指战员应严格遵守队容、风纪、礼节的规定。

②矿山救护指战员必须按照规定着队服,保持军容严整。严格按企业专职消防人员标准着装,不得擅自更改着装标准和样式。着装时应遵守以下规定:

a. 严格按照规定佩戴帽徽、肩章、臂章。

b. 操作、训练、劳动时通常着战斗服,其他时间和场合通常着常服。参加集会和外事活动时的着装,按照依托企业规定执行。

c.着队服时,应当戴队帽。戴大檐帽、战斗帽时,男同志帽檐前缘与眉同高,女同志帽稍向后倾。戴棉帽时,男同志护脑下缘距眉为一指,女同志为三指。大檐帽松紧带不使用时,不得露于帽外。单人在营区内活动可不戴队帽。

d.队服应当保持整洁,配套穿着,不得混穿。不得在队服外罩便服。穿着队服应扣好领钩、衣扣,不得披衣、敞怀、挽袖、卷裤腿。着衬衣时,下摆扎于裤内。队服内着毛衣、绒衣、棉衣等内衣时,下摆不得外露。着常服时,必须内着配发的衬衣,系配发的领带。着冬装时,内衣领不得高于队服衣领,女同志内衣领外露部分颜色应当与队服颜色相近。

e.操课和集体活动时按规定穿鞋。除工作需要和洗漱外,不得着拖鞋、赤脚和赤脚穿鞋。

f.指战员非因公外出或外出采购时,以及女同志怀孕期间,应当着便服。

g.指战员头发应当保持整洁。男同志不得留长发、大鬓角和胡须,蓄发(戴假发)不得露于帽外,帽墙下发长不得超过 1.5 cm;女同志发辫不得过肩。指战员染发只准染与本人原发色一致的颜色。

h.指战员必须举止端正,谈吐文明,精神振作,姿态良好。着队服时,不得化妆,不得留长指甲和染指甲,不得围围巾,不得在外露的腰带上系挂钥匙和饰物。除工作需要和眼疾外,不得戴有色眼镜。

③矿山救护指战员应将队列训练作为日常训练科目。

3.4　矿山救护队装备要求

3.4.1　矿山救护队技术装备

①个人防护装备。
②处理各类矿山灾害事故的专用装备与器材。
③气体检测分析仪器,温度、风量检测仪表。
④通信器材及信息采集与处理设备。
⑤医疗急救器材。
⑥交通运输工具。
⑦训练器材等。

3.4.2　矿山救护队技术装备质量保障

矿山救护队使用的装备、器材、防护用品和安全检测仪器,必须符合国家标准、行业标准和矿山安全有关规定。纳入矿用产品安全标志管理目录的产品,应取得矿用产品安全标志,严禁使用国家明令禁止和淘汰的产品。

3.4.3　矿山救护队基本装备配备标准

矿山救护队应根据技术和装备水平的提高不断更新装备,并及时对其进行维护和保养,以确保矿山救护设备和器材始终处于良好状态。

(1)矿山救护大队(独立中队)基本装备配备标准

矿山救护大队(独立中队)基本装备配备标准见表3.6。

表3.6 矿山救护大队(独立中队)基本装备配备标准

类别	装备名称	要求及说明	单位	大队数量	独立中队数量
车辆	指挥车	附有应急报警装置	辆	2	1
	气体化验车	安装气体分析仪器,有打印机和电源	辆	1	1
	装备车	4~5 t卡车	辆	2	1
通信	移动电话	指挥员1部/人	部		
	视频指挥系统	双向可视、可通话	套	1	
	录音电话	值班室配用	部	2	1
	对讲机		套	6	4
灭火设备	惰气(惰泡)灭火装置	或二氧化碳发生器(1 000 m³/min)	套	1	
	高倍数泡沫灭火机	BGP400型	套	1	
	快速密闭	喷涂、充气、轻型组合均可	套	5	5
	高扬程灭火泵		台	2	1
	高压脉冲灭火装置	12 L储水瓶2支,35 L储水瓶1支	套	1	1
监测仪器	气体分析化验设备		套	1	1
	热成像仪	矿用本质安全或防爆型	台	1	1
	便携式爆炸三角形测定仪		台	1	1
	演习巷道设施与系统	具有灾区环境与条件	套	1	1
	多功能体育训练器械	含跑步机、臂力器、综合训练器等	套	1	
	多媒体电教设备		套	1	
	破拆工具		套	1	1
信息处理设备	传真机		台	1	1
	复印机		台	1	1
	台式计算机	指挥员1台/人	台		
	笔记本电脑	配无线网卡	台	2	1
	数码摄像机	防爆	台	1	1
	数码照相机	防爆	台	1	1
	防爆射灯	防爆	台	2	1
材料	氢氧化钙		t	0.5	
	泡沫药剂		t	0.5	
	煤油	已配备惰性气体灭火装置的	t	1	

（2）矿山救护中队基本装备配备标准

矿山救护中队基本装备配备标准见表3.7。

表 3.7　矿山救护中队基本装备配备标准

类别	装备名称	要求及说明	单位	数量
运输通信	指挥车	每小队 1 辆	辆	2
	移动电话	指挥员 1 部/人	部	
	灾区电话		套	2
	程控电话		部	1
	引路线		m	1 000
个人防护	4 h 氧气呼吸器		台	6
	2 h 氧气呼吸器		台	6
	便捷式自动苏生器		台	2
	自救器	压缩氧	台	30
	隔热服		套	12
灭火设备	高倍数泡沫灭火机	BGP400 型	套	1
	干粉灭火器	8 kg	个	20
	风障	≥4 m×4 m	块	2
	水枪	开花、直流各 2 个	支	4
	水龙带	直径 63.5 或 50.8 mm	m	400
	高压脉冲灭火装置	12 L 储水瓶 2 支,35 L 储水瓶 1 支	套	1
检测仪器	呼吸器校验仪		台	2
	氧气便携仪	数字显示,带报警功能	台	2
	红外线测温仪		台	2
	红外线测距仪		台	2
	多种气体检测仪	CH_4、CO、O_2 等 3 种以上气体	台	2
	瓦斯检定器	0 ~ 100 ℃	台	4
	一氧化碳鉴定器		台	2
	风表	机械中低速各 1 台,电子 2 台	台	4
	秒表		块	4
	干湿温度计		支	2
	温度计		套	1
装备工具	液压起重器	或起重气垫	套	1
	液压剪		把	1
	防爆工具	锤、斧、钎、锹、镐等	套	2

续表

类别	装备名称	要求及说明	单位	数量
装备工具	氧气充填泵		台	2
	氧气瓶	40 L	个	8
		4 h 呼吸器备用 1 个/台	个	
		2 h 呼吸器备用	个	10
	救生索	长 30 m,抗拉强度 3 000 kg	条	1
	担架	含 2 副负压多功能担架	副	4
	保温毯	棉织	台	3
	快速接管工具		套	2
	手表	副小队长以上指挥员 1 块/人	块	
	绝缘手套		副	3
	电工工具		套	1
	绘图工具		套	1
	工业冰箱		台	1
	瓦工工具		套	1
	灾区指路器	或冷光管	支	10
设施	演习巷道		套	1
	体能训练器械		套	1
药剂	泡沫药剂		t	1
	氢氧化钙		t	0.5

(3)矿山救护小队基本装备配备标准

矿山救护小队基本装备配备标准见表3.8。

表 3.8　矿山救护小队基本装备配备标准

类别	装备名称	要求及说明	单位	数量
通信器材	灾区电话		套	1
	引路线		m	1 000
个人防护	矿灯		盏	2
	氧气呼吸器	2 h、4 h 氧气呼吸器各 1 台	台	2
	自动苏生器		台	1
	紧急呼救器	声音≥80 dB	个	3
灭火装备	灭火器		台	2
	风障		块	1
	帆布水桶		个	2

续表

类别	装备名称	要求及说明	单位	数量
检测仪器	呼吸器校验仪		台	2
	光学瓦斯检定器	10%、100%各1台	台	2
	一氧化碳检定器	检定管不少于30支	台	1
	氧气检定器	便携式数字显示，带报警功能	台	1
	多功能气体检测仪	检测CH_4、CO、O_2等3种以上气体	台	1
	矿用电子风表		套	1
	红外线测温仪		支	1
装备工具	氧气瓶	2 h、4 h氧气瓶备用	个	4
	灾区指路器	冷光管或灾区强光灯	个	10
	担架		副	1
	采气样工具	包括球胆4个	套	2
	保温毯		条	1
	液压起重器	或液压气垫	套	1
	刀锯		把	2
	铜顶斧		把	2
	两用锹		把	1
	小镐		把	1
	矿工斧		把	2
	起钉器		把	2
	瓦工工具		套	1
	电工工具		套	1
	皮尺	10 m	个	1
	卷尺	2 m	个	1
	钉子包	内装钉子各1 kg	个	2
	信号喇叭	一套至少2个	套	1
	绝缘手套		副	1
	救生索	长30 m，抗拉强度3 000 kg	条	1
	探险棍		个	1
	充气夹板		副	1
	急救箱		个	1
	记录本		本	2
	圆珠笔		支	2
	备件袋		个	1
其他	个人基本配备装备	不包括企业消防服装，见表3.10	套/人	1

注：1. 急救箱内装止血带、夹板、碘酒、绷带、胶布、药棉、手术刀、镊子、剪刀，以及止痛药、中暑药和止泻药等。

2. 备件袋内装保明片、防雾液、各种垫圈每件10个，以及其他氧气呼吸器、呼吸器易损件。

（4）兼职矿山救护队基本装备配备标准

兼职矿山救护队基本装备配备标准见表3.9。

表3.9 兼职矿山救护队基本装备配备标准

类别	装备名称	要求及说明	单位	数量
通信器材	灾区电话		套	1
	引路线		m	1 000
个人防护	氧气呼吸器	4 h氧气呼吸器1台/人	台	
		2 h氧气呼吸器	台	2
	压缩氧自救器		台	20
	自动苏生器		台	2
灭火设备	干粉灭火器		只	20
	风障		块	2
检测仪器	呼吸器校验仪		台	2
	一氧化碳检定器	具有灾区环境与条件	台	2
	瓦斯检定器	10%、100%各1台	台	2
	氧气检定器		台	1
	温度计		支	2
装备工具	采气样工具	包括球胆4个	套	1
	防爆工具	锤、钎、锹、镐等	套	1
	两用锹		把	1
	氧气瓶	40 L	个	5
		4 h呼吸器备用	个	20
		2 h呼吸器备用	个	5
	救生索	长30 m,抗拉强度3 000 kg	条	1
	担架	含1副负压担架	副	1
	保温毯	棉织	条	2
	绝缘手套		双	1
	铜钉斧		把	2
	矿工斧		把	2
	刀锯		把	2
	起钉器		把	2
	手表	指挥员1块/人	块	
	电工工具		套	1
药剂	氢氧化钙		t	0.5

（5）矿山救护队指战员（含兼职矿山救护队指战员）个人基本装备配备标准

矿山救护队指战员（含兼职矿山救护队指战员）个人基本装备配备标准见表3.10。

表3.10　矿山救护队指战员（含兼职矿山救护队指战员）个人基本装备配备标准

类别	装备名称	要求及说明	单位	数量
个人防护	氧气呼吸器	4 h	台	1
	自救器	压缩氧	台	1
	战斗服	带反光标志	套	1
	胶靴		双	1
	毛巾		条	1
	安全帽		顶	1
	矿灯	双电源、便携	盏	2
检测仪器	温度计		支	1
装备工具	手套	布手套、线手套各1副	副	1
	灯带		条	2
	背包	装战斗服	部	2
	联络绳	长2 m	根	1
	氧气呼吸器工具		套	1
	粉笔		支	2

3.4.4　救护队值班车上基本配备装备

救护队值班车上基本配备装备必须符合表3.11 的规定。

表3.11　矿山救护队值班车上基本装备配备标准

类别	装备名称	要求及说明	单位	数量
个人防护	压缩氧自救器		台	10
装备工具	负压担架		副	1
	负压夹板		副	1
	4 h 呼吸器氧气瓶		个	10
	防爆工具		套	1
检测仪器	机械风表	中低速各1 台	台	2
药剂	氢氧化钙		kg	30
其他	小队基本配备装备	见表3.8	套/小队	1

注:1.急救箱内装止血带、夹板、碘酒、绷带、胶布、药棉、手术刀、镊子、剪刀，以及止痛药和止泻药。

　　2.备件袋内装呼吸器易损件。

3.4.5 矿山救护队灾区侦察基本配备装备

矿山救护队进入灾区侦察时所携带的基本配备装备,必须符合表3.12的规定。矿山救护小队进入灾区抢救时必须携带的技术装备,由矿山救护大队或中队根据本区情况、事故性质作出规定。

表3.12 矿山救护小队进入灾区侦察时所携带的基本装备配备标准

类别	装备名称	要求及说明	单位	数量
通信器材	灾区电话		台	1
	引路线		m	500
个人防护	2 h氧气呼吸器		台	1
	自动苏生器	放在井下基地	台	1
检测仪器	瓦斯检定器	10%、100%各1台	台	1
	一氧化碳鉴定器	含各种气体检测管	台	1
	温度计	0~100 ℃	支	1
	采气样工具	包括球胆4个	套	1
	氧气检定器	便携式数字显示,带报警功能	台	1
装备工具	担架		副	1
	保温毯	可放在井下基地	台	1
	4 h氧气呼吸器		个	2
	刀锯		把	1
	铜钉斧		把	1
	两用锹		把	1
	探险棍		个	1
	灾区指路器	或冷光管	个	10
	皮尺	10 m	个	1
	急救箱		个	1
	记录本		本	2
	圆珠笔		支	2
	电工工具		套	1
其他	个人基本配备装备	见表3.10	套/人	1

注:必要时,应携带热成像仪、红外线测温仪和红外线测距仪进入灾区。

3.4.6 矿山救护队基本设施

(1)矿山救护队基本设施

矿山救护队应有下列设施:电话接警值班室、夜间值班休息室、办公室、学习室、会议室、娱乐室、装备室、修理室、氧气充填室、化验室、战备器材库、汽车库、演习训练设施、体能训练设施、运动场地、单身宿舍、浴室、食堂及仓库等。

（2）**兼职救护队基本设施**

兼职矿山救护队应有下列建筑设施：电话接警值班室、夜间值班休息室、办公室、学习室、装备室、修理室、氧气充填室及战备器材库等。

3.5 矿山救护队培训与训练

3.5.1 救护队培训

（1）**矿山救护知识专业培训**

矿山企业负责人和矿山救援管理人员必须经过矿山救护知识的专业培训。矿山救护队及兼职矿山救护队指战员，必须经过救护理论及技术、技能培训，并经考核取得合格证后，方可从事矿山救护工作。承担矿山救护培训的机构，应取得相应的资质。

（2）**矿山救护人员实行分级培训**

①国家级矿山应急救援培训机构，承担矿山救护中队长以上指挥员（含工程技术人员）、矿山救护大队战训科的管理人员和矿山企业救护管理人员的培训、复训工作。

②省级矿山应急救援培训机构，承担本辖区内矿山救护中队副职、正副小队长的培训、复训工作。

③矿山救护大队培训机构，承担本区域内矿山救护队员（含兼职矿山救护队员）的培训、复训工作。

（3）**培训时间**

①矿山救护中队以上指挥员（包括工程技术人员）岗位资格培训时间不少于 30 d（144 学时）；每两年至少复训一次，时间不少于 14 d（60 学时）。

②矿山救护中队副职、正副小队长岗位资格培训时间不少于 45 d（180 学时）；每两年至少复训一次，时间不少于 14 d（60 学时）。

③矿山救护队新队员岗位资格培训时间不少于 90 d（372 学时），再进行 90 d 的编队实习；每年至少复训一次，学习时间不少于 14 d（60 学时）。

④兼职矿山救护队员岗位资格培训时间不少于 45 d（180 学时）；每年至少复训一次，时间不少于 14 d（60 学时）。

（4）**培训内容和要求**

1）岗位资格培训

①矿山救护中队以上的指挥员（含工程技术人员）培训内容

矿山救护相关安全法律、法规和技术标准，矿井灾害发生机理、规律及防治技术与方法，矿山自救互救及创伤急救技术，矿山救护队的管理。通过培训，掌握与矿山救护工作有关的管理知识、专业理论知识、救业业务基本知识及新技术、新装备的应用知识；了解国内外有关矿山救护工作的先进技术和管理经验；具备较熟练地制订矿山灾变事故救援方案、救护队行动计划的能力。

②中队副职、正副小队长培训内容

矿山救护相关安全法律、法规和技术标准，矿山救护个人防护装备、矿山救护检测仪器的使用与管理、矿山救护技战术、矿井通风技术理论、矿山事故的预防与处理、自救互救与现场急救等。通过培训,掌握与矿山救护工作有关的管理知识、专业理论知识、救护业务基本知识及新技术、新装备的应用知识;具备根据事故救援方案带队独立作战的能力。

③矿山救护队新队员培训内容

矿山救护相关安全法律、法规和技术标准,矿井生产技术、矿井通风与灾害防治、爆破安全技术,机电运输安全技术,矿山救护技战术理论,矿井灾变事故的处理,矿山救护技术操作,矿山救护装备与仪器的使用和管理,自救互救与现场急救等。通过培训,了解矿山救护队的发展史,矿山救护队的组织、任务、性质和工作特点,队员及各类人员的职责等;熟练掌握矿山井下开拓系统图、井上井下对照图、通风系统图、配电系统图和井下电气设备布置图等基本图纸的知识;掌握救护仪器、装备的操作技能;了解灾变处理的基本知识;掌握一般技术的操作方法;掌握现场急救的基本常识。

④兼职矿山救护队员培训内容

兼职矿山救护队员参照矿山救护队员培训内容和要求执行。

2)岗位复训内容

①矿山救护中队以上的指挥员(包括工程技术人员)复训内容:有关矿山应急救护的新法律、法规、标准;有关矿山应急救护的新技术、新材料、新工艺、新装备及其安全技术要求,国内外矿山应急救护管理经验,典型矿山应急救护事故案例分析。

②矿山救护中队副职、正副小队长复训内容:有关矿山应急救护的新法律、法规、标准;有关矿山应急救护的新技术、新材料、新工艺、新装备及其安全技术要求,国内外矿山应急救护管理经验分析,典型矿山应急救护事故案例研讨。

③矿山救护队员复训内容:有关矿山应急救护的新法律、法规、标准;有关矿山应急救护的新技术、新材料、新工艺、新装备及其安全技术要求,预防和处理各类矿山事故的新方法,典型矿山应急救护事故案例讨论。

④兼职矿山救护队员参照矿山救护队员复训内容执行。

3.5.2 矿山救护队训练

(1)日常训练

1)军事化队列训练

①单人队列

训练内容:立正、跨立和稍息;停止间转法;行进与立定;步法变换;行进间转法;脱帽和戴帽;敬礼;坐下、蹲下和起立。

②整体队列

训练内容:集合、解散;整齐、报数;出列入列;行进与停止;队形变换。

③队列指挥

训练内容:队列指挥位置;队列指挥方法;队列指挥要求;队列口令下达。

2)体能训练

体能训练是进行力量训练,速度训练,有氧、无氧耐力训练,柔韧和协调训练等。体能是人体引发运动的心肺功能支撑的大小(心肺系统的能力),取决于人体运动系统动力学应用的强度与范围(骨、关节、肌肉的能力)。

①体能训练常识

训练内容:体能训练内容及必要性;体能训练原则;体能训练要求;体能训练技术动作及实

施步骤;体能训练的自我保护。

②力量训练

训练内容:俯卧撑;仰卧起坐;引体向上;双腿深蹲起立;立定跳远;爬绳(杆)。

③速度训练

训练内容:110 m×5 往返跑;2 400 m 跑。

④耐力训练

训练内容:12 000 m 跑;10 000 m 行军(负重 15 kg);游泳。

⑤柔韧灵敏训练

训练内容:俯卧伸屈腿、5 m 折返跑、俯卧撑、蛙跳、蛇形跑、返回直线跑等组合练习;爬绳、水平梯、低巷、装备(背呼吸器、戴安全帽)与拉检力器(50 个)组合练习。

3)高温浓烟训练

训练要求:在高温浓烟条件下,熟练准确检测各类气体浓度和环境温度;能够在 30 min 内完成每人拉检力器(哑铃)80 次、锯直径 16~18 cm 的圆木两段和更换备用氧气呼吸器;能够在规定时间内给伤员更换 2 h 呼吸器,并按规定将伤员搬运出灾区抢救。

4)防护设备、检测设备、通信及破拆工具等操作训练

①个人防护装备

训练要求:熟练掌握氧气呼吸器的主要用途、技术性能、工作原理、操作方法及注意事项,并熟练掌握常见故障排除、维护和保养方法;熟练掌握自救器的主要用途、技术性能、工作原理、操作方法及注意事项,并熟练掌握常见故障排除、维护和保养方法;在 30 min 内正确进行 4 h 正压氧气呼吸器至少 6 个故障的判断并排除;在 60 s 内按程序完成 4 h 正压氧气呼吸器氧气瓶的更换;在 30 s 内将 4 h 正压氧气呼吸器更换成 2 h 正压氧气呼吸器;熟练掌握氢氧化钙药剂的适用条件、使用方法及注意事项;在 30 s 内按程序给自己或他人佩戴好自救器。

②救援常用工具

训练要求:熟练掌握救援常用工具的应用范围、技术性能、使用方法、维护及维修技能;能够熟练完成目标温度和距离测定;使用机械或电子式风表能够熟练完成拱形或梯形断面巷道的风量测定;使用干湿温度计能够熟练完成巷道空间环境的湿度测定;按程序在 60 s 内完成苏生器准备;能够在最短时间内按程序接通灾区电话;能够熟练按程序连接好液压剪刀或起重气垫;能够在规定时间内进行止血、包扎、固定及搬运。

5)设施设备安装使用技术训练

建风障、木板风墙和砖风墙,架木棚,安装局部通风机,高倍数泡沫灭火机灭火,惰性气体灭火装置安装使用等一般技术训练。

6)医疗急救训练

人工呼吸、心肺复苏、止血、包扎、固定、搬运等医疗急救训练。

7)新技术、新材料、新工艺、新装备的训练

便携式气相色谱分析仪、应急救援音频通讯指挥系统、井下灾后探险机器人,矿山类水救援装备、生命探测仪、冒落区域遇险人员救生通道快速形成装备等训练。

(2)模拟实战演习

①演习训练,必须结合实战需要,制订演习训练计划;每次演习训练佩用呼吸器时间不少于 3 h。

②矿山救护大队每年召集各中队进行一次综合性演习,内容包括闻警出动、下井准备、战

前检查、灾区侦察、气体检查、搬运遇险人员、现场急救、顶板支护、直接灭火、建造风墙、安装局部通风机、铺设管道、高倍数泡沫灭火机灭火、惰性气体灭火装置安装使用及高温浓烟训练等。

③矿山救护中队除参加大队组织的综合性演习外,每月至少进行一次佩用呼吸器的单项演习训练,并每季度至少进行一次高温浓烟演习训练。

④兼职矿山救护队每季度至少进行一次佩用呼吸器的单项演习训练。

(3)建立救护技术竞赛制度

矿山救护队及各级矿山救援指挥机构应定期组织矿山救护技术竞赛。

1)全国矿山救护技术比武大会

设置集体项目:仪器设备操作、一般技术操作、指挥员体质及技术业务知识。

设置个人项目:佩戴呼吸器 1 000 m 跑、4 h 呼吸器拆装、佩戴呼吸器拉检力器及长跑 5 000 m。

2)国际矿山救援技术竞赛

竞赛项目:模拟救灾、现场急救和呼吸器操作。

3.6 矿山企业应急救援安全质量标准

3.6.1 基本要求

(1)应急机构、职责和制度

应急机构、职责和制度应符合以下要求:

①建立应急救援指挥机构和工作机构,配备专职人员。

②明确应急机构及其岗位职责。

③建立健全应急管理制度。

(2)应急救援队伍

按照《煤矿安全规程》《金属非金属矿山安全规程》《尾矿库安全技术规程》《矿山救援规程》等规定建立矿山救护队,配备必需的物资、装备、器材,实行军事化管理和训练。不具备建立矿山救护队条件的煤矿,应组建兼职应急救援队伍,并与就近的矿山救护队签订救护协议。

(3)应急预案管理

按照《生产安全事故应急预案管理办法》和《生产经营单位安全生产事故应急预案编制导则》的规定编制安全生产事故应急预案,并按规定组织实施。

(4)应急培训和演练

应急培训和演练应符合以下要求:

①制订年度应急宣传教育工作计划和年度应急培训计划,普及生产安全事故预防和应急救援基本知识。

②按规定编制应急演练规划、计划和方案,组织演练,并形成完整的档案资料。

(5)应急救援保障

配置应急救援必需的物资、装备、人员、经费等,并建立相应的保障措施。

(6)资料和档案管理

文件和资料及时发放至有关部门,档案管理安全规范。

3.6.2　评分方法

应急救援安全质量标准化评分表见表 3.13,总分为 100 分。各小项分数扣完为止。

表 3.13　应急救援安全质量标准化评分表

项目	项目内容	基本要求	标准分值	评分方法	得分
一、应急机构、设施和制度(15分)	机构和设施	1.建立应急救援指挥机构和工作机构,配备专职人员开展应急管理工作 2.应急救援机构职责明确,包括日常和应急状态下的职责 3.井下各巷道及交叉口应有清晰和具有反光功能的路标及避灾线路标识 4.采掘工作面设临时避灾硐室,配备通信及压风自救装置 5.井下设消防材料库 6.矿井有紧急撤离报警系统	10	查资料。未建立机构不得分;机构建立不完善扣 2 分;人员配置不到位扣 1 分;井工煤矿考核 3～6 项时,一项不符合要求扣 2 分	
	管理制度	1.工作例会制度 2.应急职责履行情况检查制度 3.重大隐患排查与治理制度 4.重大危险源检测监控制度 5.预防性安全检查制度 6.应急宣传教育制度 7.应急培训制度 8.应急预案管理制度 9.应急演练和评估制度 10.应急救援队伍管理制度 11.应急投入保障制度 12.应急物资装备管理制度 13.应急资料档案管理制度 14.应急救援责任追究和奖惩制度 15.其他管理制度	5	查文件。缺一项扣 1 分	
二、应急救援队伍(15分)	专职、兼职应急救援队伍	1.建立矿山救护队,不具备建立矿山救护队条件的煤矿应与就近的专业矿山救护队签订救护协议 2.矿山救护队应进行资质认证并取得资质证 3.矿山救护队应实行军事化管理和训练 4.矿山救护队按规定配备必需的装备、器材,装备、器材应明确管理职责和制度,定期检查、维护 5.不具备建立矿山救护队条件的煤矿应组建兼职应急救援队伍,并依照计划进行训练	15	查现场和资料。一项不符合要求扣 5 分	

续表

项目	项目内容	基本要求	标准分值	评分方法	得分
三、应急预案管理（10分）	应急预案编制	1. 按照《生产安全事故应急预案管理办法》和AQ/T9002的规定,结合本煤矿危险源分析、风险评价结果、可能发生的重大事故特点编制安全生产事故应急预案 2. 应急预案的内容应符合相关法律、法规、规章和标准的规定,要素和层次结构完整、程序清晰、措施科学、信息准确、保障充分,衔接通畅、操作性强	5	查资料。无应急预案不得分,应急预案内容,结构一处不符合要求扣1分,专项应急预案未覆盖重大危险源,每缺一项扣2分,现场处置方案不完整,每缺一项扣0.5分	
	应急预案评审、备案和实施	1. 依照《生产经营单位生产安全事故应急预案评审指南(试行)》的规定组织对应急预案进行评审 2. 评审合格的应急预案按照规定程序备案、颁发和实施	3	查资料。一项不符合要求扣3分	
	应急预案修订	应急预案应按照《生产安全事故应急预案管理办法》的规定进行修订和更新	2	查资料。不符合要求不得分	
四、应急培训和演练（20分）	宣传教育	制订年度应急宣传教育工作计划,结合实际采取多种形式进行应急宣传教育,普及生产安全事故预防和应急救援知识	4	查资料。无计划扣3分,其他一项不符合要求扣1分	
	应急培训	1. 制订年度的应急培训计划,明确培训的时间、对象、目标、方式、方法、内容、师资、场所、管理措施等 2. 应急培训计划应履行审批程序 3. 依照批准的培训计划严格实施	6	查资料。无计划不得分,其他一项不符合要求扣2分	
	应急演练	1. 按照《生产安全事故应急演练指南》编制应急演练规划、计划和应急演练实施方案 2. 应急演练规划应在3个年度内对综合应急预案和所有专项应急预案全面演练覆盖 3. 年度演练计划应明确演练目的、形式、项目、规模、范围、频次、参演人员、组织机构、日程时间、考核奖惩等内容 4. 应急演练方案应明确演练目标、场景和情境、实施步骤、评估标准、评估方法、培训动员、物资保障、过程控制、评估总结、资料管理等内容。演练方案应经过评审和批准 5. 依照批准的规划、计划和方案实施演练,应急演练所形成的资料应完整、准确,归档管理	10	查资料。应急演练规划、计划、方案、审批程序、记录,缺一项扣3分,内容不完整,扣1分	

续表

项目	项目内容	基本要求	标准分值	评分方法	得分
五、应急救援保障（30 分）	通信与信息保障	1. 设立应急指挥场所和应急值守值班室，实行 24 h 应急值守 2. 应急指挥场所应配备显示系统、中央控制系统、有线和无线通信系统、电源保障系统、录音录像和常用办公设备等 3. 应急通信网络应与本单位所有应急响应机构、上级应急管理部门和社会应急救援部门的接警平台相连接，并配备技术管理人员进行管理 4. 应急指挥场所应保持最新的应急响应机构（部门）、人员联系方式 5. 应建立健全应急通信网络保密、运行维护的管理制度	10	查资料和现场。网络不完整，每缺一项扣 0.5 分，无联系方式扣 2 分，其他一项不符合要求扣 1 分	
	物资与装备保障	1. 有应急救援需要的设备、设施、装备、工具、材料等物资，建立台账并注明每一类物资的类型、性能、数量、用途、存放位置、管理责任人及其联系方式等信息 2. 有应急救援物资、装备的管理与维护等保障措施	6	查现场和资料。缺少必备物资和装备不得分，无台账扣 2 分，其他一项不符合要求扣 0.5 分	
	交通与运输保障	1. 有应急救援需要的交通运输工具、设备及其联系人、联系方式 2. 有交通和运输能够保障应急的管理措施	3	查现场和资料。一项不符合要求扣 1 分	
	医疗与救护保障	1. 设有职工医院的，应组建应急医疗救护专业组，配置必需的急救器材 2. 未设职工医院、不具备组建应急医疗救护专业组的，应与附近三级以上医疗机构签订应急救护服务协议 3. 有保障及时出动的方案	4	查资料。未设医院且未签订协议不得分，其他一项不符合要求扣 1 分	
	技术保障	建立覆盖应急救援所需各专业的技术专家库	2	查资料。未建立专家库不得分，缺一个专业扣 0.5 分	
	经费保障	有可靠的资金渠道，保障应急救援经费使用	3	查资料。应急经费无法有效保障不得分	
	其他保障	建立应急救援治安维护、后勤服务等保障措施	2	查资料。无保障措施不得分，措施内容操作性差扣 1 分	

续表

项目	项目内容	基本要求	标准分值	评分方法	得分
六、资料和档案管理（10）	管理责任	1. 有应急管理资料（图纸）和档案的管理责任人 2. 有应急管理资料（图纸）和档案的存放地点	3	查现场和资料。缺一项扣2分	
	资料发放	所有涉及应急管理的文件和资料应及时发放至有关部门	3	查现场和资料。一个部门未发放到位扣1分	
	资料管理	1. 应急管理留存的资料和档案内容真实、管理规范、标识清晰、便于查询 2. 留存的电子类资料和档案应有特殊管理规定 3. 应急管理涉密的图纸、资料和档案应有特殊管理规定	4	查现场和资料。一项不符合要求扣1分	

3.7　避免矿山救护队自身伤亡措施

3.7.1　违章作业具体表现

　　矿山救护队不但在矿山抢险救灾、预防检查、消除事故隐患、参加需要佩戴氧气呼吸器的安全技术工作、协助矿山企业搞好员工救护知识教育等方面发挥了重要作用，为采矿工业的发展作出了特殊贡献，得到了全国矿山企业职工和家属的好评；矿山救护队还奉命走出矿井，走向社会，参加抗震救灾、地面消防和其他行业各种灾害的抢险救灾战斗，作出了重大贡献。但是在抢险救灾过程中，因种种原因常导致矿山救护队指战员的自身伤亡，扩大了事故损失，不仅延误和影响灾害事故的处理，而且还造成极坏的社会影响。为此，总结矿山救护队自身伤亡的沉痛教训，采取积极预防措施，避免自身伤亡事故的发生极为重要。

　　据不完全统计，新中国成立以来，矿山救护队共发生自身伤亡事故200多起，矿山救护队指战员死亡数百人，教训十分惨痛。

　　通过对200多起矿山救护队自身伤亡事故的分析，矿山救护队违章作业是造成事故的主要原因。矿山救护队违章作业主要表现在以下方面：

　　（1）不携带或未使用氧气呼吸器

　　矿山救护指战员与煤矿其他职工相比，其特殊性在于有氧气呼吸器。指战员不携带或未使用氧气呼吸器，根本无法实施抢险救灾工作，而是拿自己生命开玩笑。不携带或未使用氧气呼吸器，冒险进入灾区开展矿山救护工作，发生自身伤亡的事故层出不穷，教训十分深刻。

（2）**随便脱掉氧气呼吸器**

《矿山救护规程》要求，矿山救护队从事井下安全技术工作时，必须携带氧气呼吸器及相关仪器装备，并按规定佩用氧气呼吸器。其目的是为了防止井下气体一旦发生变化，救护人员能迅速佩戴氧气呼吸器，防止窒息或中毒事故的发生。在实际工作中，个别救护队员检查无有害气体或有害气体浓度不高时，便脱掉氧气呼吸器。当现场情况发生突变时措手不及，甚至有极少数救护人员竟在窒息区内随意脱掉氧气呼吸器，从而发生自身伤亡事故。

（3）**通过口具或摘掉口具说话**

《矿山救护规程》要求，在窒息区或有中毒危险区工作时，严禁通过口具讲话或摘掉口具讲话。可是个别救护指战员不执行该规定，从而发生自身伤亡事故。这种现象的出现，与目前普遍使用的鼻夹口具式呼吸器结构有关，也与救护指战员应变能力和心理素质有关。

（4）**不按规定要求检查维护氧气呼吸器**

《矿山救护规程》要求，矿山救护队技术装备必须专人管理，定期检查维护；矿山救护车必须专车专用，并定期保养维护，保持战备状态。

氧气呼吸器如果连续3个月都没有使用，必须更换罐内的二氧化碳吸收剂。矿山救护队所使用的氢氧化钙及氧气，必须按规定进行化验。氧气纯度不得低于98%，其他要求应符合医用氧气的标准。二氧化碳吸收剂必须每季度化验一次，确保二氧化碳吸收率不低于30%，二氧化碳含量不大于4%，水分保持在15%~21%。严禁使用不符合标准的氢氧化钙和氧气。氧气瓶必须符合国家压力容器规定标准，每3年必须进行除锈清洗、水压试验，达不到标准的不得使用。可是，有的救护队对此不以为然，平时不检查维护，下井救灾前的检查马虎敷衍，造成救灾过程中出现漏气、氢氧化钙失效、氧气量不足不能自动补给、鼻夹弹性张力不足等仪器故障，从而造成救护人员伤亡。

（5）**不设井下救护基地或基地位置选择不当**

《矿山救护规程》要求，为保证重大事故井下抢救工作的顺利进行，应在靠近灾区的安全地点设立井下基地。井下基地指挥由指挥部选派具有救护知识的人员担任。井下基地应有矿山救护队指挥员、待机小队和急救员值班，并设有通往指挥部和灾区的电话，备有必要的救护装备和器材。井下基地电话应专人看守并作好记录，井下基地指挥员应经常与抢救指挥部、灾区工作的救护小队保持联系。可是，有的救护队在灾害事故处理过程中，不设井下救护基地或基地位置选择不当，造成自身伤亡。

（6）**少于6人进入灾区或单独行动**

《矿山救护规程》要求，进入灾区的救护小队队员不得少于6人。在窒息区或有中毒危险区工作时，救护小队长应使队员保持在彼此能看到或听到信号的范围内；任何情况下严禁指战员单独行动。这样规定是考虑到遇上意外情况时，队员之间能够相互照应，予以救助避免自身伤亡。可是，个别救护指战员在灾害事故处理中违反规定，造成救护人员伤亡。

（7）**不设待机队或待机队位置不当**

《矿山救护规程》要求，矿山救护队侦察时，井下基地必须设待机小队，并用灾区电话与侦察小队保持不断联系。当侦察小队没有按规定时间返回或通信中断，待机小队应立即进入救援。可是，有的灾害事故处理时，不设待机小队或待机小队位置不当，或一旦紧急需要待机小队出动救援时，侦察小队与待机小队联系不上，造成事故扩大。

（8）**不带联络绳进入灾区**

《矿山救护规程》要求，进入灾区侦察，必须携带必要的装备。视线不清时应用探险棍探测前进，队员之间要用联络绳联接。可是，有的救护队麻痹大意，不执行相关规定，结果导致矿山救护队员自身伤亡。

（9）**违章冒险进入灾区**

《矿山救护规程》要求，遇有高温、塌冒、爆炸、水淹危险的灾区，指挥员只能在救人的情况下，才有权决定小队进入，但必须采取有效措施，保证小队在灾区的安全。对于这些规定，无论是受灾矿井领导，还是救护队员都有违反规定的行为发生，造成了矿山救护队员的伤亡。

（10）**培训不认真，训练不严格**

《矿山救护规程》要求，矿山救护队及辅助矿山救护队的指战员必须经过强制性的救护理论及技术、技能的基础培训，必须进行严格的军事训练，演习训练必须结合实战需要。有的矿山救护队培训不认真，培训效果差；训练不严格，不从实战出发，以致个别救护指战员从专业知识到实际技能都存在一定距离，少数人甚至连常用的仪器装备都不会使用，而贻误矿山救护工作，甚至造成自身伤亡。

3.7.2 造成违章作业的原因

矿山抢险救灾过程中的救护工作是在极其复杂的环境下进行的，有时环境中充满爆炸性气体，有时充满窒息性或有毒性气体，有时有冒顶或水淹的危险，救灾中稍有不慎就可能导致救灾人员伤亡，扩大事故的损失。

加强矿山救护人员伤亡原因的研究，采取有效措施避免这类事故的发生具有重要意义。

矿山救护队违章作业的产生，安全思想不牢是前提，违章作业是表现。矿山救护队违章作业造成自身伤亡的后果既有救护队的日常管理因素，又有矿山救护指战员本身心理素质因素，还有一些客观条件的因素。

（1）**日常管理因素**

日常管理因素包括日常的"安全第一，遵纪守法，按章办事"的思想教育、救灾基本理论、基本技能的培训以及从严、从实战出发的训练。

（2）**心理素质因素**

人的心理活动决定人的行为倾向，有什么样的心理活动就会有相应的行为倾向。抢险救灾时不但劳动强度大，而且与火灾、爆炸、冒顶、水灾、有毒有害气体等打交道，身体健康和生命安全时刻受到威胁，在这种危险环境下对人的心理素质要求较高。案例分析说明，救护指战员中存在的不安全心理因素是导致违章作业的主要原因之一。主要表现为恐惧心理、侥幸心理、麻痹心理、情感心理及依赖心理等。

1）恐惧心理

恐惧是在恶劣环境中产生的一种心态，是由于缺乏心理准备，不能处理、驾驭或摆脱某种可怕的或危险的情境时所表现的情绪体验。恐惧使人体进入紧张状态，人在非常强的刺激下，思想陷入停顿，失去了用理智去解决问题的能力。

2）侥幸心理

侥幸是由于偶然原因而获得成功或免去灾害。它给人的思维认识造成错觉，有时明知是违章，还想碰碰运气。抱有侥幸心理的人主观臆断多，不相信科学，不尊重客观规律，不认真执行安全法规，冒险蛮干，结果事与愿违，导致自身伤亡。

3）麻痹心理

麻痹心理是救护工作的大敌，它往往使人产生懒惰思想，或对危险的迹象视而不见，听而不闻。麻痹思想多发生在见多识广的老队员身上，懒惰思想在新队员中多见。

4）情感心理

情感心理包括同情心、同志情和友谊情等。它是人对客观事物和对象所持态度的体验，是在情绪的基础上形成的。应激状态产生的情感，会使人产生全身兴奋，使注意力和知觉范围缩小，言语不规则、不连贯，行为动作混乱。应激状态的情感心理会给救护人员带来威胁，迫使救护人员违章作业，有时就会造成恶性连锁反应导致自身伤亡。

5）依赖心理

有的受灾矿井领导或现场指挥员违章指派救护小队去冒险蛮干，但矿山救护队员明知是违章指挥、违章作业，有时碍于权力等因素也盲目服从、不坚持原则而去蛮干；或误认为领导说的都是正确的而去执行。思想上存在依赖心理，认为"有人负责，出了差错与我无关"。存有依赖心理也会造成违章作业，导致救护人员伤亡。

（3）**客观条件因素**

客观条件因素包括救护指战员的身体素质、文化程度和救灾装备的性能等。

3.7.3　避免矿山救护队自身伤亡的措施

（1）**提高决策者的素质，科学地组织指挥抢险救灾**

矿井发生灾害事故后，加强抢险救灾的组织领导，制订正确的救灾方案，是迅速有效处理事故的关键，也是避免人员伤亡的关键。具体必须做好以下方面的工作：

①每个矿井都必须按照国家安全生产法律、法规的要求，编制矿井灾害预防和处理计划，条件发生变化时，及时修改完善。避免矿井一旦发生事故，各级领导管理人员在慌乱中出现违章指挥。

②每个矿井都必须有矿山救护队为其服务，每个救护队都因根据服务矿井主要灾害类型制订处理方案及安全技术措施，有计划地进行演习训练。一旦矿井发生灾害事故，矿山救护队接到命令后，立即启动实施预处理方案。

③矿山发生重大事故后，必须立即成立以矿长为首的抢救指挥部，以保证抢险救灾工作的统一指挥、统一布置、统一行动，避免抢险救灾过程中组织和指挥混乱或无人领导。

④为防止抢险救灾过程中决策失误或违章指挥，煤矿各级领导管理人员都必须通过培训，熟悉矿山救护的基本知识和战术指挥原则，掌握处理矿井各类灾害事故的行动原则和安全技术措施。

（2）**矿山救护队必须搞好科学管理，严格训练和教育**

矿山救护队是处理灾害事故的主力军，其指挥员素质高低对救灾成败起着重要作用。其素质中包括"安全第一"思想、遵纪守法、按章救灾的自觉性、抢险救灾知识的多少、救灾现场操作技能、自主保安能力、互助保安能力、身体素质的好坏等。

1）严格选拔救护队指战员

对矿山救护队员的文化程度、年龄、专业知识、身体条件等任职要求在《煤矿安全规程》《矿山救护规程》中都有明确规定。严格选拔矿山救护队员是搞好抢险救灾工作的基本保证。按照规定及时调整队员，以保证矿山救护队有足够战斗力。

2）严格教育培训

要做好矿山救护队新队员的基础培训和编队实习,搞好所有指战员的教育培训;学习抢险救灾基本理论和基本技能,搞好"安全第一"思想教育,增强遵纪守法自觉性,提高救护指战员的整体素质。

3）从难、从严、从实战出发进行战备训练

平时多流汗、战时少流血,搞好矿山救护指战员战备训练,是提高矿山救护队伍战斗力、杜绝矿山救护队自身伤亡的根本措施。战备训练要从难、从严、从实战出发,特别是要坚持高温浓烟演习训练。要通过模拟事故训练,积极改进处理各种事故的战略战术,发现、检查各种违章现象,并予以纠正。通过训练,树立"特别能吃苦、特别能忍耐、特别能战斗"的作风和习惯;通过训练,培养坚韧不拔的意志、勇敢顽强的精神,克服心里恐惧,具备临危不惧、沉着冷静的心理状态;通过训练,培养高度的自制能力,善于控制、调节自己的情感和情绪,克服悲观失望、盲目蛮干的心态;通过训练,培养团结协作、战胜困境的精神;通过训练,保持健康的体质。

4）完善管理制度,搞好科学管理

加强矿山救护队日常管理是搞好矿山救护工作的基础。矿山救护队实行军事化管理,全体指战员都必须接受军事训练,严格执行《中国人民解放军内务条例》。矿山救护队要有严密的组织、严明的纪律、严格的要求,平时做到严格管理,确保高度的战备需要,战时做到"招之即来、来之能战、战之能胜",把矿山救护队建设成为一支思想革命化、行动军事化、管理科学化、装备系列化、技术现代化的特别能战斗的专业队伍。

（3）依靠科技进步,推广使用救护新装备

矿山救护技术装备是完成抢险救灾,避免矿山救护队自身伤亡的物质基础。推广使用救护新装备、新仪器、新技术对提高矿山救护队战斗力,安全顺利完成抢险救灾任务具有重要意义,也是减少救护装备缺陷造成自身伤亡的物质保证。根据科学技术发展现状,要全面推广使用正压全面罩式氧气呼吸器、便携式爆炸三角形测定仪、冰冷抗热服、先进的灾区通信设备、远距离灭火装置等。同时,积极开展矿山救护新装备、新仪器、新技术的科研攻关。创造条件努力将计算机技术应用于矿山救护模拟训练、日常管理和救灾方案的制订,提高我国矿山救护技术水平。

复习与思考

1. 什么是突发事件？事故灾难应急处置措施有哪些？

2. 安全生产违法犯罪行为如何进行处罚？

3. 矿山救护队进行预防性检查时有哪些具体要求？

4. 矿山救护小队和个人救护装备应达到什么标准？

5. 企业主要负责人违反安全生产法应当承担哪些法律责任？

6. 矿山救护队各级指战员的职责有哪些？

7. 矿山救护大队、中队质量标准化标准有哪些主要内容？

8. 哪些疾病患者不得从事矿山救护工作？

9. 处理灾害事故时有哪些救援指挥要领？

10. 避免矿山救护队自身伤亡的措施有哪些？

第4章

矿山应急救援技术装备

【学习目标】

☞ 熟悉 BP4、KF-1、Biopak240 正压氧气呼吸器的结构及工作原理。

☞ 熟悉 AJH-3 型氧气呼吸器校验仪的组成及使用方法。

☞ 熟悉 AE102 型氧气充填泵的结构、工作原理及使用方法。

☞ 熟悉自动苏生器的工作原理及技术特征。

☞ 熟悉 DQ-500 型惰气发生装置的结构、工作原理及使用方法。

☞ 熟悉 DQP-200 型惰泡灭火装置的结构、工作原理及使用方法。

☞ 熟悉 PXS-1 型声能手握式电话机的结构、工作原理及使用方法。

☞ 熟悉便携式光学瓦斯检测仪的构造、原理及使用方法。

☞ 熟悉比长式检测管法的检测原理及检测方法。

☞ 熟悉 BMK-1 型便携式煤矿气体可爆性测定仪的结构、工作原理及使用方法。

☞ 熟悉 DKL 生命探测仪的用途及使用方法。

☞ 熟悉 YRH250 红外热像仪、剪切扩展两用钳、液压支撑杆的用途及使用方法。

☞ 掌握 BP4、KF-1、Biopak240 正压呼吸器的使用方法。

☞ 掌握自动苏生器的使用和维护方法。

☞ 掌握使用光学瓦斯检测仪测定瓦斯时防止零点漂移的方法。

为保证矿山救灾过程中救护指战员的自身安全和对遇险遇难人员施行人工呼吸急救,矿山救护队必须配备一定数量的氧气呼吸器、压缩氧自救器、自动苏生器、氧气充填泵、氧气呼吸器校验仪及救护通信器材等仪器设备。

4.1 氧气呼吸器

长期以来,我国矿山一直使用负压式氧气呼吸器。近 10 年来,我国通过自主研发以及与国外厂商合作开发的正压氧气呼吸器得到了全面的推广使用,取得了很好的效果。

4.1.1 PB4 正压氧气呼吸器

（1）PB4 正压氧气呼吸器结构

PB4 正压呼吸器结构及工作原理如图 4.1 所示。呼吸器整个工作系统主要由低压呼吸循环再生部分、正压自动调节部分和高中压联合供氧部分组成。

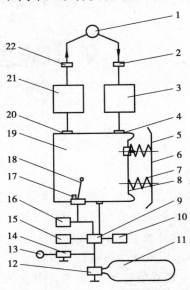

图 4.1　PB4 正压呼吸器工作系统图

1—呼吸标准接口；2—呼气阀；3—CO_2 吸收罐；4—O 形接口；5—排气阀；6—支承板；7—弹簧；
8—承板；9—减压阀腔室；10—手动补给按钮；11—氧气瓶；12—氧气瓶开关；13—压力表；
14—压力表开关；15—中压调节；16—安全阀；17—定量孔；18—自动补给阀；19—呼吸袋；
20—O 形接口；21—冷却器；22—吸气阀

低压呼吸循环再生系统工作时，佩用呼吸器人员的呼吸气流方向：呼气时，呼气口 1→呼气单向阀 2→CO_2 吸收罐 3→呼吸袋 19；吸气时，呼吸袋 19→冷却器 21→吸气单向阀 22→吸气口 1。正压自动调节部分由呼吸袋 19、支承板 6、调节弹簧 7、承板 8、排气阀 5、自动补给阀 18 组成。高中压联合供氧部分由高压氧气瓶 11、高压开关 12、压力表 13、压力表开关 14、高压手动补给按钮 10、减压阀腔室 9、中压调节 15、安全阀 16、定量孔 17、自动补充阀 18 组成。

（2）PB4 正压呼吸器工作原理

当氧气瓶处于关闭状态时，整个供氧源被关断，此时弹簧的压力作用将承压板下压造成呼吸袋被压瘪，摇杆阀已被承压板下压力打开。当工作人员佩用呼吸器时，打开氧气瓶开关，呼吸袋内瞬间充氧，弹簧被压缩，在呼吸袋内形成 350 Pa 压力，使摇杆阀自动关闭。在打开氧气瓶开关的同时，定量孔以 1.4 L/min 的流量向呼吸袋供氧，当工作人员劳动强度小，氧耗量小于 1.4 L/min 时，呼吸袋承板上移压缩弹簧。当压力达到 800 Pa 时，排气阀开始排气。当工作人员劳动强度大，氧耗量大于 1.4 L/min 时，承压板自动下降，降至 350 Pa 压力时，摇杆阀又自动供氧。因此，保证呼吸压力始终大于大气压力，这就形成了正压呼吸系统。

（3）技术参数

①防护时间：4 h。

②标准呼吸量:30 L/min,20 次/min。

③极重呼吸量:50 L/min,25 次/min。

④自动补给量: >160 L/min。

⑤手动补给量: >80 L/min。

⑥呼吸正压范围:0 ~ 700 Pa。

⑦自动排气压力:700 ~ 800 Pa。

⑧定量供氧量:1.4 ±0.1 L/min。

⑨储氧量:596 L。

⑩氧气瓶压力:20 MPa。

⑪呼吸器出厂质量:17.8 kg。

⑫CO_2 吸收剂质量:1.76 kg。

⑬外形尺寸:630 mm ×401 mm ×178 mm。

(4)PB4 正压呼吸器检查

①定量孔流量检查。

②安全阀泄压检查。

③自动肺摇杆阀门检查。

④压力表检查。

⑤呼吸阀检查。

⑥手动补给检查。

⑦排气阀检查。

⑧吸收罐检查。

⑨整机气密性检查。

⑩排气压力检查。

⑪自动肺开启检查。

(5)呼吸器佩戴顺序

①呼吸器经过全面检查后即可进入待命使用状态。

②使用时,必须首先佩戴好面具,然后打开氧气瓶开关,此时能听到自动肺开启供氧的声音,当与人体肺部压力平衡时,开始进入正常呼吸。

③快速点动手动补给,应能听到供气声音。

④快速进行一次深吸气,应能听到自动肺供气声音。

⑤观察氧气压力表,必须保证有充足的氧气。

⑥检查附件,包括哨子是否正常。

(6)呼吸器保养

呼吸器使用后,必须对面具、软管、气囊进行清洗,在通风的阴凉晾干,然后再组装检查备用。

4.1.2　KF-1 正压氧气呼吸器

KF-1 正压氧气呼吸器系统结构如图 4.2 所示。KF-1 正压氧气呼吸器由中国煤炭科工集团有限公司沈阳研究院与日本川重防灾株式会社共同开发。产品借鉴川重防灾正压氧气呼吸器技术,保留了川重 OXY-GEM11 正压氧气呼吸器供氧充足、运行可靠、呼吸阻力小、质量轻及体积小等特点,结合我国矿山救护队的实际需要使产品的防护时间增加到 4 h。

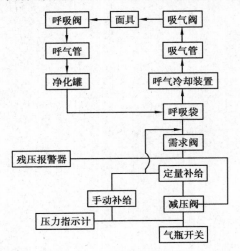

图 4.2　KF-1 正压氧气呼吸器系统结构图　　图 4.3　自动供氧需求阀的结构

(1)供氧方式的确定

该呼吸器的供氧方式采用定量供氧、自动供氧和手动补给的联合供氧方式。减压器集成化程度高,结构及工艺先进,定量供氧量在 1.4 L/min 以上。

(2)自动供氧需求阀的设计

自动供氧需求阀是正压氧气呼吸器的核心部件。当佩戴人呼吸量达到 50 L/min 时呼吸系统应处于正压状态。此时,需求阀应自动开启,使供氧充足。KF-1 呼吸器的需求阀的结构原理如图 4.3 所示。需求阀的开动弹簧对膜片的弹力,根据气囊内的最小压力足以克服吸气管路的阻力来设定。当气囊内的压力达到 95 Pa 时即可向右移动,将阀门关闭;当气囊内压力一旦有小于 95 Pa 的趋势时,即可将阀门打开,由中压向气囊内供氧,以维持气囊内压力始终不低于 95 Pa。

(3)CO_2 吸收剂充填量的计算

CO_2 吸收剂采用氢氧化钙。按行业标准要求,氢氧化钙吸收率为 30% 以上。中等功量时,CO_2 呼出量按 1.2 L/min 计算。4 h 呼出量为 288 L,质量为 $44/22.4 \times 288 = 566$ g,所需的氢氧化钙为 566 g/30% = 1 887 g,考虑使用时外界因素的影响,将氢氧化钙增加 10% 的余量,最终确定氢氧化钙总量为 2.1 kg。清净罐通气两端装有金属过滤网和过滤垫,可以很好地将氢氧化钙粉末加以过滤,解决了充填氢氧化钙时需要筛选的问题。

(4)主要技术性能参数

①防护时间:4 h。

②标准呼吸量:30 L/min,20 次/min。

③极重呼吸量:50 L/min,25 次/min。

④自动补给量:>80 L/min。

⑤手动补给量:>80 L/min。

⑥呼吸正压范围:0 ~ +700 Pa。

⑦自动排气压力:460 Pa。

⑧定量供氧量:1.4±0.1 L/min。

⑨储氧量:400 L。

⑩氧气瓶压力:20 MPa。

⑪呼吸器出厂质量:12 kg。

⑫CO_2吸收剂质量:2.1 kg。

⑬外形尺寸:550 mm×380 mm×160 mm。

为了确保产品的可靠性,在产品设计中对正压弹簧、气囊容积等都进行了精确的计算。

4.1.3 HYZ4 正压氧气呼吸器

该呼吸器主要用于矿山救护队在从事救护工作时对其呼吸器官的保护,也可供消防、石油、化工、冶金、交通等部门受过专门培训的人员在有毒有害气体环境中,从事事故预防或事故处理工作时使用,还可用于短时间的应急潜水。

(1)**工作原理**

该呼吸器为仓储式正压氧气呼吸器。当气瓶开关打开时,氧气连续流到呼吸仓内;当使用者吸气时,气体由呼吸仓流到冷却罐内,再经吸气软管、吸气阀进入面罩的口鼻罩被吸入;当使用者呼气时,呼出的气体经呼气阀、吸气软管进入清净罐,在罐内将CO_2吸收后,进入呼吸仓,便完成了整个呼吸循环。呼出气体进入呼吸仓后与来自氧气瓶的纯净氧气混合成丰富的含氧气体,以继续再次吸气、呼气,依次反复循环下去。该呼吸器的呼吸系统是一种密闭回路,与外界大气完全隔绝。由于加载弹簧的作用,使系统内部始终保持略高于外界大气压力的正压状态,外界气体不会渗入。

(2)**技术性能参数**

①防护时间:4 h。

②自动补给量:>100 L/min。

③手动补给量:>80 L/min。

④呼吸正压范围:0~588 Pa。

⑤定量供氧量:1.4~1.7 L/min。

⑥储氧量:440 L。

⑦氧气瓶压力:20 MPa。

⑧呼吸器出厂质量:14.5 kg。

⑨CO_2吸收剂质量:2 kg。

⑩外形尺寸:530 mm×403 mm×170 mm。

4.1.4 Biopak240 正压氧气呼吸器

Biopak240 型正压氧气呼吸器是20世纪90年代从美国引进并推广使用的正压氧气呼吸器,其技术性能处于世界领先水平。国内其他品牌都是在借鉴 Biopak240 型正压氧气呼吸器的基础上,研究制造出来的,主要适用于化工、船舶、石油、矿山、消防灭火、实验室、地下建筑等部门,是矿山救护队员、抢险救灾人员、消防灭火战士及有毒有害气体环境工作中各类人员配备的呼吸防护装备。其外观如图4.4所示。

图 4.4 Biopak240 型正压氧气呼吸器外观图

（1）正压氧气呼吸器的结构

正压氧气呼吸器的结构如图 4.5 所示。它主要由高压系统、呼吸系统及 CO_2 过滤系统组成。高压系统由氧气瓶、氧气瓶开关、减压器及压力表等组成；呼吸系统由口具、鼻夹、呼吸软管、气囊、排气阀及呼吸阀等组成；过滤系统由清净罐及内装入定量的符合标准的 CO_2 吸收剂组成。平时，所有系统装置都装在上盖与下壳中，通过上盖上的观察窗可清楚看到氧气瓶的压力值，下壳上有皮带环和背带，使用者可携带在矿工皮带上或跨在肩上。

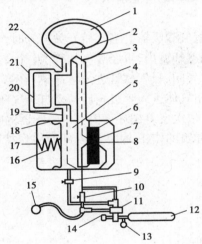

图 4.5 Biopak240 型正压氧气呼吸器的结构

1—面罩；2—吸气阀；3—呼气阀；4—呼气软管；5—呼吸仓；6—清净罐；7—定量供氧装置；8—自动补给阀；
9—手动补给阀；10—警报器；11—减压阀；12—氧气瓶；13—气瓶压力表；14—气瓶开关；15—肩挂压力表；
16—排气阀；17—加载弹簧；18—膜片；19—连接软管；20—冷却芯；21—冷却罐；22—吸气软管

（2）主要技术特点

①在使用过程中，整个呼吸系统的压力始终略高于外界环境气体压力，从而能有效地防止外界有毒有害气体进入呼吸系统，保护救护队员。

②先进技术及新型材料的应用，使整机质量较轻。

③铜管作高压氧气管路，安全系数高。

④正压氧气呼吸器按人体工程学原理设计的背壳及新型舒适的快速着装方式，使整机质量合理地分布在背部，佩戴更为舒适、方便。

⑤仪器使用"兰冰"作为冷却剂，可重复使用，方便快捷。

⑥氧气贮量多，持续时间更长。

⑦能够在水下作业。

⑧采用原装进口全面罩及防雾剂,呼吸舒适且保持长时间不起雾。

⑨可使用国产 CO_2 吸收剂,大大降低了使用成本。

⑩气瓶压力表与气瓶直接连接,可直接知道气瓶内的氧气贮量。无论气瓶阀开启与否,该压力表都显示气瓶内部压力,随时反应气瓶的充气情况。

(3)**主要技术指标**

①有效防护时间:4 h。

②定量供氧量:1.6~2.2 L/min。

③自动补给供氧量:>80 L/min。

④手动补给供氧量:>80 L/min。

⑤自动补给阀开启压力:10~250 Pa。

⑥吸气温度:<35 ℃。

⑦报警压力:4~6 MPa。

⑧报警声响声级强度:>90 dB。

⑨报警持续时间:30~90 s。

⑩排气阀开启压力:400~700 Pa。

⑪气瓶:≥2.7 L/20 MPa(碳纤瓶)。

⑫外形尺寸:630 mm×401 mm×178 mm。

⑬质量:16.3 kg(包括面罩、冷却剂、氧气和二氧化碳吸收剂)。

(4)**适用范围**

在矿井或其他环境空气发生有毒气体污染及缺氧窒息性灾害时,现场人员及时佩戴,保护人员正常呼吸并逃离灾区。

主要适用环境条件为:供矿山井下作业人员在发生火灾、瓦斯爆炸或瓦斯突出等自然灾害时,以及救护队员在呼吸器发生故障时,安全撤出灾区使用;供化工部门在对设备进行简单维护以及有毒有害气体逸出时使用;供石油开采作业时,天然气及其他毒性气体大量突出时使用;供高层建筑装备,在其发生火灾时人员佩戴逃生和待救时使用;供其他部门在有毒有害气体或缺氧环境中使用。

(5)**佩戴方法**

①将呼吸器面朝上,顶端对着自已放置。

②放长肩带,使自由端伸延 50~75 mm。

③抓住呼吸器壳体中间,把肩带放在手臂外侧。

④把呼吸器举过头顶,绕到后背并使肩带滑到肩膀上。

⑤身体稍向前倾,背好呼吸器,两手向下拉住肩带调整端,身体直立,把肩带拉紧。

⑥扣住扣环,并把腰带在臀部调整紧。

⑦松开肩带,让质量落到臀部,而不是肩部。

⑧连接胸带,但不要拉得太紧。

⑨佩戴好面罩后将呼吸软管接上。

⑩面罩佩戴连接好后,逆时针方向迅速打开氧气阀门,回旋 1/4 圈。当打开氧气瓶时,若听到警报器的瞬间鸣叫声,说明瓶阀已经打开,呼吸器进入工作状态。

4.1.5 负压氧气呼吸器

长期以来,我国矿山长期使用 AHG-4、AHY-6 型负压式氧气呼吸器。

由于负压式氧气呼吸器在使用过程中,呼吸器整个系统内的压力是正负交替进行,呼气时系统内的压力高于外界的大气压,而在吸气时系统内的压力又会低于外界的大气压,一旦口鼻具松动或脱落,容易造成人员受有害气体伤害,安全性较低。2015 年 7 月 10 日被国家安全生产监督管理总局列入《淘汰落后安全技术装备目录(2015 年第一批)》(安监总科技〔2015〕75号),明令禁止使用。

4.2　氧气呼吸器校验仪及氧气充填泵

4.2.1 AJH-3 型氧气呼吸器校验仪

(1)氧气呼吸器校验仪

对矿山救护队指战员配备的氧气呼吸器进行性能检查或校验时,可采用 AJH-3 型氧气呼吸器校验仪。

1)检查呼吸器的整机及组件的性能

①在正压和负压情况下的气密程度。

②自动排气阀和自动补给阀的启闭动作压力。

③呼吸器定量供氧和自动补给氧气流量。

④呼气阀在负压和吸气阀在正压情况下的气密程度。

⑤清净罐的气密程度。

⑥清净罐装药后的阻力。

2)AJH-3 型氧气呼吸器校验仪的主要技术特征

①压力检测参数:测量范围为 $-980 \sim 1\ 176$ Pa;精度为 2.5 级。

②流量检测参数:测量范围,大流量计为 100 L/min,小流量计为 2 L/min;精度为 2.5 级;测量比为 1:10。

③手摇泵供气流量:12 L/min(以 40 次/min 往复计)。

④定量供气流量:0～60 L/min。

⑤质量:8 kg(不包括附件及备件)。

⑥外形尺寸:360 mm×210 mm×190 mm。

(2)构造

AJH-3 型氧气呼吸器校验仪由上部流量单元和下部供气单元组成,如图 4.6 所示。

1)流量单元

上述仪器分别用螺钉、支柱、卡环等固定在刻有长方形观察孔的上护板上,组成一个测量系统。这个系统再由位于保持板四角的螺钉将其仪器外壳的上箱盖连接在一起,组成了仪器的上部。

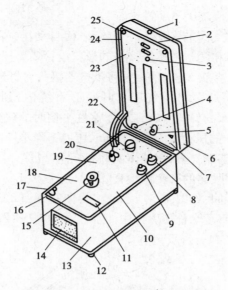

图 4.6　AJH-3 型校验仪外形及构造图

1—扣锁按钮;2—气压抵抗器接头;3—水柱压力计接头;4—小流量计接头;5—水柱调零手轮;
6—上箱盖;7—大流量计接头;8—减压器调节旋钮;9—外接氧气瓶接头;10—手摇泵摇把;
11—铭牌;12—垫脚;13—下箱体;14—提手;15—换向阀旋钮;16—弹力垫;17—手摇供气接头;
18—下护板;19—定量供气接头;20—流量阀调节旋钮;21—氧气压力表;22—支架;
23—上护板;24—护板螺钉;25—垫圈

2）供气单元

①手摇供气系统

这个系统由手摇泵、单向阀、换向阀和手摇供气接头通过气管连接构成。这个系统由仪器外壳的底板及其下面的螺钉将其固定。为了操作方便,换向阀的旋钮、手摇泵的摇把及手摇供气接头露在仪器的下护板外面。

②定量供气系统

这个系统由外接氧气瓶接头、减压器、压力表、流量阀、定量供气接头,按照各部工作压力的大小,分别用不同的气管连接组成,由螺钉安装在仪器的下护板上。整个下护板也是由四角的螺钉及连接支柱固定在仪器外壳的底板上。

仪器各接头均由带垫圈的管口帽加以保护,在接头附近,设有表示该接头名称的标志牌。仪器各调节旋钮也有表示它们各自名称的标示牌,牌上有箭头或符号指示调节方向。

仪器的上下部由折页连接,使用时按住扣锁的按钮向上抬起仪器上部,支架即可使仪器的上部与下部水平面垂直。使用后合盖时,需预先将支架向上向前抬起,以避开支架上的防止倒转结构。仪器在使用时,下部应水平放置。

（3）**使用方法**

1）氧气呼吸器的检查方法

氧气呼吸器在整机状态下的 5 个主要性能指标,是矿山救护队指战员在日常战备维护和作战间隙中必须检查的项目。

①在正压情况下氧气呼吸器的气密性检查

在氧气呼吸器的自动排气阀上先安装一个垫环,使自动排气阀门在气囊内压力增高时不致开启。然后用口具接头 3 和两条带螺纹接头的橡皮单管 2、4 把氧气呼吸器的口具与校验仪的手摇供氧接头 1 和水柱计接头 5 连接好,并将抵抗器接头 6 打开,如图 4.6 所示。把换向阀旋钮 8 转到"+"后,摇动手摇泵将空气压入呼吸器系统内,到水柱压力计内液柱上升到980 Pa 为止。同时,将换向阀的旋钮 8 转到"0",水柱平衡时即观察其下降速度。

氧气呼吸器在 1 000 Pa 的压力下,保持 1 min,压力下降不得超过 30 Pa。

向呼吸器系统输气时,整理气囊,使气体能顺利充满,以保证测量的准确性。

②在负压情况下氧气呼吸器的气密性检查

连接方法与上述完全相同,如图 4.7 所示。将换向阀旋钮 8 转到"-"后,摇动手摇泵,把呼吸器系统内的空气抽出,直至水柱压力计中的水柱降到 -784 Pa 为止,并将换向阀旋钮 8 转到"0"。观察水柱上升速度,每分钟不超过 29 Pa 为合格。

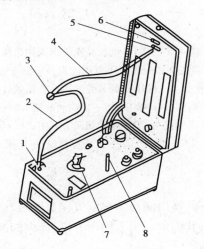

图 4.7 呼吸器整机性能的检查

1—手摇供氧接头;2—单管;3—口具接头;4—单管;5—水柱计接头;

6—抵抗器接头;7—手摇泵摇把;8—换向阀旋钮

③自动排气阀的启闭动作压力检查

连接方法同上,如图 4.7 所示。把安装在排气阀上的垫环去掉,将换向阀的旋钮 8 转到"+",用手摇泵向呼吸器系统输气,当气囊充满时将换向阀的旋钮转到"0"后,打开被检查呼吸器的氧气瓶开关,根据水柱液面的高度,确定自动排气阀的开启动作压力。当呼吸器在水平位置时,自动排气阀开启动作压力应在 +196 ~ 294 Pa,否则需要调整排气阀。

④自动补给阀的启闭动作压力检查

连接方法同上,如图 4.7 所示。换向阀的旋钮 8 转到"-"后,打开被检呼吸器的氧气瓶开关,一边利用手摇泵从呼吸器中向外抽气,一边观察水柱压力计的液面高度。当被检查的呼吸器在水平位置时,自动补气阀的开启动作压力应为 -245 ~ -147 Pa。这时,补给的氧气不断输入,手摇泵继续抽气,水柱液面高度应无显著变化。若自动补给阀开启时的负压不在上述范围内,需调自动补给阀。

⑤呼吸器定量供氧流量检查

呼吸器定量供氧流量检查,即测定通过被检呼吸器的供氧装置的节流孔所排出的氧气流量是否正常。连接方法如图4.8所示。拆下被检呼吸器的气囊,用M20接头1、单管2和M10接头3将被检呼吸器的供气装置与检验仪的小流量计接头4连接上。检查时,打开被检呼吸器的氧气瓶开关,根据小流量计浮子上升到平衡位置时的指示值,读出被检呼吸器定量供氧流量值。在中等体力劳动条件下使用呼吸器时,一般应根据佩戴者呼吸量的大小将其氧气呼吸器的定量供氧流量调整到1.1~1.3 L/min。

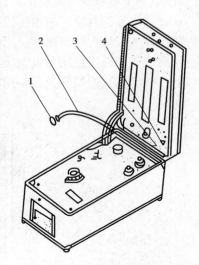

图4.8　定量供氧流量检查
1—M20接头;2—单管;
3—M10接头;4—小流量计接头

2)氧气呼吸器主要部件的检查

在定期检修呼吸器时,需要对其主要部件进行检查,检查项目如下:

①呼吸器自动补给氧气流量的检查。

②呼气阀在负压情况下的气密程度检查。

③吸气阀在正压情况下的气密程度检查。

④清净罐的气密程度检查。

⑤清净罐装药后的阻力检查。

(4)保管与维护

①仪器应放在干燥通风的室内,存放的环境中不应有引起仪器腐蚀的杂质。

②仪器使用完毕后,应用附属管口帽将各接头密封好,用干布擦净表面,然后扣上机锁,并将全部校验工具、接头等整理好,放入工具袋中。

③水柱压力计注水时,应先将零位调节旋钮全部退出,以便使调零胶球中的气泡完全排出,然后用调零旋钮将液面大致调到零位。

④使用水柱压力计时,应调水柱到零位。

⑤仪器使用前,需检查其气密性。方法是:用M10接头和单管把仪器的手摇供气接头和水柱计接头连接,然后用手摇泵输气加压,直到水柱计指示为1 176 Pa时,将换向阀旋钮转到"0"位。1 min内水柱下降不超过29 Pa为合格。

⑥使用仪器时,应无油脂操作,手、工具等应先用肥皂洗净。

⑦水柱压力计和流量计的玻璃管,若有污迹应及时拆洗。

⑧手摇泵的密封毡圈和换向阀的密封环等,发现不气密时应予更换。

⑨流量阀下的过滤镍网及螺旋导管两端的过滤镍网,应定期拆洗或更换,以免异物堵塞。

4.2.2　AE102型氧气充填泵

(1)主要用途

将大贮量氧气瓶中的氧气抽出来充填到小氧气瓶内,使后者压力提高到20~30 MPa。主要用于矿山救护队充填氧气或其他非腐蚀性气体,也可应用在消防、航空、医疗和化工部门。

(2)充填泵的结构

氧气充填泵由操纵板、压缩机、水箱组、机座组成。操纵板(见图4.9)上面固定了从大输气瓶充填到小容积氧气瓶整个操作系统的开关、管路、指示仪表和接头。其中,输气开关15、17,通过输气导管与输气瓶相连接;压力表1、4,是用来指示大输气瓶内的氧气压力;集合开关16,是控制氧气从大输气瓶直接充到小氧气瓶用的;压力表2,是用来指示一级汽缸的排气压力;压力表3和电接点压力表5,是指示充填到小氧气瓶内的氧气压力;按钮开关6,是充填泵启动运转的开关,按钮开关7是充填泵停止运转的开关。

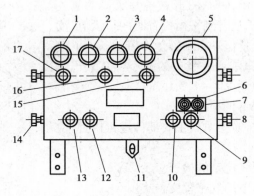

图4.9 操纵板

1、4—输气压力表;2—一级排气压力表;3—二级排气压力表;5—电接点压力表;
6—启动按钮;7—停止按钮;8、14—小瓶接头;9、13—小瓶开关;10、12—放气开关;
11—气水分离器;15、17—输气开关;16—集合开关

气水分离器的作用是排除冷凝水,在气水分离器上安置一个单向阀,使被充填到小氧气瓶内的氧气不倒流;另外,当小氧气瓶内被充填的压力为31~32 MPa时,通过气水分离器上的安全阀自动开启,向外排气泄压,如系统中的压力继续上升到33 MPa时,可通过电接点压力表5的作用,自动切断电源而停车,起双重安全保护作用。放气开关10、12,作为排除小氧气瓶开关9、13中的残余气体。

压缩机由曲轴、连杆、十字头构成(见图4.10)。曲轴与两个曲拐互成180°,曲轴采用全封闭式的飞溅油润滑,在曲轴两端放置耐油橡胶密封环,是防止机油从机体内部漏出。在十字头上部设置的波纹密封罩11,可防止与高压氧气接触的零件不受机体内油质沾污,同时也避免水-甘油润滑液渗入机体内,使机油乳化。此外,在曲轴箱上设置一个四孔挡板的注油螺钉及油塞,进行清洗和更换小水箱内的水-甘油润滑液。在水环上放置一个耐油橡胶密封环,用以防止水-甘油润滑液的漏出。

机座的右侧,内装有电气控制线路和电动机等,它是氧气充填泵的基础,电气线路如图4.11所示。其中,K_1为用户外接电源的闸刀开关。

在操作前,将机座右侧电源开关打开,电源指示灯显示,按下启动按钮6(见图4.9)时,泵就启动运转,当泵停止使用时,要切断电源。

(3)工作原理

在一、二级汽缸的两端,均装有吸气阀,作用是控制气流的一定方向,而吸、排气阀的质量,对充气速度的快慢有明显的影响。当一级柱塞向下运动时,一级汽缸内的气体膨胀、压力降低,当一级汽缸内的压力低于输气瓶内的气体压力时,一级吸气阀自动开启,气体由输气瓶流入一级汽缸内;当一级柱塞向上运动时,汽缸内的气体被压缩,压力升高,当压力大于二级汽缸内的气体压力时(由于两曲拐互成 180°,此时二级柱塞向下运动),一级汽缸的排气阀和二级汽缸的排气阀均打开,一级汽缸气体便流入二级汽缸内,当二级汽缸内的柱塞向上运动时,二级汽缸内的气体被压缩压力升高,当压力大于小氧气瓶内的气体压力时,二级排气阀打开,二级汽缸内气体便通过气水分离器上的单向阀流入小氧气瓶内,即完成一次充气。以后,柱塞每往复运动一次,即充气一次。

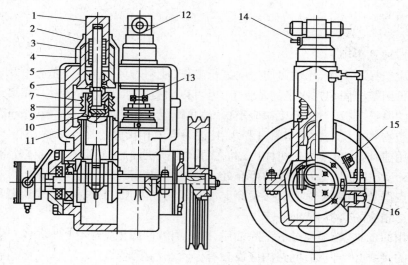

图 4.10　AE102 型氧气充填泵结构图

1—一级汽缸;2—导管套;3—水冷套;4—密封环;5—水泵;6—垫圈;7—上凹球套;
8—上凸球套;9—下凹球垫;10—下凸球垫;11—密封罩;12—二级汽缸;
13—防水套;14—出水接头;15—注油螺钉;16—油塞

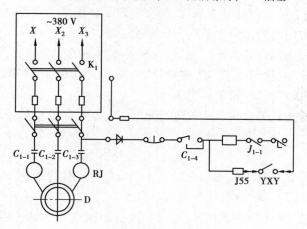

图 4.11　电气线路图

(4)技术特性

①最大排气压力:20 MPa。

②吸入条件下的排气量:3 L/min。

③级数:2。

④最大压缩比:8。

⑤曲轴转速:440 r/min。

⑥柱塞行程:30 mm。

⑦一级柱塞行程:18 mm;二级柱塞行程:12 mm。

⑧电动机参数:型号 Y100L1-4;功率 2.2 kW;电压:220/380 V。

⑨外形尺寸:360 mm×565 mm×640 mm。

⑩质量:116 kg。

(5)使用方法

1)使用前应注意事项

①充填泵应选择在干净、无油污的房间进行工作,使用时环境温度不低于 0 ℃。

②充填泵可用螺栓固定在水平的基台上,也可以放置在水平的基台上。充填泵与基台之间应放置减振的厚橡胶板,与基台接触应平稳,地角螺栓孔距为 740 mm×420 mm。

③严禁脂肪物体及浸油物体与氧气和水-甘油润滑液相接触的零件接触。

④首次使用前,应将机油注入机体内,并在每次更换机油后,必须除去机体外部的油脂,并擦洗干净,绝不允许机油从上下机体的接合处、密封环处及密封罩处往外渗漏。

⑤使用地点严禁吸烟,工作人员必须穿上没有油污的衣服,工作前,必须用肥皂仔细地把手洗净。应建立相应的禁烟、禁油制度。

⑥所有使用的工具,必须经过清洗除油后,再用棉纱彻底擦干净。

⑦电动机的接线必须良好,网路内应设置有保险丝和接地线。

⑧凡是与氧气及水-甘油润滑液接触的零件,应定期进行清洗,充气前用压缩氧气吹净。清洗材料有乙醚、酒精、四氯化碳。

2)使用前的检查

①当充填泵工作前,应仔细检查各部位是否正常和清洁,还应将管路系统中充满 30～32 MPa 的氧气,用肥皂水检查各处是否漏气,如有发现不良现象必须及时排除。

②检查曲轴旋转方向与皮带罩上箭头方向是否一致。

③单相阀检查。关上集合开关进行充气,观察各压力表的变化情况,如果一级排气压力与一级进气压力接近或相等,说明一级汽缸的吸、排气阀失灵;如果二级排气压力与一级排气压力接近或相等,说明二级汽缸吸、排气阀失灵。

④安全阀可靠性检查。关上集合开关进行充气,当充气压力为 31～33 MPa 时,安全阀应自动开启排气。

3)充气过程

这个过程也就是将氧气从大氧气瓶充填到小氧气瓶的操作过程。

①分别接上输气瓶及小氧气瓶。

②打开输气瓶开关、集合开关,使输气瓶内氧气自动地流入小氧气瓶内,直到压力平衡时为止。

③关上集合开关,进行充气,直到小氧气瓶内的压力达到需要时为止。

④打开集合开关,关闭小氧气瓶开关,并打开放气开关,放出残余气体后,卸下小氧气瓶。

⑤再次进行充氧时,应按上述过程重复进行。

4)注意事项

①应接好冷却水箱的自来水,并确保其畅通无阻,以降低温度。

②充气时,汽缸表面温度升高较快,可能达到60 ℃,这是正常现象。

③确定电接点压力表自动停泵的控制压力应大于安全阀的排气压力,即在正常情况下,应由安全阀起作用。电接点压力表在特殊情况下起安全保护作用。

④每次充气前,将充填泵空转几分钟,观察各部位运行是否正常。运行正常进行充气。如果出现噪声及其他不正常现象时,应停泵修理,正常后方能使用。

⑤运行一定时间后,如果发现汽缸漏气时,可将汽缸卸下,用专用扳手拧紧螺母,如压紧螺母以拧到头时,可更换压紧螺母,并将汽缸再安装在充填泵上继续使用。

⑥充填泵工作完毕后,应切断电源,关闭输气瓶开关,并从气水分离器中放出冷凝水。

⑦必须选用额定压力为30 MPa的小氧气瓶进行充填。

4.3 自动苏生器

4.3.1 自动苏生器工作原理及技术特征

自动苏生器是一种自动进行正负压人工呼吸的急救装置。由于它体积小、质量轻、便于携带、操作简单、性能可靠,既可用于呼吸麻痹、抑制人员的抢救,又可用于缺氧人员的单纯吸氧。对于因胸外伤、一氧化碳等其他有毒气体中毒、溺水、触电等原因造成的呼吸抑制、窒息人员,通过该装置的负压引射功能可吸出伤者呼吸道内的分泌物、异物等,并通过肺动机构有规律地向伤者输氧和排出肺内气体而使伤者自动复苏,是智能化的急救产品,特别适用于有群体人员遇险的抢救场合。

(1)工作原理

我国矿山救护队常用的ASZ-30型自动苏生器工作原理如图4.12所示。氧气瓶1的高压氧气经氧气管2、压力表3,再经减压器4将压力减至0.5 MPa,然后进入配气阀5。在配气阀5上有3个气路开关,即12、13、14。开关12通过引射器6和导管相连,其功能是在苏生前,借引射器造成高气流,先将伤员口中的泥、黏液、水等污物抽到吸引瓶7内。

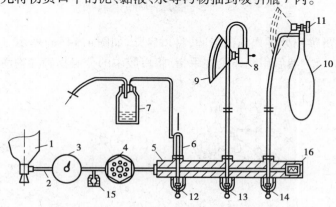

图4.12 自动苏生器工作原理图

1—氧气瓶;2—氧气管;3—压力表;4—减压器;5—配气阀;6—引射器;7—吸引瓶;8—自动肺;
9—面罩;10—储气囊;11—呼吸阀;12、13、14—开关;15—逆止阀;16—安全阀

121

开关 13 利用导气管和自动肺 8 连接,自动肺通过其中的引射器喷出氧气时吸入外界一定量的空气,二者混合后经过面罩 9 压入伤员肺内,引射器自动操纵阀门,将肺部气体抽出,呈现着自动进行人工呼吸的动作。当伤员恢复自主呼吸能力之后,可停止自动人工呼吸而改为自主呼吸下的供氧,即将面罩 9 通过呼吸阀 11 与储气囊 10 相接,储气囊通过导气管和开关 14 连接。储气囊 10 中的氧气经呼吸阀供给伤员呼吸用,呼出的气体由呼吸阀排出。

为了保证苏生抢救工作不致中断,应在氧气瓶内氧气压力接近 3 MPa 时,改用备用氧气瓶或工业用大氧气瓶供氧,备用氧气瓶使用两端带有螺旋的导管接到逆止阀 15 上。此外,在配气阀上还备有安全阀 16,它能在减压后氧气压力超过规定数值时排出一部分氧气,以降低压力,使苏生工作可靠地进行。

(2)主要技术特征

①氧气瓶工作压力为 20 MPa,容积为 1 L。

②自动肺换气量调整范围为 12 ~ 25 L/min;充气压力为 1 960 ~ 2 450 Pa;抽气负压为 −1 960 ~ −1 470 Pa;耗氧 6 L/min 时的最小换气量为 15 L/min。

③自主呼吸供气量:不小于 15 L/min。

④吸痰最大负压值:不小于 −4 410 Pa。

⑤仪器净重:不大于 6.5 kg。

⑥仪器体积:335 mm ×245 mm ×140 mm。

4.3.2 苏生器的使用与维护

(1)准备工作

1)安置伤员

先将伤员安放在新鲜空气处,解开紧身上衣或脱掉湿衣,并适当用衣物覆盖身体,以保持体温。为使头尽量后仰,应当将肩部垫高 100 ~ 150 mm,使面部转向任一侧,以便使呼吸道畅通,如图 4.13(a)所示。若是溺水者,应先将伤员俯卧,轻压背部,让水从气管和胃中倾出,如图 4.13(b)所示。

2)清理口腔

先将开口器从伤员嘴角处插入前臼齿间,将口启开,如图 4.14(a)所示。用拉舌器将舌头拉出,如图 4.14(b)所示。然后用药布裹住手指,将口腔中的分泌物和异物清理掉。

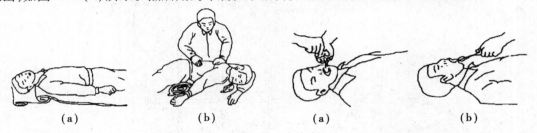

（a）　　　　　　（b）　　　　　　（a）　　　　　　（b）

图 4.13　伤员的安置方法　　　　图 4.14　伤员的口腔清理方法

3)清理喉腔

从鼻腔插入吸引管,打开气路,将吸引管往复移动,污物、黏液及水等异物被吸到吸引瓶,如图4.15(a)所示。若瓶内积污过多,可拔掉连接管,半堵引射器喷孔,积污即可排掉,如图4.15(b)所示。

4)插口咽导气管

根据伤员情况,插入大小适宜的口咽导气管,以防舌头后坠使呼吸梗阻,插好后,将舌头送回,防止伤员痉挛咬伤舌头。

上述苏生前的准备工作必须分秒必争,尽早开始人工呼吸。这个阶段的工作步骤是否全做,应根据伤员具体情况而定,但以呼吸道畅通为原则。

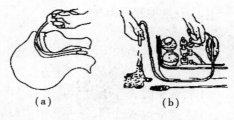

图4.15　伤员的喉腔清理方法

(2)操作方法及注意事项

1)人工呼吸

将自动肺与导气管、面罩连接,打开气路,听到"飒……"的气流声音,将面罩紧压在伤员面部,自动肺便自动地交替进行充气与抽气,自动肺上的杠杆即有节律地上下跳动。与此同时,用手指轻压伤员喉头中部的环状软骨,借以闭塞食道,防止气体充入胃内,导致人工呼吸失败,如图4.16(a)所示。若人工呼吸正常,则伤员胸部有明显起伏动作。此时可停止压喉,用头带将面罩固定,如图4.16(b)所示。当自动肺不自动工作时,是面罩不严密、漏气所致;当自动肺动作过快,并发出疾速的"喋喋"声,是呼吸道不畅通引起的,此时若已插入了口咽导气管,可将伤员下颌骨托起,使下牙床移至上牙床前,以利呼吸道畅通,如图4.16(c)所示。若仍无效,应马上重新清理呼吸道,切勿耽误时间。

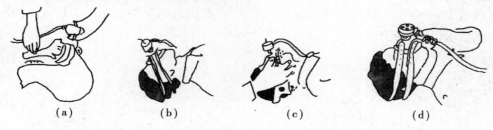

图4.16　自动苏生器的人工呼吸方法

对腐蚀性气体中毒的伤员,不能进行人工呼吸,只准吸入氧气。对触电伤员必须及时进行人工呼吸。在苏生器未到之前,应进行口对口人工呼吸。

2)调整呼吸频率

调整减压器和配气阀旋钮,使成年人呼吸频率达到12～16次/min。当人工呼吸正常进行时,必须耐心等待,除确显死亡征象外,不可过早中断。实践证明,曾有苏生达数小时之后才奏效的。当苏生奏效后,伤员出现自主呼吸时,自动肺会出现瞬时紊乱动作,这时可将呼吸频率稍调慢点,随着上述现象重复出现,呼吸频率可渐次减慢,直至8次/min以下。当自动肺仍频繁出现无节律动作,则说明伤员自主呼吸已基本恢复,便可改用氧吸入。

3)氧吸入

呼吸阀与导气管、储气囊连接,打开气路后接在面罩上,调节气量,使储气囊不经常膨胀,也不经常空瘪,如图4.16(d)所示。氧含量调节环一般应调在80%,对一氧化碳中毒的伤员应调在100%。吸氧不要过早终止,以免伤员站起来后导致昏厥。

氧吸入时应取出口咽导气管,面罩要松缚。

当人工呼吸正常进行后,必须将备用氧气瓶及时接在自动苏生器上,氧气即可直接输入。

（3）**日常检查及维护**

1）日常检验项目

为了确保自动苏生器处于良好的工作状态,平时要有专人负责维护,其项目有:

①工具、附件及备用零件齐全完好。

②氧气瓶的氧气压力不低于 18 MPa。

③各接头气密性好,各种旋钮调整灵活。

④自动肺、吸引装置以及自主呼吸阀工作正常。

⑤扣锁及背带安全可靠。

2）自动肺的检验

自动肺是自动苏生器的心脏,其主要检验项目如下:

①换气量检验

调整减压器供气量,使校验囊动作为 12～16 次/min。

②正负压校验

充气正压值应为 1 960～2 450 Pa;抽气负压值应为 –1 960～–1 470 Pa。进行这项校验必须用专门装置,但也可用简易装置进行,如图 4.17 所示。装置是一个直径为 80～90 mm 的连通器。连通管道直径不小于 60 mm,管道零线以上部分约为 360 mm,其中一筒顶端封闭,安一橡胶接头,以接自动肺。另一筒靠底端引一玻璃管,以观察水位,玻璃管中间为零位,零线上下距零线每 25 mm 标以短线,每 50 mm 标以长线,零线以上标至 300,零线以下标至 250,所标数值均代表水位压差毫米数。

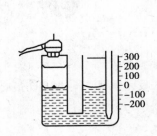

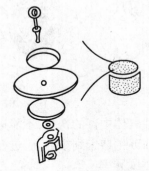

图 4.17　正负压校验简单装置　　　　图 4.18　调整正负压的调整垫圈

3）正负压的调整

自动换气量的调整,主要是通过充气和抽气时的正负压来决定的,压力大时,则换气量大,压力小时,则换气量小。只要充气正压在 2 000～2 500 Pa 与抽气负压在 –2 000～–1 500 Pa,换气量则在 12～25 L/min。而正负压调整是通过自动肺的"调整弹簧"和"调整垫圈"来实现的,如图 4.18 所示。调松"调整弹簧",则正压变小;反之,则正负压变大。增厚"调整垫圈",则正压变大,负压变小;减薄"调整垫圈",则效果相反。

4.4　矿井灭火设备

4.4.1　高倍数泡沫灭火机

（1）发泡机的种类

高倍数泡沫发生装置简称发泡机。它是产生高倍数泡沫的主要设备，有许多种类。

1）按发泡机的允动方式分类

按发泡机的允动方式分类，可分为以下 5 种：

①电力驱动的发泡机。

②水轮驱动的发泡机。

③内燃机驱动的发泡机。

④水力冲式的发泡机。

⑤水力引射式的发泡机。

2）按发泡机的特性、尺寸及发泡量的不同分类

按发泡机的特性、尺寸及发泡量的不同，可分为大、中、小型 3 类。

①大型发泡机

它的体积和质量都较大，发泡量一般在 $500 \sim 1\ 000\ \mathrm{m^3/min}$，多设置在固定的地点或拖车上，属于大空间场所的专用设备，适用于快速扑灭大空间火灾。

②中型发泡机

它的结构简单，材质轻，便于搬用，机动性强，安装快，使用范围广，发泡量一般在 $100\ \mathrm{m^3/min}$ 以上。目前我国煤矿中使用的多为这种类型。

③小型发泡机

它具有体积小、质量轻、使用方便、机动灵活的特点，多为手持式，一般发泡量在 $100\ \mathrm{m^3/min}$ 以下。适用于小空间场所的灭火。

3）按照使用条件要求分类

按照使用条件要求，可分为防爆型与非防爆型。以防爆电机或水力驱动的发泡机均属于防爆型，以一般电动机或内燃机驱动的发泡机属于非防爆型。

总之，各种类型的发泡机都具有各自的技术特性与使用条件。在使用时，应根据具体条件和实际情况适当选用，以达到安全有效的灭火目的。

（2）发泡量与喷液量的计算

高倍数泡沫的每个泡里都包裹着一定量的空气，因此，计算泡沫发生量时首先需确定风机供风量，两者之间的关系可表示为

$$Q_f / Q_p = K_0$$

式中　Q_f——风机供风量，$\mathrm{m^3/min}$；

　　　Q_p——发泡量，$\mathrm{m^3/min}$；

　　　K_0——风泡比，$1.2 \sim 1.3$。

发泡机喷液量 Q_y 可表示为

$$Q_y = Q_p \times q_0 / r_0$$

发泡剂耗量 Q_r 为

$$Q_r = Q_y \times N_0$$

发泡机供水量 Q_s 为

$$Q_s = Q_y - Q_r$$

式中　q_0——泡沫含水量，kg/m^3；

　　　r_0——泡沫液质量，接近于 1 kg/L；

　　　N_0——泡沫液浓度；

　　　Q_y,Q_r,Q_s——发泡机喷液量、发泡剂耗量、发泡供水量，L/min。

假如风机供风量 Q_f 为 240 m^3/min，取风泡比为 1.2 时，求得产生发泡量为

$$Q_p = Q_f / K_0 = \frac{240 \text{ m}^3/\text{min}}{1.2} = 200 \text{ L/min}$$

试验证明，当泡沫剂配方确定后，泡沫的含水量、倍数、稳定性也就确定了。配方泡沫液浓度为 2.4%，要求含水量为 1.25 kg/min 时，用上述公式可求得耗液量和泡沫剂耗量为

$$Q_r = 200 \text{ L/min} \times 1.25 = 250 \text{ L/min}$$

$$Q_g = 250 \text{ L/min} \times 0.024 = 6 \text{ L/min}$$

粉态泡沫剂在使用时需要配液，所以 Q_s 值应减去配制抽吸用泡沫液所需的水量，一般按粉与水之比为 1∶3 配制成泡沫液，则

$$Q_s = Q_r - 3Q_g = 250 \text{ L/min} - 3 \times 6 \text{ L/min} = 232 \text{ L/min}$$

4.4.2　DQ-500 型惰气发生装置

（1）用途

适用于煤矿井下、隧道、机库、地下商场等封闭场所，是新型扑灭有限空间大面积火灾、抑制瓦斯爆炸、高瓦斯矿井惰性化的理想灭火装备。

（2）装置的构造

该装置是由供风装置、喷油室、风油比自控系统、燃烧室、喷水段、封闭门、烟道、供油系统、控制台及供水系统 10 部分组成，如图 4.19 所示。

（3）工作原理

以普通民用煤为燃料，在自备电动风机供风的条件下，特制的喷油室内适量喷油，通过启动点火，引燃从喷嘴喷出均匀的油雾，在有水保护套的燃烧室内进行燃烧，高温燃烧产物，经过烟道内喷水冷却降温，即得到符合灭火要求的惰性气体。

（4）技术性能

①产生惰气量：400~500 m^3/min。

②耗油量：12~15 kg/min。

③耗水量：15 m^3/min。

④出气口温度：<90 ℃。

⑤整机全长：10.5 m。

⑥气体成分：$O_2 \leq 3\%$，$CO < 0.4\%$，CO_2 为 9%~18%，$N_2 > 85\%$。

⑦质量：900 kg。

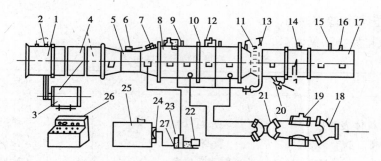

图 4.19　DQ-400/500 型惰气发生装置安装示意图

1—进风筒;2—自控传感器;3—电机;4—风机;5—正流段;6—点火线圈;7—点火器;8—燃烧室;
9—安全阀;10—快卸环;11—喷嘴;12—压力传感器;13—水环;14—封闭门;15—温度传感器;
16—取气管;17—烟道;18—分水器;19—滤水器;20—水漏;21—三通管;22—电机;
23—油泵;24—油电机与开关;25—油箱;26—操作台;27—回油铜管

（5）使用方法及注意事项

DQ-500 型惰气发生装置属非防爆型的灭火装置。因此,在井下使用时,一是要安装在入风侧,有电源、水源,巷道平直长度不小于 15 m,断面大于 4 m²,巷道风量不小于 250 m³/min,操作区的瓦斯浓度不得大于 0.5%,粉尘浓度应控制在规定的范围内。

1）操作程序

①在整机连接安装好后,首先检查风机、水泵及油泵的转向,风油比自控信号的基础电压应符合出厂检验标准值。

②开机时,油门角处于最大位置,过 5 s 后,启动水泵供水。经过 70 s 水套充满水,待喷水环处有压力时,开始点火。2 s 后启动油泵供油燃烧,由于燃烧火焰及喷水的作用产生阻力,使风量减少,经风油自控系统,油门可随之关小（整个启动过程是由时间继电器控制的,按一下按钮即可完成启动全过程）。

③在整机启动后进入正常发气时,注意观察水压、油压和油门角度以及出气温度表的变化,在操作过程中,操作者注意观察油压表和油门角度指示值。从油门与油量及油压与油量的关系曲线得知,当油门角在 20°～40°、油压在 2.4×10^6 ～ 3.9×10^6 Pa,其油量近似相等。只要根据上述二者表值之一,就可判断燃烧状态即风油比的变化情况。

④停机顺序。先停油泵、风机,延续 2 min 后,关水泵,并立即关闭烟道中的封闭门,以防止停机后空气进入火区助燃。如果在启动或停止过程中,需要风机、水泵、油泵单项试运转时,可按强制按钮,即可得到单项运转或停止。

2）注意事项

①在连接供油系统时,先不接喷油嘴,开油泵循环 10 s,将油泵和管路充满油,再将出油管接到喷嘴上,可避免由油泵空转叶片卡死。

②所有供油系统接头处不得漏油,一旦发现漏油不得开机,防止影响燃烧和引起着火。

③注意观察油位指示器液面界线值,及时往油箱里补充燃油。注意过滤,确保油质,以防堵塞喷油嘴。

④机器开动后,注意巡视,发现问题及时处理。

⑤不得随意扭动多圈调位器位置。

⑥安装点火器时,必须把引燃管安牢。

(6)故障原因及排除办法

故障原因及排除办法见表4.1。

表4.1　故障原因及排除办法

	原　因	排除办法
供水量不足,机体表面过热,出口温度过高	水泵反转	调正转向
	泵吸水口堵塞	消除
	管路破漏	更换
	喷水嘴堵塞	消除
供油压力变化	风油比自控基数电压变化	按使用说明书调整到规定值
	喷油嘴堵塞,压力升高	消除
	油路漏油压力降低	拧紧接头或更换新的
点不着火	电没接通或接触不良	检查接好
	火电极积炭	去掉积炭
	点火线圈或导线受潮	烘干或更换
	油路中有气泡	油泵循环排除
	点火油量过大将火花淹灭	减少油量
	回油孔垫与点火高压胶管孔垫没安装	检查安装定量孔铜垫
氧含量偏高	供油量少	加大油量
	风油比自控基数电压偏低,供油偏小	基数电压调整到规定值

(7)维护与保养

①每次使用后,管路接头都要加盖封闭,以防进入脏物堵塞喷嘴。

②在搬运装卸过程中,要注意保护快卸环及法兰盘,避免摔碰变形。

③喷油室两端加堵盖封存,保护喷油嘴和火焰稳定器。

④用后打开水套下面的放水口,将水套内的水放干以防锈蚀。

⑤操作台和点火线圈在搬运中要轻放,避免碰撞和剧烈振动,并存放在干燥处。

油量与油门角及油压的关系曲线如图4.20所示。

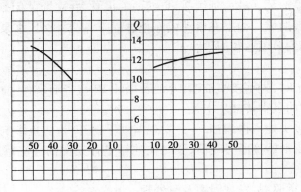

图4.20　油量与油门角及油压的关系曲线

4.4.3　DQP-200 型惰泡灭火装置

(1)惰泡装置的构造

该套灭火装置采用积木式的设计结构,使之达到一机多用,从而大大提高消防设备的利用率,减少设备积压浪费。惰泡装置的构造如图4.21所示。

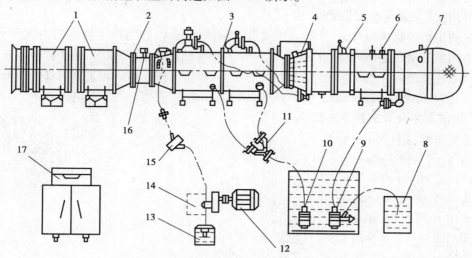

图 4.21　惰泡灭火装置结构示意图

1—供风装置;2—喷油室;3—燃烧室;4—喷水装置;5—封闭门;6—取气管;7—发泡装置;8—泡沫剂桶;
9—泡沫泵;10—冷却水泵;11—分水器;12—油泵电机;13—油桶;14—油泵;15—油门开关;
16—风油比自控系统;17—操作台

1)供风装置

惰泡发生装置对供风的要求是很严格的,既要保证燃烧产生惰气量的要求,又要具备克服产生惰泡造成阻力,达到输送一定距离的能力。因此,目前 DQ-500 型的供风动力满足不了发惰泡的要求。利用 12 kW 子午加速扇和 10 kW 轴流式内置通风机串联组成供风装置,通过大量试验数据表明,既满足产生惰气和惰泡的风量要求,又能保证输送达到一定距离。在风机入口端设有风流整流装置,调整供风量适应完全燃烧,风量大于 300 m³/min,风压力为 3 920 Pa。

2)燃烧系统

主要用来产生惰性气体的装置。由喷油室、燃烧室、喷油嘴、点火线圈、启动喷嘴、油泵、油门电机、油门开关、油滤、油路及压力表等组成。

3)冷却降温系统

燃气出口温度高达 1 600 ℃,用水作介质冷却保护燃烧室不被破坏,再经烟道内喷洒水幕阻截火焰,并降低燃气出口温度达 80 ~ 90 ℃。由潜水泵、分水器、环形喷水嘴、滤水器、压力传感器、水龙带、烟道及封闭门等组成。

4)发泡装置

它是产生惰气泡的主要部件,由发泡网、外壳、泡沫喷嘴、混合潜水泵、管路、水柱计及泡沫剂桶等组成。

5)风油比自动控制系统

它是在燃烧过程中依据风量变化发出的电压信号,指令油量相应变化的自动执行机构。

它通过调整油门开启角度来控制供油量的大小,使其保证燃烧所需油气比相对平衡,产生的惰气成分基本不变,符合灭火要求。它由风速传感器、油门电机、油门开关、位置传感器、差动放大器及比较器等电器元件组成。

6)控制台

它是全套装置的总机关,所有的电器开关、设备仪器仪表均设置在控制台上。

(2)惰泡发生装置的工作原理

首先利用燃油除氧原理,产生符合灭火要求的惰性气体,作为产生惰泡的惰气源;再利用耐高温浓烟型高倍数泡沫药剂,在压力大于 0.15 MPa 的压力水作用下,通过喷嘴将泡沫溶液均匀地喷洒在特制的发泡网上,借助于惰气的吹动,使每个网孔形成包裹着惰性气体的气液集合的泡体,使其原液体的体积成百倍的膨胀,就形成了惰气高泡。

(3)**惰泡发生装置主要技术性能**

产生惰泡量:200 m^3/min。

耗油量:10 ~ 13 kg/min。

冷却水量:15 m^3/h。

发泡水量:90 ~ 150 L/min。

喷嘴压力:>0.15 MPa。

泡沫剂浓度:3% ~ 5%。

泡沫倍数:>500 倍。

泡沫稳定性(泡沫破 1/2 时间):>60 min。

输泡距离:>200 m。

惰泡里的惰气成分:O_2 <3%,CO_2 >10%,CO <0.5%,N_2 >80%。

(4)**一机多用**

该装置经重新组装后,可作为惰气发生装置、高泡灭火机或局部通风机使用。

1)用作惰气发生装置

当矿井处理有瓦斯爆炸危险的火灾时,需要很快产生大量的惰性气体使火区迅速惰化,既阻止瓦斯爆炸,又将火扑灭。这时就需要组合成惰气发生装置,将如图 4.20 所示惰泡灭火装置中的发泡装置 7 及其泡沫溶液潜水泵 9 和泡沫剂桶 8 的部分撤掉,即组成了相当于 DQ-500 型的惰气发生装置。其主要技术性能如下:

惰气量:500 m^3/min。

耗油量:10 ~ 13 kg/min。

耗水量:250 ~ 300 L/min。

水压:>0.15 MPa。

出口气温:80 ~ 90 ℃。

气体成分:O_2 <3%,CO_2 >10%,CO <0.4%,N_2 >80%,H_2O(蒸汽)50% ~ 55%。

总长度:10 m。

2)用作空气高泡灭火机

当灭火现场只需要空气高泡灭火时,去掉如图 4.18 所示惰气发生装置中的燃烧系统,可将图 4.20 中的风机 1 的第一节和发泡装置 7 结合,用供液潜水泵 9 和泡沫剂桶 8 的部分组合成相当于 BGP-200 型高泡灭火机,其主要技术性能如下:

泡沫产生量:200 m³/min。

耗水量:200～250 L/min。

供水压力:>0.15 MPa。

泡沫剂浓度:3%～6%。

泡沫倍数:>600 倍。

泡沫稳定性(泡沫破1/2时间):120 min。

驱动压力:2 500 Pa。

风量:>240 m³/min。

3)用作局部通风机

利用该灭火装置的供风装置中的一节(Ⅱ级),功率为 12 kW 子午加速扇结构的风机,作为单独供风的局部通风机使用。

4.4.4　快速密闭

轻质膨胀型封闭材料是一种新型的聚氨酯材料,具有质量轻、气密性好、防渗水、隔潮、保温、防振等特点,适用于井下封闭窒息火区。如建造快速临时密闭、封堵漏风、防渗水等。

(1)手动喷涂设备

1)结构

为满足井下特殊地点封闭和堵漏的需要,手动喷涂设备以其不用电、携带方便、操作简单等优点,广泛应用于矿山救护队封闭火区、窒息区等。由喷枪、计量泵、药桶、高压气瓶及减压阀 5 个部分组成。

2)基本原理

以聚醚树脂和多异氰酸酯为基料,辅以几种助剂和填料,分甲、乙两组分,按一定比例混合,经压气强力搅拌,通过喷枪均匀地喷洒在目的物上,即可在极短时间内发生化学反应,几秒钟后即由液态变成固态发泡成型,连续喷涂即形成泡沫塑料涂层。

3)技术性能

供气压力:0.18～0.2 MPa(3 L 钢瓶,压力不低于 15 MPa)。

供气量:70～100 L/min。

计量泵转速:0.5～1.0 r/s(计量泵每转为 12 mL)。

喷涂能力:1.2～2.1 kg/min。

最大有效喷涂面积:400 mm×300 mm。

起泡时间:2～8 s。

(2)电动喷涂设备

电动喷涂设备适用于在宽敞的场所进行大面积连续工作。

1)结构

①喷枪。

②环形活塞泵。

③电机(防爆型和非防爆型)。

④控制盘,设有压力表及按钮(防爆设备上装有防爆开关)。

⑤加热器(防爆和非防爆型)。

⑥药箱。

⑦药液过滤器(A、B 组各分一个)。

⑧压气系统可采用高压气瓶,也可采用小型空压机供气(防爆和非防爆型)。

2)技术性能

喷涂量:1 ~ 2 kg/min。

喷涂速度:1 ~ 2 m²/min。

料桶容积:2×25 L。

所需功率:电动 0.8 kW,电热 1 kW。

供气压力:0.4 ~ 0.6 MPa。

供气量:0.3 ~ 0.8 m³/min。

电源电压:380 ~ 660 V。

质量:150 kg。

(3)喷涂工艺流程及操作方法

1)工艺流程

快速密闭工艺流程图如图 4.22 所示。

2)操作方法

喷涂前,要对喷涂物进行简单处理,大的孔洞应填平,打临时密闭需打好骨架和衬底。喷涂时,先打开供气阀,待气压升到规定值后,打开两药管阀门,然后启动喷涂机计量泵按钮将 A、B 两药分别送入喷枪,经过高压气流的强力搅拌,均匀混合后,由喷枪口喷射到物体的表

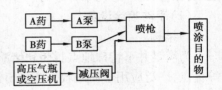

图 4.22 快速密闭工艺流程图

面,立即发生化学反应,几秒内硬化成型,连续喷涂可迅速形成泡沫塑料涂层。

3)注意事项

①喷涂时,持枪人不得将枪头对准其他人,以防发生意外。

②喷涂管路系统不得漏气或漏药,以免影响配比。

③A、B 药桶要严格区分,不能混装或倒错药剂。

④手动设备摇泵速度要与喷枪移动速度配合,否则喷涂层厚薄不均,影响密闭质量。

⑤喷涂药剂时,释放出的有害气体对眼睛、呼吸气管有刺激,要戴口罩和眼镜。

⑥不要将药液弄到有伤口的地方,以免引起发炎。不小心洒到伤口上时,要用水清洗。

4)用后处理

喷涂完毕后,把泵关掉,但不关空气,立即拆枪,把枪的零件浸泡在丙酮或香蕉水内进行清洗,然后拆掉料管,否则会引起残余物料在枪内发泡,会增加清洗麻烦。停机时间在 24 h 内,对料桶剩余原液应进行封闭,以免空气进入,变质结皮。停机时间过长,应将设备加以清洗,将余料用完后,加入 50% 二氯甲烷和邻苯二甲酸二辛酯(DOP)混合液,A,B 料桶各打循环 5 min,放掉清洗液,再加入纯清的 DOP 打循环 5 min,停机即可。

两只过滤网用溶剂洗净、吹干,调压阀应松开,以保持良好稳定性能。

(4)常见故障及排除方法

1)两组分混合后不发泡

可能原因:配比失调太大;气温太低。

处理方法：检查计量泵；两组料，空气加热，管路保温。

2）发泡过软

可能原因：A 药太多，PAP1 不足；气温太低；催化剂太少。

处理方法：检查设备，增加 PAP1 用量；药剂空气加温；适量增加催化剂。

3）泡沫发脆

可能原因：两组分流量配比不准；PAP1 过多。

处理方法：检查设备，达到配比要求；减少 PAP1 量。

4）泡沫脱落

可能原因：A、B 组分配比不准；衬底有灰尘或大量水。

处理方法：检查设备；清洗表面。

5）泡孔大

可能原因：没加发泡灵；水太多；PAP1 纯度低；压气量太小，物料混合不好。

处理方法：加入发泡灵；调整水用量；增加 PAP1 用量；增加压气量。

4.5　矿山救护通信设备

4.5.1　PXS-1 型声能电话机

PXS-1 型声能电话机是矿山救护队在抢险救灾过程中不可缺少的通信设备，也可作为巷道与工作面之间的日常移动便携式通信设备。如果将 4~5 个电话机并联使用，可起到电话网的作用。产品为防爆型，声能电话机为矿用本质安全型标志。

（1）结构特点

PXS-1 型声能手握式电话机由发话器、受话器、发电机组成；氧气呼吸器面罩内装有发话器、受话器。

手握式和全面罩式电话机相连使用，通话时便于多人收听，可配备扩大器、对讲扩大器。分两种安装形式：在抢险救灾时，可选用发话器、受话器全部装在面罩中，扩大器固定在腰间的安装形式（见图 4.23）；日常工作联络或指挥所用时，可选用手握式电话机（见图 4.24）。

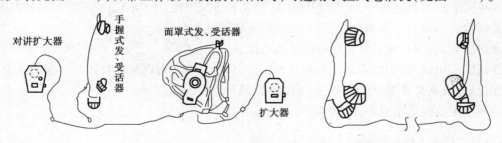

图 4.23　全面罩式电话机　　　　　　　图 4.24　手握式电话机

PXS-1 型声能电话机的扩大器、对讲扩大器的电源选用 6F22 型层叠 9 V 电池，能在有煤尘和瓦斯爆炸危险性的矿山井下安全使用。同时，该机体积小、质量轻，具有携带方便、使用可靠、坚固耐用、操作简单等特点，并具有防尘、防潮等功能，是矿山井下救护和日常工作中必不可少的通信设备。

（2）**主要技术参数**

①工作环境温度：−10～70 ℃。

②相对湿度：<98%。

③大气压力：80～110 kPa。

④有效通话距离：2～4 km。

⑤工作频率：300～3 400 Hz。

⑥声频发电机信号：0.6～1.5 Hz，电压1.5 V，电流20 mA。

⑦最大音频工作电压：接收状态和发送状态时分别为600 μV、100 μV；呼叫状态时分别为1.5 V、10.5 mA。

⑧分布电感：0.4 μH；分布电容：0.04 μF。

⑨扩大器及对讲扩大器的最高开路电压9 V；最大短路电流：600 mV；工作电压：9 V；工作电流：50 mA。

（3）**工作原理**

PXS-1型手握式声能电话由发话器、受话器组成。可配氧气呼吸器面罩、扩大器、对讲扩大器。通话时，发话器中与平衡电枢连接的金属膜片发出振动，产生输出电压，这个信号在接话端的受话器中由模拟转能器转换成音频发出，同时音频信号进入扩大器中放大，使周围人员也能听到声音。此外，还增加了呼叫系统（声频发电机），用手轻轻拨动时，可发出0.6～1.5 kHz的调制信号，电压1.5 V，电流0.5 mV 音频信号。

（4）**操作程序**

①将装有发话器、受话器面罩带在头上，将扩大器固定在腰间，面罩接在输电线一端，面罩另一个接插件接在扩大器上，便可通话和接收。打开扩大器，外界人员都能听到声音。

②如果使用手握式发受话器呼叫对方时，用手轻轻转动声频发电机即可。

③多个电话机可以并联在同一电路上使用。

（5）**注意事项**

①话机引出线必须连接牢固，两线间不得有短路现象。

②声频发电机出厂后已调整好，请勿随意拆卸。

③在更换扩大器电池时，只能使用6F22型9 V方块电池，不得随意使用其他型号的电池，以免影响话机寿命和本质安全性能，并接台数不应超过6台。

④使用时，尽量避免用重物碰打或随地乱抛。

⑤话机不用时，应按技术条件要求妥善保存，严禁存放在有腐蚀性气体或过湿地点。

⑥检修时，不得改变全产品电气元件规格、型号、电气参数。

⑦不得配接说明书规定以外的电气设备。

4.5.2　KTW2型矿用救灾无线电通信装置

KTW2型矿用救灾无线电通信装置由中煤科工集团公司常州研究院研制成功，采用有线与无线相结合的组网方式，是救护专用无线电通信装备。它主要用于矿山救护队，也可用于井口运输、机巷检修、监控设备调试时联络使用。

（1）系统构成及工作原理

矿用救灾无线电通信装置由地面指挥机、井下指挥机、中转机、便携机及相关电缆组成,如图4.25所示。

地面指挥机借助抢险救灾区域附近的电话线连接到指挥区的井下指挥机上,然后进入中转机。进行救灾指挥,可以按下指挥按钮,然后用送话机送话,语音与控制信号进入井下指挥机与中转机。控制信号启动中转机以 f_1 发射,所有便携机以 f_1 接收。便携机欲与指挥机通话,按下讲话按钮,便携机以 f_1 发射,中转机接收该信号解调出语音由电话线进入指挥机。该系统采用单频单工方式。

系统可以实现:本系统内的救护队员的便携机之间的相互通信;井下指挥机与救护队员的便携机相互通信;井上指挥机与救护队员便携机和井下指挥机相互通信。

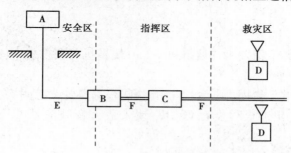

图 4.25　KTW2 型矿用救灾无线电通信装置系统构成

（2）系统设备的结构及关键技术

1）便携机

便携机由背心天线 A、收发讯机模块 B、键控语音提放模块 C、DC/DC 变换模块 D、电池 E 组成,如图4.26所示。

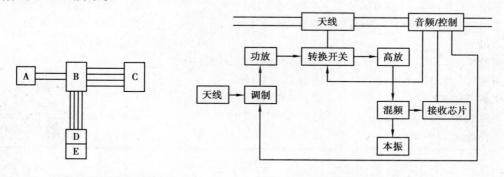

图 4.26　便携机系统设备结构　　　图 4.27　中转机的电路原理图

2）中转机

中转机的电路原理如图4.27所示。无线电信号进入高放、混频、接收芯片,至音频/控制线,送给地面指挥机,由井下指挥机实现下对上的通信。相反的,来自地面指挥机的控制信号与音频沿电话线进入中转机后,中转机由音频/控制分离,使控制信号作用于转换开关,使常收变为发送,将来自指挥机的音频送至发射机的调制机,实现上对下的通信。地面指挥机与井下指挥机电路基本相同,防爆形式外观不同。

3）关键技术处理

①便携机内设单片 CPU，该 CPU 接收 TALK 按键信号，同时又接收来自常接收导频信号。有导频，意味着有人在工作，其余处于常收状态。此时，如另一个用户按下 TALK，便携机不处于发射状态，解决了一人讲话，多人接收问题，以免两人同时按下 TALK，出现同频干扰。

②CPU 控制收发讯板与送收话放大模块相互闭锁。该设计采用四芯线，即音频输入/输出和控制线。CPU 根据 TALK 与导频信号来决定音频输入还是输出。

③收发频率可以根据用户要求而改变。因此，主控频率采用频率合成器，而调制采用了 PLL 技术，调制音频加到 PLL 低通滤波器，由压控输出给功放级，经中介回路至天线。选择 PLL 调制的理由是由于便携机工作的频率在中低频（$0.5 \sim 3.5$ MHz），没有合适的变容二极管。

（3）**主要技术参数**

1）系统技术指标

①通信服务区域：井下指挥机与便携机 1 km；便携机与便携机 50 m；井下指挥机与地面 10 km。

②允许安装数量：井上指挥机 1 台；井下指挥机根据需要设定；中转机 1 台；便携机 5 台。

③传输音频信号：允许全程衰耗 10 dB；馈入最大音频信号 1 Vrms；最小输入音频幅度 10 mVrms。

2）主要设备技术指标

主要设备技术指标见表 4.2。

表 4.2　主要设备技术指标

便携机	中转机	井下指挥机
发射机	发射机	最高允许馈出电压 13.5 V
频率　3.58 MHz ± 1.0 kHz	发射功率≥200 MW	输出音频幅度 1.0 Vrms
发射功率≥100 MW	调制灵敏度 70 mV	输出功率 500 mV/8 Ω
接收机		失真度≤10%
灵敏度≥10 dBμV	接收机	
音频输出≥500 mV/8 Ω	频率　3.58 MHz ± 1.0 kHz	
失真度≤10%	灵敏度≥15 dBμV	
电池 NiMH12.5 V/1.2 Ah	输出音频幅度 1.0 Vrms	电池 NiMH12.5 V/0.5 Ah
工作电流≤350 mA	电池 NiMH12.5 V/1.2 Ah	工作电流≤350 mA
	工作电流≤400 mA	

4.6　常用气体检测仪器

4.6.1　矿井瓦斯检测仪

矿井瓦斯检测仪种类很多，主要分为便携式和固定式两大类。按其工作原理，可分为光干涉式、热催化式、热导式、红外线式、气敏半导体式、声速差式及离子化式等。

　　光学瓦斯检测仪是煤矿井下用来测定瓦斯和二氧化碳气体浓度的便携式仪器。其特点是携带方便、操作简单、安全可靠,并且有足够的精度。但由于其采用光学系统,因此构造复杂,维修不便。仪器测定范围和精度有两种:0~10.0%,精度0.01%;0~100%,精度0.1%。

(1)光学瓦斯检测仪的构造

　　光学瓦斯检测仪有很多种类,其外形和内部构造基本相同。AQG-1型光学瓦斯检测仪的外观和内部构造如图4.28所示。

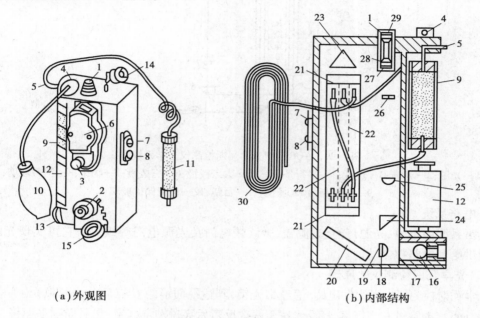

(a)外观图　　　　　　　　　　(b)内部结构

图4.28　AQG-1型光学瓦斯检测仪

1—目镜;2—主调螺旋;3—微调螺旋;4—吸气孔;5—进气孔;6—微读数观察窗;7—微读数电源按钮;
8—光源按钮;9—水分吸收管;10—吸气球;11—二氧化碳吸收管;12—电池;13—光源盖;14—目镜盖;
15—主调螺旋盖;16—灯泡;17—光栅;18—聚光镜;19—光屏;20—平行平面镜;21—平面玻璃;
22—气室;23—反射棱镜;24—折射棱镜;25—物镜;26—测微玻璃;27—分划板;28—场镜;
29—目镜保护盖;30—毛细管

　　AQG-1瓦斯检定仪由气路、光路和电路3个系统组成。

　　1)气路系统

　　气路系统由进气管、二氧化碳吸收管、水分吸收管、气室、吸收管、吸气橡皮球及毛细管等组成。其中,主要部件的作用是:

　　①二氧化碳吸收管。装有颗粒直径2~5 mm的钠石灰,当测定瓦斯浓度时,用于吸收混合气体中的二氧化碳。

　　②水分吸收管。水分吸收管内装有氯化钙或硅胶,吸收混合气体中的水分。

　　③气室。用于分别存储新鲜空气和含有瓦斯或瓦斯与二氧化碳的混合气体。A为空气室,B为瓦斯室。

　　④毛细管。毛细管的一端与大气相通,另一端与空气室相连。其作用是保持空气室内的空气的温度和绝对压力与被测地点相同。

2）光路系统

光路系统及其组成如图4.29所示。

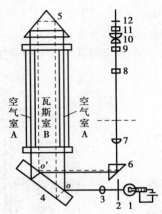

图4.29　AQG-1型光学瓦斯检测仪光学系统图

1—光源；2—光栅；3—透镜；4—平行平面镜；5—大三棱镜；6—三棱镜；7—物镜；8—测微玻璃；
9—分划板；10—场镜；11—目镜；12—目镜保护玻璃

3）电路系统

电路系统由电池、光源灯泡、光源盖、微读数电门及光源电门等组成。它可实现光路系统的电能供给和电路控制功能。

（2）**光学瓦斯检测仪的原理**

光学瓦斯检测仪由光源发出的光，经聚光镜，到达平面镜的 O 点后分为两束光。一束光在平面镜 O 点反射穿过右空气室，经反光棱镜两次反射后穿过左空气室，然后回到平面镜，折射入平面镜，经其底面反射到镜面，再折射，于 O' 点穿出平面镜。另一束光被折射入平面镜，在底面反射，镜面折射穿过瓦斯室 B，经反光棱镜，仍然通过瓦斯室 B 也回到平面镜的 O' 点，反射后与第一束光一同进入反射棱镜，再经90°反射进望远镜。这两束光由于光程不同，在望远镜的焦面上就产生了白色光特有的干涉条纹——光谱。通过望远镜就可清晰地看到有两条黑条纹和若干条彩色条纹组成的光谱。如果以空气室和瓦斯室均充入密度相同的新鲜空气时产生的干涉条纹为基准，当用含有瓦斯的空气置换瓦斯室的空气后，两气室内的气体成分和密度不同，折射率也不同，光谱发生位移。若保持气室的温度和压力相同，光谱的位移距离就与瓦斯的浓度成正比，从望远镜系统中的刻度尺上读出的光谱位移量，以此位移量来表示瓦斯的浓度。

当待测地点的气体压力和温度变化时，瓦斯室内的气体的压力和温度随之变化，气体折射率也要变化，会因此产生附加的干涉条纹位移。由于仪器空气室安设了毛细管，其作用是消除环境条件变化的干扰，使测得的瓦斯浓度值不受影响。

（3）**使用前的准备工作**

使用光学瓦斯检测仪前，应首先检查其是否完好。

1）检查药品性能

检查水分吸收管中氯化钙或硅胶和外接二氧化碳吸收管中钠石灰是否失效。药品变质或失效会降低吸收能力，影响测定准确性。如果药品失效，应更换新品。新品的颗粒直径应在3～5 mm，过大或过小都会影响其测定的结果。药品颗粒过大，不能充分吸收通过气体中的水分或二氧化碳,使测定结果偏大;颗粒过小导致粉末过多,易于堵塞气路,甚至将药品粉末吸入气室内。吸收管内的 3 块隔片就是为了气体和药品表面充分接触而设置的。

2)检查气路系统

首先,检查吸气橡皮球是否漏气,其方法是一手捏扁橡皮球,另一手捏住橡皮球的胶管,然后放松皮球,若不胀起,则表明不漏气。其次,检查仪器是否漏气,将吸气橡皮球胶管同检测仪吸气孔连接,堵住进气管,捏扁皮球,松手后球不胀起为好。最后,检查气路是否畅通,放开进气管,捏扁吸气球,以吸气橡皮球鼓起自如为好。

3)检查光路系统

按光源电门,由目镜观察,并旋转目镜筒,调整到分划板刻度清晰时,再看干涉条纹,如不清晰,取下光源盖,拧松光源灯泡后盖,转动灯泡后端小柄,并同时观察目镜内条纹,直至条纹清晰为止,拧紧光源灯泡后盖,装好仪器。若电池无电应及时更换新电池。

4)清洗气室

使用前,必须用新鲜空气冲洗瓦斯室,但清洗地点与被测地区的温差不应超过 10 ℃。因为不同温度的气体折射率是不同的,因此,对零地点和测量地点温度差太大,会引起测量误差;另外,这种仪器对温度的变化比较敏感,温度变化会引起零的条纹移动,清洗气室一般在井底车场进行。

5)对仪器进行校正

国产光学瓦斯检测器的校正办法是将光谱的第一条黑色条纹对在“0”上,如果第 5 条条纹正在“7%”的数值上,表明条纹宽窄适当,可以使用。否则应调整光学系统。

(4)测定瓦斯浓度

用光学瓦斯检测仪测定瓦斯浓度时,应按下述步骤进行操作:

1)对零

在与待测地点温度、气压相近的进风巷道中,捏放吸气橡皮球 7 次,清洗瓦斯室。温度和气压相近,是防止因温度和空气压力不同引起测定时出现零点漂移的现象。然后,按下微读数电门,观看微读数观测窗,旋转微调手轮,使微读数盘的零位刻度和指标线重合;再按下光源电门,观看目镜,旋下主调螺旋盖,转动主调手轮,在干涉条纹中选定一条黑基线与分划板的零位相重合,并记住这条黑基线,盖好主调螺旋盖,再复查对零的黑基线是否移动。

2)测定瓦斯浓度

在测定地点处将仪器进气管送到待测位置,如果测点过高或人不能进入的空间,可接长胶皮管,系在木(竹)棍上,送到待测位置。捏放橡皮吸气球 5~10 次,将待测气体吸入瓦斯室。按下光源电门,从目镜中观察黑基线的位置,黑基线处在两个整数之间时,转动微调手轮,使黑基线退到与小的整数重合,读出此整数,再从微读数盘上读出小数位,二者之和即为测定的瓦斯浓度。例如,从整数位读出整数值为 1,微读数读出 0.36,则测定的瓦斯浓度为 1.36%。同一地点最少测 3 次,取平均值。

(5)测定二氧化碳浓度

用该仪器测定二氧化碳浓度时,吸收剂不用钠石灰,只用硅胶或氯化钙吸收水蒸气。其实际浓度应为所读得的数据乘以 0.955。这是由于仪器出厂时的校正适合于瓦斯浓度的测定,因此,用于测定其他气体时,仪器所示读数并不是被测气体的实际浓度,必须进行换算,在空气中测定其他气体时,换算系数计算为

$$换算系数 = \frac{瓦斯折射率 - 空气折射率}{测定气体折射率 - 空气折射率}$$

不同气体的折射率数值见表4.3。

表4.3 不同气体的折射率数值表

气体种类	光源种类	折射率	仪器采用值
新鲜空气	白光	1.000 292 6	1.000 292
二氧化碳	白光	1.000 447 ~ 1.004 50	1.000 447
瓦斯	白光	1.000 443	1.000 447

测定二氧化碳时,换算系数为

$$\frac{1.000\ 440 - 1.000\ 292}{1.004\ 47 - 1.000\ 292} = 0.955$$

在有瓦斯的地方测定二氧化碳,或是在测定瓦斯的同时又测定二氧化碳,就必须测定瓦斯和二氧化碳的混合浓度,然后再用钠石灰吸收二氧化碳来测定瓦斯浓度,把两次测得的结果相减,所得的差数乘以0.955,即得二氧化碳的实际浓度。例如,测得瓦斯和二氧化碳的混合浓度为4%,甲烷浓度为3%,则二氧化碳浓度为

$$CO_2\ 浓度 = (4\% - 3\%) \times 0.955 = 0.955\%$$

(6)所测读数比实际浓度偏低的原因

①气室上所装盘形管和橡皮堵头以及与空气室连接的各个接头有破裂漏气情况,使空气室的空气不新鲜,折射率增大,而使瓦斯室与空气中的气体折射率的差降低,故读数也随着降低。

②瓦斯的进出口和吸气球漏气,接头不紧,使吸气能力降低,并在吸气时附近的气体渗入瓦斯室,冲淡了要测定的气体,结果读数偏低。

③在准备工作地点调整零位时,空气不新鲜,或空气室与瓦斯室之间相互串气。

空气中氧气浓度的变化对瓦斯测定的结果影响很大,当氧含量降低时,读数产生正值偏差,在严重缺氧的密闭火区中检测瓦斯时,往往测值偏高。河北冀中能源峰峰集团有限公司矿山救护队根据试验检测所得的规律,制成了一个查差值的标尺。标尺的使用方法是:先用氧气检定管测出待测气体的氧浓度,在氧浓度轴上查出该数字,其 Y 轴上的对应点即为差值。将仪器的读数减去差数,便是瓦斯的实际浓度。例如,用氧气检定管测得的氧浓度为15.4%,仪器读数为2.10%,在 O_2 轴15.4处对应 Y 轴的差值为0.85%。因此,瓦斯的实际浓度为2.1% - 0.85% = 1.25%。

(7)使用和保养

光学瓦斯检测仪的使用和保养应注意的问题如下:

①携带和使用检测仪时,应轻拿轻放,防止与其他物体碰撞,以免仪器受较大振动,损坏仪器内部的光学镜片和其他部件。

②当仪器干涉条纹观察不清时,往往是测定时空气湿度过大,水分吸收管不能将水分全部吸收,在光学玻璃上结成雾粒;或者有灰尘附在光学玻璃上。当光学系统确有问题时,调动光源灯泡也不能解决,就要拆开进行擦拭,或调整光学系统。

③如果空气中含有一氧化碳或硫化氢,将使瓦斯测定结果偏高。为消除这一影响,应再加一个辅助吸收管,管内装颗粒活性炭可消除硫化氢;装40%氧化铜和60%二氧化锰混合物可消除一氧化碳。

④在密闭区和火区等严重缺氧地点,气体成分变化大,光学瓦斯检测器测定的结果将比实际浓度大得多,这时最好采取气样,用气体分析的方法测定瓦斯浓度。

⑤高原地区空气密度小、气压低,使用时应对仪器进行相应的调整,或根据测定地点的温度和大气压力计算校正系数,进行测定结果的校正。

⑥应定期对仪器进行检查、校正,发现问题及时维修。仪器不用时,应放在干燥地点,取出电池,防止仪器腐蚀。

(8)防止零点漂移的方法

用光学瓦斯检测仪测定瓦斯时,发生零点漂移会使测定结果不准确。其主要原因和解决办法如下:

①仪器空气室内空气不新鲜。解决办法是用新鲜空气清洗空气室,不得连班使用同一台光学瓦斯检测器,否则毛细管里的空气不新鲜,起不到毛细管的作用。

②对零地点与测定地点温度和气压不同。解决办法是尽量在靠近测定地点、标高相差不大、温度相近的进风巷道内对零。

③瓦斯室气路不畅通。要经常检查气路,如发现堵塞及时修理。

(9)光学瓦斯检测仪的校正系数

当温度和气压变化较大时,应校正已测得的瓦斯或二氧化碳浓度值。

光学瓦斯检测器是在温度为20 ℃、1个标准大气压力条件下标定分划板刻度的。当被测地点空气温度和大气压力与标定刻度时的温度和大气压力相差较大时(温度超过20 ± 2 ℃,大气压超过101 325 ± 100 Pa),应该进行校正。校正的方法是将已测得的瓦斯或二氧化碳浓度乘以校正乘数 K。

校正系数 K 可计算为

$$K = 345.8T/p$$

式中　T——测定地点绝对温度,绝对温度 T 与摄氏温度 t 的关系为 $T = t + 273$,K;

　　　p——测定地点的大气压力,Pa。

例如,测定地点温度为27 ℃、大气压力为86 645 Pa,测得瓦斯浓度读数为2.0%,按照公式计算,$T = 273 + 27 = 300$ K,得 $K = 1.2$,校正后瓦斯浓度为2.4%。

4.6.2　多功能气体测定仪

(1)JCB-C68A 型多功能甲烷检测报警仪

JCB-C68A 型甲烷测报仪外观示意图如图4.30所示。

1)主要功能

①集甲烷检测、温度测量、时钟显示、性能检测于一体。其测量范围:甲烷为0% ~4%,温度为 - 10 ~45 ℃。

②甲烷检测采用内外二段无极补偿放大器,分段校准,提高了测量精度。

③温度测量采用数字温度传感器,不需标定,直接输出数字量,响应快、精度高。

④全自动智能识别、控制充放电,电池充满电后,自动切换到小电流充电,欠压自动关机,

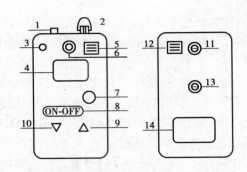

图 4.30　JCB-C68A 型甲烷测报仪外观示意图

1—温度传感器；2—提环（调校气孔）；3—声报警孔；4—显示窗；5—进气孔；6—光报警面；7—菜单键；
8—开关键；9—调校键；10—位移键；11—紧定螺钉；12—出气孔；13—闭锁螺钉；14—铭牌

无过充、过放电现象。

⑤可靠的数据保护系统，任何状态下不丢失数据，并能使单片机可靠自动复位。

2）调校

①电压校准

甲烷测报仪初次使用时，首先调准电压。

低压端校准。把机芯接入稳压电源（电压调至 3.1 ±0.02 V），显示窗显示 UX，XX 状态，同时按下调校键 9 和位移键 10，3 s 后，某位数字显示闪动，同时松开 10 和 9；然后分别点按 10 和 9，位移、调整至 3.1 V；再点按菜单键 7，低端电压调准完成。

高压端校准。将稳压电源电压调至 4.2 ±0.05 V，其他步骤同上。

②调零

在开机状态下，测报仪显示窗 4 显示 HX，XX 状态时，同时按下位移键 10 和调校键 9，3 s 后，显示 H0.00 闪动，再同时松开 10 和 9，20 s 后，点按菜单键 7，稳定显示 H0.00，调零结束。

③甲烷调校

必须先校准一段，再校准二段。

一段调校：调零后，测报仪显示窗 4 显示 H0.00，先按位移键 10，再按菜单键 7；3 s 后，显示 H0.00 闪动，同时松开键 10 和 7，然后通入标准气样（1% ～1.5% CH₄），15 s 后，待显示值稳定，点按位移键 10，某位数闪动，去掉气样；点按位移键 10 和调校键 9，位移、调整显示值至标气值，再点按菜单键 7，HX，XX 显示稳定，一段校准完成。

二段调校：一段调校完成后，测报仪显示 H0.00 状态下，先按下调校键 9，再按菜单键 7，3 s 后，显示 H0.XX 闪动，再同时松开键 7 和 9，通入标准气样（2.4% ～3.1% CH₄），其他步骤同上。

两段调校完成后，按开关键 8 关机，表示调校状态结束。再次点按开关键开机，测报仪即进入正常工作状态。

④时间校准

在开机状态下，点按菜单键 7，显示窗显示 XX.XX 状态下，同时按下位移键 10 和调校键 9，3 s 后，某位数字闪动，再同时松开 10 和 9；然后分别点按键 10 和 9，位移、调整至标准时间；再点按菜单键 7，显示 XX.XX 稳定后，时间调整完成。

3）充电

①检查充电机所有充电槽内应清洁无污，触头灵活可靠，接触良好。合上充电机电源开关，电源指示灯亮。

②待充电的测报仪直接插入槽内。

③充电 12 h 或电池电压充至标定值时，充电指示灯自动熄灭，表示大电流充电结束，自动进入小电流充电状态。充满电的测报仪可放入充电槽内待用。

④在充电的测报仪充电 2 h 自动调零后，即能开机工作；充满电的测报仪开机工作 2 h 后，才能再充电。

⑤测报仪工作 2 h 以上，均可随时充电，并能自动识别。充电时间 4～12 h，即使充电电源停电，也能自动减去停电时间，累计充电时间。

4）注意事项

①温度测量不需标校。

②开关机时，必须在 2 s 内连续点按两下开关键 8。

③点按菜单键 7，自动依次显示 CXX. X→XX. XX→UX. XX→HX. XX，最后稳定在 HX. XX 状态；也可手动依次点按键 7，显示不同检测状态。

④光报警时限 2 min，自动停止，仅显示数值。

⑤充电 2 h，充电指示灯熄 2 min，表示进入自动调整状态。2 min 后，充电指示灯亮，表示重新进入脉冲充电状态。

⑥检测甲烷浓度超过 1% 时，自动声光报警，同时显示 3 s 的实时时刻。

⑦调校前松开后盖的闭锁螺钉 13，调试完毕后，再紧定闭锁螺钉。

⑧符号表示意义：

HX. XX/表示甲烷状态；

CXX. X/表示温度状态；

XX. XX/表示时钟状态；

UX. XX/表示电压状态；

－ － －/表示欠压状态；

ON/OFF/表示开关状态。

（2）MFD-1 型煤矿气体测定仪

1）用途

该仪器用于煤矿井下，由救灾人员携带进入灾区，监视作业环境周围气体组分，检测周围环境或密闭内空气中甲烷、氧气、一氧化碳、环境温度，在仪器显示数码管上直接显示出 O_2、CH_4、CO 的浓度及温度值。甲烷和一氧化碳达到报警值时仪器同时发出声、光警报。

2）可测气体组分及量程

O_2：0%～21%。

CH_4：0%～5%。

CO：$0～500×10^{-6}$。

温度：0～75 ℃。

3）结构

测定仪由可充电电池组、检测元件、键盘、单片机及数码管显示屏 5 部分组成。仪器面板共有 6 个按键,如图 4.31 所示。

①电源键:电源开关。

②复位键:整机复位。

③测量键:双重键作用。用于选取各参数测量;标定时用于修正第一位标样值。

④校零键:双重键作用。用于当前环境的气体校 CH_4、CO 零点,O_2 的满刻度值;标定时用于修正第二位标样值。

⑤标定键:双重键作用。用于校正 CH_4、CO 各标样值;标定时用于修正第三位标样值。

⑥确定键:功能确认键。

4)操作方法

①按"电源"键,显示"P",需预热 15 min,才可以进行检测。

②按"测量"键,显示"一",若按"确认"键,轮流显示气体 O_2、CH_4、CO、温度各测量值。

③显示"一",若按"测量"键,显示"O_2",按"确认"键,则进行单一的"O_2"测量。

④显示"O_2"时,按"测量"键,显示"CH_4",按"确认"键,则进行单一的"CH_4"测量。

⑤显示"CH_4"时,按"测量"键,显示"CO",按"确认"键,进行单一的"CO"测量。

⑥显示"CO"时,按"测量"键,显示"T",按"确认"键,进行单一的"T"测量。

⑦结束检测时关断仪器电源。

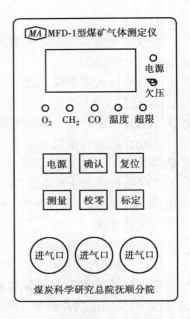

图 4.31　MFD-1 型煤矿气体
测定仪面板图

5)校准仪器

仪器校零,目的是消除仪器漂移所带来的误差,主要消除甲烷、一氧化碳零点时的误差和氧气满刻度时的误差。仪器校零一定要在井上进行,并在仪器开启后 30 min 进行。步骤为:在复位状态下按"校零"键,显示"000",按确认键显示"C00",进行校零操作。否则按其他键,返回复位状态。

6)仪器标定

仪器标定,目的是对仪器常数进行修正。标定 CH_4、CO 时甲烷标准气为 1%,一氧化碳标准气为 100×10^{-6},较为合适。标定氧气时,用纯净的氮气作标准样。标定步骤如下:

①标定甲烷

a.在复位状态下,按"标定"键,显示"HHH",若按"确认"键,则显示"bH_4"。

b.将甲烷标样对准左边通气口,慢慢地将标样挤入。

c.随之按"确认"键,显示"b-"约 30 s 后显示甲烷标样值,若新进入的标样值与显示值一样,显示"P"复位状态。

②标定一氧化碳

a.在复位状态下,按"标定"键,显示"HHH",若按"确认"键,则显示"bH_4",继续按"标定"键,则显示"bCO"。

b.将一氧化碳标样对准右边通气口,慢慢地将标样挤入。

c. 随之按"确认"键,显示"b-"约30 s后显示一氧化碳标样值,若新进入的标样值与显示值一样,按"确认"键,已完成一氧化碳的标定,显示"P"复位状态。

③标定氧气

a. 在复位状态下,按"标定"键,显示"HHH",若按"确认"键,则显示"bH$_4$",继续按"标定"键,则显示"bCO",继续按"标定"键,则显示"bO$_2$"。

b. 将氧气标样对准中间通气口,慢慢地将标样挤入。

c. 随之按"确认"键,显示"一"约30 s后显示氧气标样值,若新进入的标样值与显示值一样,按"确认"键,已完成氧气的标定,显示"P"复位状态。

7)充电

关闭测定仪电源,将充电器插入测定仪充电孔上,打开充电器电源开关,自动进行充电,整个充电过程需12 h,充电完毕,应及时关闭充电器电源,避免长时间过充电影响电池寿命。

8)使用注意事项

①仪器长期不用可造成传感器永久失效,因此,每月至少通电1 d,以免损坏传感器。

②充电必须在井上安全场所进行。

③在井下不得打开仪器。

④检修时不得改变电路中元器件的规格型号及电气参数。

⑤在使用中避免直接淋水。

⑥不得使用酒精、汽油等溶剂擦洗仪器。

⑦下井时最好带一球胆新鲜空气,以便在井下临时标定使用。

9)故障及维修

①数码管显示屏变暗或无字。

可能原因:电源供电不足。

处理方法:重新将仪器充电。

②CH$_4$显示值与标准气误差太大。

可能原因:元件失效;校CH$_4$(零点或标样)没有标定好。

处理方法:更换元件;重新校正。

③O$_2$分析值在大气中显示低于20%。

可能原因:O$_2$传感器灵敏度下降。

处理方法:重新校O$_2$的零点及灵敏度。

④O$_2$分析值的显示总是为零或某一固定数。

可能原因:O$_2$传感器失效。

处理方法:更换O$_2$传感器,重新标定。

⑤在无CH$_4$的地方显示出一定的浓度。

可能原因:CH$_4$零点漂移。

处理方法:在井上重新校正CH$_4$零点;或在井下用从井上带来的充满新鲜空气的球胆重新校正CH$_4$零点。

(3)AY-1B型氧气检测仪

井下检测氧气的便携式仪器种类很多,主要有AY-1B型、JJY-1型(可测O$_2$、CH$_4$两种气体)等。其中,AY-1B型是普遍使用的氧气检测仪,用来检测采掘工作面、采空区、瓦斯抽放管路及瓦斯、煤尘爆炸或火灾等事故灾区中的氧气浓度。仪器为本质安全型,具有功率小、结构简单、测量线形好等特点。

　　AY-1B 型氧气检测仪采用的是电化学"隔膜式伽伐尼电池"原理。氧气传感件(隔膜式伽伐尼电池)分别由铂、铅两种不同金属作阴极和阳极,碱性溶液作电解液,通过聚四氯乙烯薄膜将其封闭构成。当氧气透过隔膜在电极上发生电化学反应时,在两个电极间将形成同氧气浓度成比例的电流值,通过测定电极间的电流值即可实现对氧气浓度的测定。如图 4.32 所示为 AY-1B 型氧气检测仪的外部结构图。

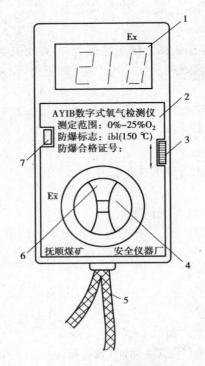

图 4.32　AY-1B 型氧气检测仪

1—氧气浓度显示器;2—仪器铭牌;3—示值调准电位器旋钮;
4—氧气扩散孔;5—提手;6—密封盖;7—开关

4.6.3　检定管快速测定器

　　矿山井下空气中 CO、NO_2、H_2S、SO_2、NH_3 和 H_2 等有害气体的浓度测定,普遍采用比长式检测管法。它是根据待测气体同检测管中的指示粉发生化学反应后指示粉的变色长度来确定待测气体浓度的。下面以比长式 CO 检测管为例说明检测原理及检测方法。

　　如图 4.33 所示,比长式 CO 检测管是一支直径为 4～6 mm、长 150 mm 的玻璃管,以活性硅胶为载体,吸附化学试剂碘酸钾和发烟硫酸充填于管中,当 CO 气体通过时,与指示粉起反应,在玻璃管壁上形成一个棕色环,棕色环随着气体通过向前移动,移动的长度与气样中所含 CO 浓度成正比。因此,可根据玻璃管上的刻度直接读出 CO 的浓度值。

　　其他有害气体的比长式检测管结构及工作原理与 CO 基本相同,只是检测管内装的指示粉各不相同,颜色变化各有差异。表 4.4 列举了我国矿山用比长式气体检测管的主要性能。

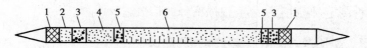

图 4.33　比长式 CO 检测管结构示意图

1—堵塞物;2—活性炭;3—硅胶;4—消除剂;5—玻璃粉;6—指示粉

表 4.4　我国矿山用比长式气体检测管的主要性能

检测名称	型号	测量范围(体积比)	最小分辨率	最小检测浓度	颜色变化
CO	I	$(5 \sim 50) \times 10^{-6}$	5×10^{-6}	5×10^{-6}	白→棕褐色
	II	$(10 \sim 500) \times 10^{-6}$	20×10^{-6}	10×10^{-6}	
	III	$(100 \sim 5\,000) \times 10^{-6}$	200×10^{-6}	100×10^{-6}	
CO_2	I	$0.2\% \sim 0.3\%$	0.2%	0.1%	蓝色→白色
	II	$1\% \sim 15\%$	1%	0.5%	
H_2S	1	$(3 \sim 100) \times 10^{-6}$	5×10^{-6}	3×10^{-6}	白→棕色
SO_2	1	$(2.5 \sim 100) \times 10^{-6}$	5×10^{-6}	2.5×10^{-6}	紫色→土黄色
NO_2	1	$(1 \sim 50) \times 10^{-6}$	2.5×10^{-6}	1×10^{-6}	白→黄绿色
NH_4	1	$(20 \sim 200) \times 10^{-6}$	20×10^{-6}	20×10^{-6}	橘黄蓝色
O_2		$1\% \sim 21\%$	1%	0.5%	白→茶色
H_2	1	$0.5\% \sim 3.0\%$	0.5%	0.3%	白→淡红

与比长式检测管配套使用的还有圆筒形压入式手动采样器。其主要结构如图 4.34 所示。

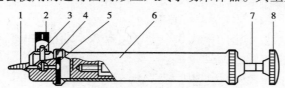

图 4.34　圆筒形压入式手动采样器结构示意图

1—气嘴;2—接头胶管;3—阀门把手;4—变换阀;5—垫圈;6—活塞筒;7—拉杆;8—手柄

采样器由变换阀和活塞筒等部分组成。活塞筒 6 用来抽取气样,变换阀 4 可以改变气样的流动方向或切断气流。当阀门把手 3 处于垂直位置时,活塞筒与接头胶管 2 相通;当阀门把手处于水平位置时,活塞筒与气嘴 1 相通;当阀门把手处于 45°位置时,变换阀将活塞筒与外界气体隔断。在活塞拉杆 7 上刻有标尺,可以表示出手柄拉动到某一位置时吸入活塞筒的气样体积(mL)。

使用时先将阀门把手转到水平位置,在待测地点拉动活塞拉杆往复送气 2 ~ 3 次,使待测气体充满活塞筒,再将把手扳至 45°位置;将检测管两端用小砂轮片打开,按检测管上的箭头指向插入胶管接头;将把手扳至垂直位置,按检测管上规定的送气时间(一般为 100 s)将气样均匀地送入检测管,然后拔出检测管读数。

如果被测环境空气中有害气体的浓度很低,用低浓度检测管也不易测出,可以采用增加送气次数的方法进行测定。测得的浓度值除以送气次数,即为被测对象的实际浓度。

若被测环境气体浓度大于检测管的上限,在优先考虑测定人员的防毒措施后,可先将待测气体稀释后再进行测定,但测定结果要根据稀释的倍数进行换算。

4.6.4 BMK-1 型便携式矿用气体可爆性测定仪

(1)用途

BMK-1 型便携式矿用气体可爆性测定仪是矿山井下使用的隔爆兼本安型携带式仪器。矿山救护队员携带该仪器进入灾区,可监测作业环境中是否存在爆炸危险。在仪器显示屏上直接显示"爆炸三角形",达到或接近报警界限时,能发出声、光信号。

(2)仪器结构

测爆仪由可充电池组、气泵、检测元件、键盘、单片机及液晶显示屏 6 部分组成。其外观如图 4.35 所示。

图 4.35　BMK-1 型便携式矿用气体可爆性测定仪

仪器面板共有以下 5 个按键:

①复位键:整机复位,初始化。

②采样键:采样检测。

③显示键:显示检查结果及爆炸三角形。

④清洗键:用当前环境的气体清洗传感器。

⑤上挡键:复用控制键,本键与上面 3 个键联用有 3 个功能,即按住上挡键不松分别按下面各键,各自具有的功能如下:

采样键:用 CH_4 标准气样校准仪器。

显示键:校准 O_2 或 CH_4 的零点。

清洗键:进入自动循环检测操作。

(3)工作原理

检测时,由气泵抽取气样通过 O_2 及测 CH_4 元件产生电信号,进行放大后由模拟开关对检测信号选通,模拟信号经 A/D 转换,将模拟信号转换成数字信号送到单片机,所接收的数据由软件运算程序进行数据处理,清除非线性因素进行温度补偿,以校正值在液晶显示屏上显示出 O_2、CH_4 及 CO_2 浓度,由键盘控制操作可显示爆炸三角形及坐标点位置,达到或接近爆炸界限时发出声、光报警信号。

(4)技术特性

①可测气体量程:

O_2:3% ~21%。

CH_4:0.5% ~50%。

CO_2:0 ~10%(计算值)。

②响应时间:≤45 s。

③电源:8 节可充电镍氢电池,2 节 24 V 为气泵电源,6 节 7.2 V 为其他部分供电,一次充电可连续工作 8 h。

④使用环境:

温度: −5 ~ 40 ℃。

湿度:<98%。

压力:85 ~ 110 kPa。

⑤气泵抽气量:≥100 mL/min。

⑥氧气传感器寿命:大于 28 个月。

⑦液晶显示屏:显示尺寸为 46 mm × 63 mm。

⑧爆炸三角形:CH_4:0 ~ 50%,O_2:0 ~ 20.9%。

⑨质量:2.2 kg。

⑩外形尺寸:56 mm × 191 mm × 161 mm。

(5)**操作方法**

①接通测爆仪整机电源,预热 15 min 后便可使用。

②按复位键,使仪器初始化,液晶显示屏上显示"准备"二字。

③按清洗键,气泵开始工作,用被测的气样清洗并替代传感器中原来的气样,30 s 后自动停泵。

④按采样键,气泵开始工作,液晶显示屏上显示"正在采样",经过 30 s 采样后,气泵由单片机控制自动停止,再过 15 s 液晶显示屏上显示出分析结果并判定爆炸性,如果有爆炸性或接近爆炸区则在显示屏下部位显示"爆炸"二字,并发出声光报警信号。显示结果 30 s 后自动返回初始状态,显示屏上显示"准备"二字。

⑤需要显示爆炸三角形时,按显示键,液晶显示屏上先显示检测结果及爆炸性,30 s 后自动显示爆炸三角形、爆炸性和坐标点,再过 30 s 后自动返回初始状态,液态显示屏上显示"准备"二字。

⑥重复第三步,进行下一次检测。

⑦需要进入自动进行循环检测操作时,按住上挡键再按清洗键直至显示出"正在采样"为止,自动循环按下面的顺序进行操作:采样,计算浓度、判爆→显示结果→显示三角形。

退出自动进行循环检测操作有以下两种方法:

a.在显示三角形时按住"清洗键",直至显示出"准备"字样时,及时松手。

b.在显示结果或显示三角形时,按"复位键"即可退出。

⑧检测结束时,关闭仪器电源。

(6)**充电**

关闭电源后,将测爆仪放在充电器上,打开充电器电源开关,"充电"指示灯亮,自动进行充电,充足电后,"充满"指示灯亮。整个过程需 12 ~ 14 h。充电结束后,应及时关闭充电器电源,取下测爆仪,避免长时间过充,影响电池寿命。

(7)**注意事项**

①仪器长期不用时,会造成氧传感器永久失效,因此,每月至少通电 1 d,以免损坏氧传感器。

②充电必须在井上安全场所进行。

③在井下不得打开仪器。

④检修时,不得改变电路中元器件的规格型号及电路参数。

⑤使用时避免直接淋水。

(8)故障及维修

①液晶显示屏变暗或无字。

可能原因:可能电源供电不足。

处理方法:重新充电。

②CH_4 显示值与标准气误差太大。

可能原因:仪器内部漏气或元件失效;校 CH_4(零点或标样)没能在标准温度下进行,不能自动进行温度补偿。

处理方法:更换元件;重新校正。

③O_2 检测值在大气中显示低于 20% 。

可能原因:O_2 传感器灵敏度下降。

处理方法:重新校 O_2 的零点及灵敏度。

④O_2 检测值总是零或某一固定数。

可能原因:传感器失效。

处理方法:更换 O_2 传感器,重新标定。

4.6.5 气相色谱仪

气相色谱仪的型号很多,功能技术指标相差很大,但构成仪器的基本部分是相同的,如图 4.36 所示为气相色谱仪基本流程示意图。它主要由主机、电器部分和数据处理 3 大部分组成,如储气瓶、压力指示和流量控制、色谱柱、检测器、电器设备(电信号放大器、恒温控制器)、数据处理与记录等组成。检测原理是混合气体在载气(流动相)带动下,经色谱柱完成混合气体的分离,然后送给检测器;而检测器将分离的每种待测气体转化为电信号,由记录仪记录出色谱峰或计算机采样进行数据处理。根据色谱峰位置和峰面积(峰高)或计算机采集信息先后顺序和大小进行定性和定量分析。

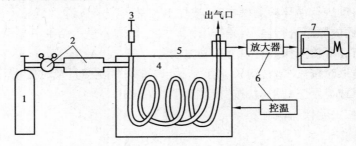

图 4.36 气相色谱仪基本流程示意图

1—气瓶;2—压力与流程控制;3—样品输入;4—色谱柱;5—检测器;

6—电子部件(放大器、温度控制器);7—记录仪

色谱柱和检测器是色谱仪关键部件。根据分析不同的混合气体,选用不同的色谱柱。如分析 CO、CO_2、CH_4 混合气体,选用直径为 3~5 mm、长度为 0.5~0.7 m 的螺旋不锈钢管柱,柱内装 TDX-01 或 TDX-02 的吸附剂。目前,应用较多的检测器主要有:一是热导检测器,它用于常量分析,如分析大气中氧气和氮气等;二是氢火焰检测器,它主要用于对可燃气体进行微量

分析,如分析井下的一氧化碳气体、碳氢类气体等。而一氧化碳和二氧化碳气体必须通过镍触媒作催化剂,在 350 ~ 380 ℃ 温度条件下转化为甲烷,才能用氢火焰检测器检测;三是电子捕获检测器,它主要是用于分析电负性物质,如氧气和含卤族化合物。

气相色谱仪是一种通用型多组分混合物的分离、分析仪器,它是以气体为流动相,采用冲洗法的柱色谱技术。当多组分的分析物质进入色谱柱时,由于各组分在色谱柱中的气相和固定液液相间的分配系数不同,因此各组分在色谱柱的运行速度也就不同,经过一定的柱长后,顺序离开色谱柱进入检测器,经检测后转换为电信号送至数据处理工作站,从而完成了对被测物质的定性定量分析。

色谱分析操作条件对仪器的工作性能影响较大,操作也较复杂,技术要求较高。因此,色谱仪多用在实验室。它的特点是分析精度高、定性准确、分析速度快、一次进样可以同时完成数种气体的分析,也是目前矿山气体分析的理想设备。

4.7　矿山应急救援新装备

4.7.1　DKL 生命探测仪

(1)特点和用途

DKL 生命探测器具有体积轻、手持式设计、携带方便、操作维护简单、故障率极低等特点,是目前世界上最先进的搜救仪器。它广泛用于军事、海事、消防、应急救援等领域。救援人员在进入搜救现场时,可利用生命探测器确认其内部是否有人存活,降低搜救人员搜救时的危险程度,可以探测出任何遮挡物背后的生存者,并只探测存活的人类而不受其他动物的干扰。它能穿越钢板、水泥、复合材料、树丛等各种障碍物,使侦测距离在开放空间可达 500 m,水面上达 1 km 以上。

(2)工作原理

DKL 生命探测仪是美国 DKL 公司结合世界上最先进的生化、介电质、超低频传导及 DNA 技术研发而成。其外观如图 4.37 所示。它通过感应人体所发出超低频电波产生的电场来找到活人的位置。生命探测仪的天线是世界上最先进的探地雷达天线,能够非常敏锐地捕捉到非常微弱的运动。人心脏的每次跳动都会产生一个微弱的电场信号,这些信号构成了在人体周围 360°扩展的超低频非均匀电场。人体每一个部分都对该电场产生影响,但心脏周围的电场行为是主要的电场产生地。生命探测仪配备特殊电波过滤器,可将其他异于人类的动物,如狗、猫、牛、马、猪等不同于人类的频率加以过滤去除,使生命探测器只会感应到人类所发出的频率产生的电场。

图 4.37　DKL 生命探测仪外观图

(3)工作范围

1)有效距离

生命探测仪配备两种不同侦测杆,长距离侦测杆侦测距离可达 500 m,短距离侦测杆侦测距离为 20 m。DKL 在碰到钢筋混凝墙、钢板、岩石等障碍物时,侦测距离会减少,激光可增加 10% 侦测距离。

2)垂直角度

①没有障碍物时:上下各 60°,总计 120°。

②有障碍物时:上下各 40°~50°,总计 80°~100°。

③水平侦测角度:左右各 2°,总计 4°。

3)电源

9 V 可充电式电池,充电时间 14~16 h。

4)操作时间

正常情况下 12 h,若连续使用激光点辅助操作为 2 h。

(4)主要组成部件

主要组成部件有伸缩天线、天线底部、激光开关、天线总成、本体、保留开关、选择按钮、计算机开关、计算机指示灯、充电连接、激光及扳机按钮。

(5)保养注意事项

①保持清洁,不得随意变动任何部分。

②按规定对电池充电,超时充电会影响电池寿命。

③不使用时将天线收回。

(6)主要技术参数

①几何尺寸:330 mm×190 mm×89 mm。

②质量:0.91 kg。

③电源:9 V 直流充电电池,充电时间 14~16 h。

(7)使用前准备及扫描侦测

①取出生命探测仪,将选择按钮设定到"1"的位置,打开激光开关。

②调整天线,展开天线第一部分,手臂沿身体垂下仪器指向地面做清除动作。

③将仪器向上举起置胸前中间位置并指向前方。

④天线总成保持活动并向下倾斜 1°~2°,伸展小臂到舒适位置,手肘略弯曲。

⑤在身体前方平滑移动一直线,让天线总成保持同一方向,移动探测仪不得产生弧形或摇摆,防止发生错误侦测。

⑥自右向左平稳移动探测仪,直到左肩前方,再移动到右肩前方,最后移动到原始起点。

⑦如果探测仪发现目标,天线最前端就会指向这个位置。

⑧如果没有探测到目标,可重复探测 3 次,每次必须恢复探测仪至清除动作再试。

⑨移动探测仪应保持适当速度,速度太慢无法产生足够动能造成极化作用,速度太快探测杆摆动导致侦测失败。

⑩当探测目标内有多人存在时,探测仪可以指向这个方向,但不能侦测到具体人数。

4.7.2 矿井抢险探测机器人

灾难应急搜索和救援机器人简称搜救机器人,当自然灾害、事故等突发事件发生时,是代替搜救人员进入现场执行搜救探测任务的移动机器人。该类机器人可以远程操控或采用自主的方式深入复杂、危险、不确定的灾害现场,探测未知环境信息,搜索和营救被困者。搜救机器人是机器人技术朝实用化发展的一个重要分支和新的研究领域,具有重要的社会价值。其主要任务是灾害现场的清理、事故现场侦查、事故通信等。

我国首次自主研发、拥有多项专利、具有世界领先水平的矿井搜救机器人于 2010 年 10 月在北京通过国家鉴定,如图 4.38 所示。该项目由河北唐山开诚电控设备集团联合哈尔滨工业大学、河北开滦集团矿山救护大队、江苏徐州矿务集团救护大队合作完成。

图 4.38　矿用搜救机器人

矿井搜救机器人具有防爆、越障、涉水、自定位、采集识别和传输各种数据的功能;能进入事故现场采集影像、数据信息,为及时抢险救人提供决策依据;同时具有为井下遇险矿工投放小包食品、药物和通信装置等辅助功能,能有效地减少遇险矿工的伤亡人数。

矿井搜救机器人利用传感器通过探测井下遇险矿工的呻吟声、体温的变化及心脏跳动的频率的信息能找到他们的位置。同时,机器人的视频探测器具有信息直观、能实现计算机辅助控制等特点,可将现场环境的图像返回到救灾中心,为进一步控制机器人的运动方向,制订下一步救灾的方案提供决策依据。矿井搜救机器人还能进入井下区域,监测事故现场温度、瓦斯以及有害气体浓度等参数的变化,防止事故的二次发生。

4.7.3　YRH250 红外热像仪

（1）适用范围

①检查矿山井下隐性火区分布、火源的位置。

②检查顶板冒落和采区透水。

③排查采掘工作面盲炮。

④检查采煤机组、液压支架、水泵、局扇、防爆电机及动力设备的温升情况。

⑤排查中央及采区变电所、变压器的接头、开关等事故隐患。

⑥矿难救援。利用红外线烟雾穿透性能强的特点,即使在浓密的烟雾中也能提供清晰的视野,能协助救援人员在浓烟、黑暗等环境下进行救援工作,迅速发现生还者。同时,能有效地提高救援人员在救援行动中的自身安全性,是矿难救援的有力工具。

⑦分析矿难的起因和过程。

⑧检测地面矸石山发火,变电所的接头、线排、开关及变压器的温升。

（2）主要特点

YRH250 矿用本质安全型红外热成像仪是集红外光电子技术、红外物理学、图像处理技术、微型计算机技术及矿山防爆技术为一体的高性能矿用安全检测仪器。如图 4.39 所示。具有结构简单、操作方便、快速检测、准确测温、双屏显示、高低温捕捉、自动关机、激光定位、USB下载功能、智能化的电源系统等特点。

图4.39　矿用红外热成像仪

（3）**主要技术参数**

①图像显示：液晶显示屏。

②测温范围：0~250 ℃；精度：±2 ℃或者温度读数的±2%。

③图像存储：内置存储器（128 MB）（1 000 幅图像）。

④供电系统：本安型锂离子可充电电池，连续工作约2.5 h，智能充电器。

⑤工作环境温度：-20~50 ℃。

⑥工作环境湿度：≤95%（非冷凝）。

⑦储存环境温度：-40~70 ℃。

（4）**主要按键及作用**

①"A"键（自动调节键）：在非菜单模式下，对准某一目标物体，按下此键，热像仪会根据该目标物体的温度范围自动调节图像中值和色温范围，可反复多次，使图像达到最佳的观察状态。

②"C"键（取消键）：在菜单模式下，按下"C"键可返回上一级子菜单，直接返回到非菜单模式。在分析模式下，按下"C"键取消当前选中的分析，并返回到"NULL"模式。

③"S"键（冻结/激活键）：冻结或激活图像，在读取图像的模式下，按下此键可返回热像仪的实测状态。按住此键2~3 s可保存当前图像。

④"菜单/确定"键：主要是弹出菜单系统、菜单模式下进入子菜单和确定所选功能。在开机后正常工作模式下，按下此键热像仪处于菜单模式；在菜单模式下，通过按上、下方向键，以及"菜单/确定"键可选择主菜单上不同的选项。此时，通过按上、下键可选择扩展菜单中的选项，按下"菜单/确定"键确定进入此选项。

（5）**操作方法**

1）观测和调整红外图像

①打开仪器。按住开关键3 s，电源指示灯亮起，仪器开始启动，等待仪器初始化和数据加载的完成。仪器在开启状态下，按住开关键约3 s，仪器自动关闭。

②取下镜头盖，将镜头对准要观测的物体。

③旋转镜头将焦距调至满意位置。

④按"A"键自动调整红外热像图。

2）进行测温分析

①仪器开启中，按下"菜单/确定"键，弹出操作菜单。

②使用上、下方向键进入"分析"，并按下"菜单/确定"键。

③使用上、下方向键选中"点一"。

④再次按下"菜单/确定"键。

⑤移动热像仪,或使用方向键移动光标的位置,使其对准想要测温的物体位置。

⑥屏幕右上角的读数即为被测物体的温度。

3)存储红外图像

①仪器开启中,按下"菜单/确定"键,弹出操作菜单。

②使用上、下方向键进入"文件"。

③选择"保存",按下"菜单/确定"键,或者按住"S"冻结键2~3 s,仪器显示屏上出现存储提示框,该图像将被存储在内置的存储器里。

4)回放红外热像图

①仪器开启中,按下"菜单/确定"键,弹出操作菜单。

②使用上、下方向键进入"文件"。

③使用上、下方向键选中"打开",按"菜单/确定"键进入"图像打开"模式,使用上、下方向键选择一幅红外图,按"菜单/确定"键打开该幅图像。

④在弹出式文件菜单中,如未发现想打开的图像,请使用上、下方向键直到出现目录选择单,选择正确的目录,然后按下"菜单/确定"键,再选择想打开的图像号,再次按下"菜单/确定"键,即可打开该幅图像。

(6)使用注意事项

①严禁将仪器对着人眼打开激光,以免造成眼部烧伤。

②操作过程中仪器内部发出声响属正常现象。

③爱护仪器,轻拿轻放,严禁磕碰,严防潮湿。

④严禁将仪器对准太阳或长时间对准强烈热辐射源,防止对主机探测器件造成损坏。

⑤仪器应由专人保管,并由专业人员定期进行维护保养。

4.7.4　剪切扩展两用钳

(1)用途

在液压泵高压油作用下,集剪切、扩张、拉动等功能为一体,主要用于营救被困人员。

(2)主要部件及作用

矿用液压剪切扩展两用钳如图4.40所示。

1)液压泵

液压泵是一种动力装置,通过软管与剪切装置连接,向剪切装置输送液压油(动力源)。

2)软管

通过快速接头与液压泵和剪切装置连接,输送液压油到剪切钳。

3)操作手柄

操作手柄是用来确定刀口运动方向的。当其处于中间位置时,没有压力;向右旋转打开钳子;向左旋转关闭钳子;松开操作手柄,它会自动回到中间位置,刀口停止运动。

图4.40　矿用液压剪
切扩展两用钳

（3）**使用前检查**

①检查设备是否完好无损,如有损坏应停止使用。

②检查操作手柄是否在中间位置。

③检查快速接头是否干净,有无损坏。

④检查接头连接是否正确,用手的力量是否能拉开。

⑤不能使用已损坏的接头。

⑥卸压阀或转换开关处于操作位置时,不得将快速接头连接到泵上。

⑦在工作中应检查有无漏油现象。

（4）**使用方法**

1）开始工作

将设备各部连接好后,一人操作液压泵,另一人用左手握住剪切钳子提环,右手握住操作手柄,并向需要的方向转动,即可移动或剪断物体。

2）停止工作

关闭刀口并使其稍微张开,断开软管并盖好防尘盖。

（5）**注意事项**

①设备在使用或处于高压状态下,不得连接和断开液压接头。

②无关人员应离开操作现场。

③剪切时尽量将物体置于刀口根部。

④系统漏油必须立即停止工作。因为在有压力情况下,漏出的油会渗透皮肤,致使血液中毒,甚至死亡。

（6）**维护保养**

每次使用后应检查设备有无损坏,及时清洗各部件,发现损坏及时更换。定期对设备进行检查维护,并将设备存放于干燥通风良好的地方。

（7）**主要技术参数**

最大工作压力 72 MPa;最大扩张力 20.4 t;最大剪切力 38.7 t;最大挤压力 7.6 t;最大剪切刀口 360 mm;最大拉伸距离 410 mm。

4.7.5　液压支撑杆

（1）**用途**

液压支撑杆是一种强力支护或撑开物体,保证救援人员安全,营救受困人员的救援装备。

（2）**工作原理**

液压支撑杆由液压泵提供高压动力源,通过缸体驱动伸缩杆运动,具有强大支撑力。

（3）**主要部件及作用**

1）液压泵

液压泵是一种动力装置,通过软管与支撑杆连接,向支撑杆缸体输送液压油（动力源）。

2）软管

通过快速接头将液压泵与支撑装置连接,并输送液压油到支撑杆缸体内。

3）操作手柄

用来确定支撑杆活塞伸缩运动方向。当其处于中间位置时,缸体内没有压力;向右旋转伸缩杆伸出;向左旋转伸缩杆缩回;松开操作手柄,它会自动回到中间位置,活塞停止运动。

（4）**使用前检查**

①检查设备是否完好无损,如有损坏应停止使用。

②检查操作手柄是否在中间位置。

③检查快速接头是否干净,有无损坏。

④检查接头连接是否正确,用手的力量是否能拉开。

⑤不能使用已损坏的接头。

⑥卸压阀或转换开关处于操作位置时,不得将快速接头连接到泵上。

⑦在工作中应检查有无漏油现象。

（5）**使用方法**

1）开始工作

将设备各部连接好后,一人操作液压泵,另一人用左手握住支撑杆,右手握住操作手柄,并右转动操作手柄,即可支护或将物体移动。

2）停止工作

松开操作手柄,它会自动回到中间位置,活塞停止运动。

3）拆除装备

操作液压泵并向左旋转操作手柄,使伸缩杆缩回,并注意观察被支撑物体的变化,断开软管并盖好防尘盖。

（6）**维护保养**

每次使用后应检查设备有无损坏,及时清洗各部件,发现损坏及时更换。定期对设备进行检查维护,并将设备存放于干燥通风良好的地方。

（7）**主要技术参数**

最大支撑力 16.4 t;最大长度 952 ~ 962 mm;最小长度 612 mm;最大工作压力 72 MPa。

4.7.6　矿山多用液压起重器

（1）**用途**

矿山多用液压起重器适用于矿山处理冒顶塌方事故抢救遇险人员,也适用于隧道、建筑、铁路运输、工厂、码头、桥梁工程的起重工作。

（2）**结构和特点**

矿山多用液压起重器选用高强度铝镁合金和进口锰材料,具有最初起重高度低,而且能在空间角度起重,使用方便、灵活、安全、可靠等特点。其外观如图 4.41 所示。

矿山多用液压起重器为卧式结构,为适应各种用途制成分离式和组合式两类。

1）分离式矿山多用液压起重器

它由手压泵、高压橡胶软管、快换自封接头及起重机构 4 部分组成,而且起重机构上带截止阀。高压橡胶软管两端带快换接头接头套,这样可将整个起重机器迅速连成一体,装卸方便,便于携带,

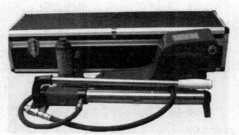

图 4.41　矿山多用液压起重器

易于保存。一台泵可配多种形式的起重机构。

起重机构共有 4 种形式:Q——钳式;Y——鸭嘴式;B——臂式;L——立式。

手压泵可在远离负荷 3~5 m 处操作,大大提高了工作的安全性。

各种起重机构均借助手压泵中止回阀或截止阀锁在任一工作高度上,确保工作安全、可靠,起重最大高度除由油缸活塞极限行程控制外,还有其他限位机构。

2)组合式矿山多用液压起重器

这类起重器由泵和起重机构紧密地合为一体,无连接管路。有钳式及鸭嘴式等不同结构,主要用在生产中完成起重、安装工作。

(3)主要技术规格

SYB3-500B 手压泵见表 4.5。

表 4.5 SYB3-500B 手压泵

额定压力/MPa	排量/(cm³·次⁻¹)	质量/kg	几何尺寸/mm
50	3	3.2	410×95×125

分离式起重机构见表 4.6。

表 4.6 分离式起重机构

起重机构	名称	额定起重量/t	最大起升高度/mm	最低起升高度/mm	质量/kg	几何尺寸/mm
分离式	臂式	2	180	25	8.5	340×100×160
	立式	2	250	170	1.5	135×55×170
组合式	钳式	0.5	80	14	4.5	526×90×140
	鸭嘴式	2	180	20	10.0	460×126×520

(4)工作原理

矿山多用液压起重器是依靠手压泵产生的高压油,推动起重机构油缸中的活塞,通过活塞,使起重机构动臂上升,将重物升起。

扳动手压泵手柄后,液压油从油箱吸入泵内,再从泵压入起重机构的油缸,动臂迅速抬起。当重物超过最大载荷时,限压阀开启,高压油溢回油箱,此时重物靠止回阀可锁在正提升的任意高度上,也可借助截止阀锁在任一高度上。利用截止阀,可以实现一个油泵相继供几种起重机构工作达到扩大起重器功能的目的。

(5)使用方法

1)分离式起重器使用方法

①油箱注油

首先旋下回油阀手柄,再旋下进排气阀,从进排气阀所在螺孔注入 20# 机油,注油量为油箱容积的 4/5,工作中发现进排气阀溢油,说明油箱中油量过多,应酌量减少。

②手压泵打油排气

取下快换接头套上防尘盖,顶开接头套中单向阀,拧紧回油手柄,把手柄从锁柄卡圈中拉出拉长并上下按动,活塞开始打油,至软管中充满油液,气体完全排出为止。

③连接起重机构

取下接头体上防尘帽,向后旋转保险螺母,直至与弹簧卡圈接触,向后滑动滑套,并将接头套 C 插入接头体,滑套复位,用力拉一下,无滑脱现象,再把保险螺母向前旋进两圈。

④系统排气

待起重器连接好后,使手压泵位置处于较高点,起重器动臂上升 15 cm(空载),松开回油手柄,动臂下降,如此动作 10 次使管路系统中气体充分排出,即可起重。

当起升质量较大,油泵工作压力较高时,必须松开紧固螺钉,把伸缩支座拉出,以增加泵体的稳定性。油泵工作完成再把伸缩支座推进,然后锁紧螺钉,这样伸缩支座可用作携带油泵的手柄。油泵油箱上设有进排气阀,工作时必须将其打开,油泵才能正常工作,平时关闭。

2)QQ0.5-80 使用方法

旋下堵头,起重器直立,从堵头所在螺孔注入 20# 机油,注油量约为油箱容积的 2/3,并拧紧堵头,拧紧回油手柄,手柄拉出并上下按动,钳口即能张开。旋开手柄,钳口会自动复位,因有前后两个通气阀,而油泵吸油管大于油箱长度的 1/2,所以钳口向下、平置都能工作。钳口朝上,打开上边的通气阀,钳口朝下,打开下边的通气阀。

(6)**注意事项**

①起升重物时,地基必须坚实,否则垫以石块和木板。

②只有回油手柄旋紧,才能打压起重。

③有载荷时欲使起重器动臂复位,则回油手柄不能松得过快。

(7)**维护与保养**

①分离式液压起重器存放不用时,快换接头体及接头套都必须加盖防尘套,高压橡胶软管内必须充满油液。

②每月要对矿山多用液压起重器进行组装,并在全行程内空载往复动作 10 次。

③每过半年要重新更换清洁新油,油泵及截止阀内钢珠拆出检查,发现锈斑,必须更换。

4.7.7　BG-Ⅱ型石膏喷注机

(1)**用途**

BG-Ⅱ型石膏喷注机主要是把石膏和水按一定比例调成混合物,并把它喷注到预定地点,营建石膏密闭。适用于矿山井下各类巷道的封闭,可与惰气发生装置配套使用,并可用作黄泥注浆、粉煤灰充填、巷道喷涂等。使用石膏喷注机可提高安全性和可靠性,并减轻劳动强度,提高密闭质量。

(2)**构造**

石膏喷注机由自抽卧式泵、上料及搅拌系统、传动系统、机座及运输架、供水系统组成。

(3)**技术参数**

①流量:8 m³/h(混合物流量)。

②压力:1.05 MPa。

③最大水平喷注距离:150 m。

④最大垂直喷注高度:20 m。

⑤电动机功率:7.5 kW。

⑥供水压力:0.2~0.4 MPa。

⑦最大耗水量:6~7 m³/h。

⑧水和石膏容积比:(0.6~0.7):1。

⑨机组质量:290 kg。

(4)使用方法

1)安装要求

石膏喷注机必须安装在进风巷道内,距待建密闭前应有30~150 m平坦位置,断面不得小于4 m²,一切与建造密闭无关的物品,必须从安装场所搬走,尽量使喷注机靠近待建密闭。

2)启动前准备

①用手扳动靠背轮,看有无异物卡泵或其他异常现象。

②接通水源。供水管采用直径50 mm,压力1.5 MPa的消防水带。

③接通380 V或660 V电源。电源开关必须在石膏喷注机附近。

④接上输送管。输送管可采用耐压1.5 MPa的消防水带。

⑤点动电机,确定电机转向。该转向必须与指示箭头方向一致。

3)启动及启动后的操作

①在未启动电机前给机组加水,调整球阀开关使水的流量能够在45 s注满料斗。

②启动电机把料斗中的水泵完,马上按调整好的流量向机组供水,并将粉状石膏倒入料斗中,此时应得到浓度均匀的糨糊状混合物,如太浓或太稀应调整流量,供水压力最好为0.3 MPa,压力表指针稳定。

③获得应有的浓度后,将混合物灌注到板闭内,在使用时要检查输送软管,用脚踩时很硬但有压凹。

④密闭快灌满时应停止向料斗中投入石膏,并开大供水阀,向机组供入足量的清水,密闭灌满后,将输送软管末端取出,待末端流出清水后方可停机。

4)使用注意事项

①机组安装要平稳,不得倾斜。

②在无供水情况下,严禁启动电机,以免磨损橡胶套。

③机组使用的石膏为矿用石膏,用前需检查其性能,要求其流动性好,摊开直径为200 mm,初凝时间要达到6~15 min。

④机组运行中应经常注意供水压力是否正常和稳定,压力下降或升高应及时与密闭灌浆堵漏工联系。检查石膏浆的浓稀度,并及时调节阀门的大小,以达到正常浓度。

⑤专人巡回检查输送软管及接头,不得有漏浆、挤压或扭折。

⑥司机和加料工应注意石膏中的杂质,一旦发现应及时取出。

⑦发现异常情况,应首先停止加入石膏,并将注入管从板闭内取出,打开供水阀,向机组供入足量的清水,待输送软管末端流出清水后,方可停机检查。

⑧所有参加石膏喷注人员都应佩戴氧气呼吸器,戴防尘面具和护目镜。

5)维护保养

①机组每次使用完毕后,必须拆卸料斗、搅拌器、橡胶管、吸入管和连接轴,清洗其中的残留石膏,并用水清洗干净。

②擦干所有零部件上的水滴,重新装复,在装复时"一字头"内的柱销、衬套、螺杆需涂上黄油,将橡胶套装到螺杆上时,可将螺杆顺时针方向转动。

③机组每次使用都要检查电动机的绝缘情况。

④检查输送软管内有无残余石膏,如有残余石膏,应将石膏踩碎再用压力水冲洗。

⑤定期向轴承、盘根内加入润滑油。

6)使用中故障排除

①输送软管特别硬,无混合物流出时,表明有故障。此时应停止加入石膏,并赶快开大供水阀,向机组供入足量的清水,如仍然无混合物流出,此时应从喷出管上卸下输送软管,待机组泵出清水后,将堵塞的一段输送软管接到泵上,借助水的压力冲出堵塞物,堵塞的软管在接到泵上之前需用脚踩软。如软管中的堵塞物仍然冲不出来,应立即调换软管,继续作业。若无软管更换,应用水清洗机组中的石膏,待机组泵出清水后停机,堵塞的软管软化后用压力水冲洗。

②当机组被堵塞时,应卸掉输送软管,拆掉料斗及搅拌器,清洗吸入口中的石膏,然后进行短时间供电,如机组仍然被堵塞应切断电源、水源,用工具卸下卡住的螺杆,将机组内的石膏清除干净,更换已损零件重新装复。

③其他故障及排除方法见表4.7。

表 4.7　其他故障及排除方法

序号	故　障	原　因	排除方法
1	流量急剧下降	橡胶垫磨损间隙增大	更换橡胶套
2	轴封处大量泄漏	填料磨损	压紧或更换填料
3	有较大振动	泵与电机轴心不在同一直线	检查同心
4	噪声较大	吸入管吸入了空气	注意连续均匀加料

复习与思考

1. 简述 BP4、KF-1、Biopak240 正压呼吸器的工作原理。

2. AJH-3 型氧气呼吸器校验仪使用前应当做好哪些准备工作?

3. 氧气充填泵在使用过程中应当注意哪些问题?

4. 苏生器使用前应当做好哪些准备工作?

5. 使用光学瓦斯检测仪测定瓦斯浓度前应当做好哪些准备工作?

6. 使用光学瓦斯检测仪测定瓦斯时采用什么方法来防止零点漂移?

7. 简述 KTW2 型矿用救灾无线电通信装置系统构成及工作原理。

8. 简述 BMK-1 型便携式矿用气体可爆性测定仪的工作原理。

9. 简述比长式检测管法的检测原理及检测方法。

10. 为什么负压式氧气呼吸器会被国家安监总局列入淘汰落后安全技术装备目录?

第**5**章
重大灾害事故应急救援

【**学习目标**】

☞ 熟悉矿山灾害事故的处理程序和原则。
☞ 熟悉瓦斯爆炸的条件、危害和应急救援方法。
☞ 熟悉煤尘爆炸的条件、特征、危害及应急救援方法。
☞ 熟悉火灾发生的条件、危害、灭火方法及应急救援方法。
☞ 熟悉水灾的发生原因、预兆、危害及事故应急救援方法。
☞ 熟悉煤与瓦斯突出预兆、危害和事故应急救援方法。
☞ 熟悉有害气体的来源、特性、危害及中毒与窒息事故应急救援方法。
☞ 熟悉尾矿库特点、安全度划分和事故类型与应急救援方法。
☞ 熟悉排土场事故的条件、危害和应急救援方法。
☞ 熟悉顶板事故的预兆、危害和事故应急救援方法。
☞ 掌握矿山救护指挥规定、灾区行动的基本要求。

5.1　重大灾害事故处理规则

5.1.1　矿山救护工作保障

（1）事故应急救援工作原则

矿山救护队必须贯彻执行国家安全生产方针以及"加强战备、严格训练、主动预防、积极抢救"的工作原则，坚持矿山救护队质量标准化建设，切实做好矿山灾害事故的应急救援和预防性安全检查工作。

（2）事故应急救援工作保障

矿山救护资金实行国家、地方、矿山企业共同保障体制，矿山救护队实行社会化有偿服务。各级政府有关部门、矿山企业在编制生产建设和安全技术等发展规划时，必须将矿山救护发展规划列为其内容的组成部分。

矿山救护队必须备有所服务矿山的应急预案或灾害预防处理计划、矿井主要系统图纸等有关资料。矿山救护队应根据服务矿山的灾害类型及有关资料,制订预防处理方案,并进行训练演习。

矿山救护队所在企事业单位和上级有关部门,应对在矿山抢险救灾中作出重大贡献的救护指战员给予奖励;对在抢救遇险人员生命、国家和集体财产中因工牺牲的救护指战员,应为其申报"革命烈士"称号。

5.1.2　灾害事故的处理程序和原则

事故处理是指从事故发生到事故结案,企业负责人和管理人员按照法律法规要求所做的全部工作。事故处理程序,按《生产安全事故报告和调查处理条例》(国务院令 493 号)要求分为应急处理、抢救处理、调查处理及结案处理 4 个阶段。

(1)应急处理

矿山发生灾害事故后,现场人员必须立即汇报,在确保安全条件下应当积极组织抢救;否则,应当立即撤离至安全地点或妥善避难。企业负责人接到事故报告后,应立即启动应急救援预案,组织抢救。

根据《生产安全事故报告和调查处理条例》和《矿山救护规程》规定,按照事故灾难的可控性、严重程度和影响范围,矿山事故应急响应分为一级(特别重大事故)、二级(重大事故)、三级(较大事故)和四级(一般事故)响应,分别由相应的政府部门和各级矿山企业启动。在应急响应过程中,当超出本级应急处置能力时,应当及时报请上一级应急救援机构启动上一级应急响应实施应急救援,以保证应急救援效果。

(2)抢救处理

坚持以人为本、科学救援,为保证矿山企业从业人员生命和财产安全,防止突发重大事故灾难的发生,能够在事故发生后迅速有效地控制处理,把事故损失降低到最低限度。

具体目标是保障人的生命安全,最大限度地减少人员伤亡;控制灾情扩大,有效预防次生灾害事故的发生;减少企业和社会的直接和间接经济损失。

基本任务是立即组织营救遇险人员;及时查明和控制危险源;尽快消除事故后果;迅速查明事故原因,做好危害评估。

(3)调查处理

①特别重大事故由国务院或者国务院授权有关部门组织事故调查组进行调查。重大事故、较大事故、一般事故分别由事故发生地省级人民政府、设区的市级人民政府、县级人民政府负责调查。省级人民政府、设区的市级人民政府、县级人民政府可以直接组织事故调查组进行调查,也可以授权或者委托有关部门组织事故调查组进行调查。未造成人员伤亡的一般事故,县级人民政府也可以委托事故发生单位组织事故调查组进行调查。

②上级人民政府认为必要时,可以调查由下级人民政府负责调查的事故。自事故发生之日起 30 日内,因事故伤亡人数变化导致事故等级发生变化,依照规定应当由上级人民政府负责调查的,上级人民政府可以另行组织事故调查组进行调查。

③特别重大事故以下等级事故,事故发生地与事故发生单位不在同一个县级以上行政区域的,由事故发生地人民政府负责调查,事故发生单位所在地人民政府应当派人参加。

④事故调查组的组成应当遵循精简、效能的原则。根据事故的具体情况,事故调查组由有

关人民政府、安全生产监督管理部门、负有安全生产监督管理职责的有关部门、监察机关、公安机关以及工会派人组成,并应当邀请人民检察院派人参加。事故调查组可以聘请有关专家参与调查。事故调查组成员应当具有事故调查所需要的知识和专长,并与所调查的事故没有直接利害关系。事故调查组组长由负责事故调查的人民政府指定,并主持事故调查组的工作。

⑤事故调查组应当履行的职责是查明事故发生的经过、原因、人员伤亡情况及直接经济损失;认定事故的性质和事故责任;提出对事故责任者的处理建议;总结事故教训,提出防范和整改措施;提交事故调查报告。

⑥事故调查组有权向有关单位和个人了解与事故有关的情况,并要求其提供相关文件、资料,有关单位和个人不得拒绝。事故发生单位的负责人和有关人员在事故调查期间不得擅离职守,并应当随时接受事故调查组的询问,如实提供有关情况。事故调查中发现涉嫌犯罪的,事故调查组应当及时将有关材料或者其复印件移交司法机关处理。事故调查中需要进行技术鉴定的,事故调查组应当委托具有国家规定资质的单位进行技术鉴定。必要时,事故调查组可以直接组织专家进行技术鉴定。技术鉴定所需时间不计入事故调查期限。

⑦事故调查组成员在事故调查工作中应当诚信公正、恪尽职守,遵守事故调查组的纪律,保守事故调查的秘密。未经组长允许,事故调查组成员不得擅自发布有关事故的信息。

⑧事故调查组应当自事故发生之日起60日内提交事故调查报告;特殊情况下,经负责事故调查的人民政府批准,提交事故调查报告期限可延长,但延长的期限最长不超过60日。

⑨事故调查报告的内容有:事故发生单位概况;事故发生经过和事故救援情况;事故造成的人员伤亡和直接经济损失;事故发生的原因和事故性质;事故责任的认定以及对事故责任者的处理建议;事故防范和整改措施。事故调查报告应当附具有关证据材料。事故调查组成员应当在事故调查报告上签名。事故调查报告报送负责事故调查的人民政府后,事故调查工作即告结束。事故调查的有关资料应当归档保存。

(4)结案处理

①重大事故、较大事故、一般事故,负责事故调查的人民政府应当自收到事故调查报告之日起15日内作出批复;特别重大事故,30日内作出批复,特殊情况下,批复时间可以适当延长,但延长的时间最长不超过30日。有关机关应当按照人民政府的批复,依照法律、行政法规规定的权限和程序,对事故发生单位和有关人员进行行政处罚,对负有事故责任的国家工作人员进行处分。事故发生单位应当按照负责事故调查的人民政府的批复,对本单位负有事故责任的人员进行处理。负有事故责任的人员涉嫌犯罪的,依法追究刑事责任。

②事故发生单位应当认真吸取事故教训,落实防范和整改措施,防止事故再次发生。防范和整改措施的落实情况应当接受工会和职工监督。安全生产监督管理部门和负有安全生产监督管理职责的有关部门应当对事故发生单位落实防范和整改措施的情况进行监督检查。

③事故处理的情况由负责事故调查的人民政府或者其授权的有关部门、机构向社会公布,依法应当保密的除外。

5.1.3 抢险救灾指挥工作

井工矿山作业环境复杂,在生产过程中往往受到瓦斯、矿尘、火、水、顶板等灾害的威胁。当矿井发生事故后,如何安全、迅速、有效地抢救人员,保护设备,控制和缩小事故影响范围及其危害程度,防止事故扩大,将事故造成的人员伤亡和财产损失降低到最低限度,是救灾工作的关键。任何怠慢和失误,都会造成难以弥补的重大损失。因此,掌握事故处理的原则、方法和技术要领是十分必要的。我国煤矿在重大灾害事故的抢险救灾方面,虽然出色地处理了很多复杂的重大灾害事故,积累了非常丰富的成功经验,但也多次出现灾情扩大,增加了灾害损失。

(1)抢险救灾时的组织领导

《安全生产法》第70条规定,生产经营单位发生生产安全事故后,事故现场有关人员应当立即报告本单位负责人。单位负责人接到事故报告后,应当迅速采取有效措施,组织抢救,防止事故扩大,减少人员伤亡和财产损失,并按照国家有关规定立即如实地报告当地负有安全生产监督管理职责的部门。不得隐瞒不报、谎报或者拖延不报,不得故意破坏事故的现场,毁灭有关的证据。

《煤矿安全规程》第14条规定,煤矿发生事故后,煤矿企业主要负责人和技术负责人必须立即采取措施组织抢救,矿长负责抢救指挥,并按有关规定及时上报。

综上所述,重大灾害事故发生后,矿长必须立即赶到矿调度室,立即向上级上报和召请矿山救护队,立即成立抢救指挥部,及时组织抢险救灾工作。

需要特别强调的是,矿长是矿井安全生产第一责任者,是事故指挥工作的全权指挥者。不能自行放弃对救灾工作的领导权。

(2)矿山救护的特殊地位

矿井发生重大事故后,必须立即成立抢救指挥部并设立地面基地;矿山救护队队长为抢救指挥部成员;井下基地指挥由指挥部选派具有救护知识的人员担任;矿山救护队队长对矿山救护队抢救工作具体负责。如与其他矿山救护队联合作战时,应成立矿山救护联合作战部,由服务于发生事故企业的矿山救护队队长担任作战部指挥,协调各矿山救护队的战斗行动。

重大灾害事故发生后矿长必须立即赶到矿调度室,立即向上级汇报和召请矿山救护队,立即成立抢救指挥部,全权指挥并吸收矿山救护队队长为指挥部成员,听取救护队队长的意见,充分发挥救护队队长在救灾知识方面的特长,调动救护队的积极性,不能拒绝救护队队长参加抢救指挥部。不能违章指挥,强迫救护队进入危险灾区工作。在确需救人的情况下,应采取有效措施保证救护队在灾区的安全,避免救护队的伤亡、影响救灾的顺利进行。在处理事故过程中,矿山救护队队长对救护队的行动具体负责、全面指挥。讨论救灾方案时,应积极提出建设性意见,使救灾方案符合《煤矿安全规程》的规定,避免瞎指挥或决策失误。当总指挥与矿山救护队队长意见不一致时,可报告上级领导,根据有关安全法规进行处理,不能互相"顶牛"贻误救灾。

(3)抢险救灾指挥员应遵循的原则

1)安全

要求制订处理事故方案时,首先要考虑到矿井的安全、井下遇险人员的安全、救护人员自身安全,牢固树立安全第一思想。

2)生产

要求制订救灾方案处理事故过程中,要尽最大努力做到不影响或少影响生产,在万不得已的情况下才停止生产。

3)效果

要求制订处理事故方案时,要考虑事故处理的效果。

（4）抢险救灾步骤与程序

1）抢险救灾步骤

矿山重大事故发生后的抢险救灾步骤是：立即撤出灾区人员和切断灾区可能扩大事故灾害的电源→按《矿山灾害预防与处理计划》规定立即通知矿长、总工程师等有关人员→立即向矿务局（集团公司）调度室汇报→召集矿山救护队→成立抢险救援指挥部→派救护队进入灾区救人、侦察灾情→指挥部根据灾情制订救灾方案→救护队进行抢险救灾工作，直至灾情消除，恢复正常生产。

处理矿山重大灾害事故，必须有一整套正确的指挥步骤和程序，使事故救灾处理指挥工作适时有序地运转，保证抢险救援指挥部能有条不紊、沉着、冷静指挥和集中精力地实施抢险救灾工作。

2）抢险救灾程序

①成立以事故单位矿长为总指挥、有关矿级领导、科室负责人及救护队长和安监处（站）长为成员的抢险救援指挥部。根据当班值班领导的灾情汇报以及下达的命令，分析现场灾情。并依据现场灾害情况综合分析人员分布、周边环境、设备状况、物料状况等因素及现场事故危害程度。

②预测事故发展趋势，确定初步事故救援方案，制订各阶段的应急对策。

总指挥组织相关人员研究预测事故可能的发展趋势、危害范围、危害程度，结合现场救援力量，确定初步事故救援方案，并预测可能出现的意外情况，制订意外状况的应急对策。

③确定各救援队伍任务、目标，并下达至各专业救援队伍指挥。根据初步事故救援方案，分配各专业救援队伍任务。

④根据掌握的灾情和处理事故方案的要求，下达命令指挥矿山救护队展开事故救援作战。当遇到灾情变化，及时修改事故抢救方案，调整救灾力量，确保抢险救援工作的顺利进行。

⑤事故抢险救灾处理结束后，总指挥部指定有关部门和人员收集整理事故调查报告，并进行全面分析。对灾害事故发生原因、抢救处理过程、重要的经验教训以及今后应采取的预防措施等，形成文件后上报和存档。

（5）处理灾害事故时救援指挥要领

在处理矿井事故时，成功与失败的关键，在于救护队能否在短时间内到达事故矿井，了解情况，制订方案，做好作战部署；在于救护指挥员指挥正确，组织得当，措施得力。

①矿山救护队接到事故电话后，以最快的速度到达事故矿井。指挥员下达命令后，迅速到矿井调度室了解事故情况，领取任务，研究作战部署。当指挥员领取任务时，待命的中队、小队要做好下井准备及战前检查工作。

②调查了解事故情况。其方法是首先认真听取矿井调度人员、矿领导及工程技术人员对矿井发生事故的原因及事故区域情况的介绍，征求他们对事故处理的意见；其次从矿图上了解事故的范围、遇险人员分布、通风情况、进入灾区侦察和抢救遇险人员的路线，以及设置井下基地的位置等；再次是向灾区出来的人员了解情况；最后是向灾区进行实地侦察，为制订作战方案提供第一手材料和可靠依据。

③指挥员在指挥处理事故时，要善于抓住战机。从时间上看，初期阶段比晚期阶段好处理。从主攻方向上看，选突破点，攻其一点可搞活全局，或从薄弱环节突进，使形势立即好转。处理任何一种事故，只要认真调查了解，仔细分析研究，就能掌握规律，把握战机，获得主动权，

尽快地完成抢险救灾任务。

④处理事故在灾区恢复通风系统时,必须符合四项要求:一是有利于控制事故,不使事故扩大;二是便于抢救遇险人员,不至于威胁其他地点作业人员安全;三是有助于创造接近事故地点的条件;四是有利于控制、稀释瓦斯浓度,不至于达到瓦斯燃烧或爆炸危险浓度。

5.1.4　矿山救护程序

(1)事故报告

矿山发生灾害事故后,现场人员必须立即汇报,在安全条件下积极组织抢救,否则立即撤离至安全地点或妥善避难。企业负责人接到事故报告后,应立即启动应急救援预案,组织抢救。

(2)救护队出动

①救护队接到事故报告后,应在问清和记录事故地点、时间、类别、遇险人数、通知人姓名(联系人电话)及单位后,立即发出警报,并向值班指挥员报告。

②救护队接警后必须在 1 min 内出动,不需乘车出动时,不得超过 2 min;按照事故性质携带所需救护装备迅速赶赴事故现场。当矿山发生火灾、瓦斯或矿尘爆炸,煤与瓦斯突出等事故时,待机小队应随同值班小队出动。

③救护队出动后,应向主管单位及上一级救护管理部门报告出动情况。在途中得知矿山事故已经得到处理,出动救护队仍应到达事故矿井了解实际情况。

④在救援指挥部未成立之前,先期到达的救护队应根据事故现场具体情况和矿山灾害事故应急救援预案,开展先期救护工作。

⑤矿山救护队到达事故矿井后,救护指战员应立即做好战前检查,按事故类别整理好所需装备,做好救护准备;根据抢救指挥部命令组织灾区侦察、制订救护方案、实施救护。

⑥矿山救护队指挥员了解事故情况,接受任务后应立即向矿山救护小队下达任务,并辨明事故情况、完成任务要点、措施及安全注意事项。

(3)返回驻地

①参加事故救援的矿山救护队只有在取得救援指挥部同意后,方可返回驻地。

②返回驻地后,矿山救护队指战员应立即对所有救护装备、器材进行认真检查和维护,恢复到值班战备状态。

5.1.5　矿山救护指挥

(1)事故抢险救援指挥必须遵循五项原则

矿山重大灾害事故救援过程是各个部门协同作战,统一调度,将事故损失降低到最低程度的过程。领导与指挥在事故应急救援中起着至关重要的作用,如果指挥得力很快能够发现问题,阻止事故进一步恶化,能有效减少人员伤亡和财产损失。否则,很有可能贻误战机造成更大的人员伤亡财产损失。因此,事故抢险救援指挥必须遵循以下 5 项原则:

1)指挥系统合理

应急救援的指挥系统不宜过大,层次不宜过多。系统过大往往导致命令出现偏差、发布命令时间过长等情况,容易延误最佳作战时机,影响事故救援效果。一般指挥系统的层次不宜超过 3 级,以 2~3 级为宜。一般为总指挥、各救援队伍指挥、救援队伍参战人员 3 个层次。即使是国家级事故应急救援,指挥系统也应该以简单有效为宜。

2）权威性与灵活性相结合

权威性是指事故应急救援现场指挥发出的命令具有权威,救援人员应服从并执行;灵活性是指在事故现场出现突发事件的情况下,救援人员临时改变救援措施的变通形式。事故现场瞬息万变,一般的小事故随时可能转化成爆炸、火灾、大面积坍塌等重大恶性事故,危及现场救援人员的生命安全。因此,抢险救援人员在进入灾变事故现场后,应该适时根据现场变化情况,调整救援战术。如与总指挥发出的命令有偏差,调整后应及时向总指挥汇报现场情况以及调整结果,以便进一步采取救援措施。事故现场原则上应坚持命令的权威性,遇紧急情况可适当采取灵活措施。

3）抢险救援指挥准确

现场指挥发出的命令应该准确、明了、简短,不宜发出可能产生偏差、误解的命令,以免影响事故应急救援。

4）分级指挥

事故救援现场一般都比较混乱,因此,各救援队伍应坚持分级指挥的原则。各专业救援队伍指挥无权指挥其他救援队伍,也无权越级指挥,各专业救援队伍参战人员只对本队伍指挥负责,各救援队伍指挥应对总指挥负责。

5）坚持以人为本

矿山事故救援指挥的各种命令都应该建立在以人为本的原则基础上。以人为本,体现在两个方面:一方面就是应该以抢救现场伤亡人员为基本原则,另一方面体现在应充分保护救援人员的生命,不能盲目救援。

(2) 事故抢险救援指挥

①发生重、特大灾害事故后,必须立即成立现场救援指挥部并设立地面基地。矿山救护队指挥员为指挥部成员。

②在事故救援时,矿山救护队长对救护队的行动具体负责、全面指挥。事故单位必须向救援指挥部提供全面真实的技术资料和事故状况,矿山救护队必须向救援指挥部提供全面真实的探查和事故救援情况。

③如果有多支矿山救护队联合作战时,应成立矿山救护联合作战部,由事故所在区域的矿山救护队指挥员担任指挥,协调各矿山救护队救援行动。如果所在区域的矿山救护队指挥员不能胜任指挥工作,则由矿山救援指挥部另行委任。

④到达事故现场后,矿山救护队指挥员必须详细了解以下情况:

a. 事故发生的时间,事故类别、范围,遇险人员数量及分布,已经采取的措施。

b. 事故区域的生产、通风系统,有毒、有害气体,矿尘,温度,巷道支护及断面,机械设备及消防设施等。

c. 已经到达的和可以动用的救护小队数量及装备情况。

⑤矿山救护队指挥员应根据指挥部的命令和事故的情况,迅速制订救援行动计划和安全措施,同时调动必要的人力、设备和材料。

⑥矿山救护队指挥员下达任务时,必须说明事故情况、行动路线、行动计划和安全措施。在救护中应尽量避免使用混合救护小队。

⑦遇有高温、塌冒、爆炸、水淹等危险的灾区,在需要救人的情况下,经请示救援指挥部同意后,矿山救护队指挥员才有权决定矿山救护小队进入,但必须采取安全措施,保证矿山救护

小队在灾区的安全。

⑧矿山救护指挥员应轮流值班和下井了解情况,并及时与井下救护队、地面基地、井下基地及后勤保障部门联系。

⑨矿山救护队应派专人收集有关矿山原始技术资料、图纸,做好事故救护的各项记录。

a.灾区发生事故的前后情况。

b.事故救援方案、计划、措施、图纸。

c.出动小队人数,到达事故矿山时间,指挥员及领取任务情况。

d.小队进入灾区时间、返回时间及执行任务情况。

e.事故救援工作的进度、参战队次、设备材料消耗及气体分析和检测结果。

f.指挥员交接班情况。

⑩在事故抢救结束后,矿山救护队必须形成全面、准确、翔实的事故救援报告,报救援指挥部及上级应急救援管理部门。

5.1.6 技术保障

为保证抢险救灾工作正常顺利进行,保障参加抢险救灾人员的自身安全,及时对遇险受伤人员进行急救治疗,在事故处理过程中要设立特别服务部门,做好技术保障工作。

(1)基地保障

在事故救援时,事故单位应为矿山救护队提供必要的场所、物质等后勤保障。

1)地面救护基地

在处理重大事故时,为及时供应救灾装备和器材,必须设立地面救护基地。根据事故的范围、类别及参战矿山救护队的数量设置地面救护基地,并应包含以下3个方面:

①矿山救护队所需的救护装备、器材、通信设备等。

②气体化验员、医护人员、通信员、仪器修理员、汽车司机等。

③食物、饮料和临时工作与休息场所。

地面基地负责人应当按规定及时把所需要的救护器材储存于基地内;登记器材的收发与储备情况;及时向矿山救护队指挥员报告器材消耗、补充和储备情况;保证基地内各种器材、仪器的完好。

2)井下基地

井下基地是井下抢险救灾的前线指挥所,是救灾人员与物资的集中地,矿山救护队员进入灾区的出发点,也是遇险人员的临时救护站。因此,正确地选择基地常常关系着救灾工作的成败。井下基地应设在靠近灾区的安全地点。井下基地由矿井救灾总指挥根据灾区位置、灾变范围、类别以及通风、运输条件等予以确定。

①井下基地应有直通指挥部和灾区的通信设备;必要的救护装备和器材;值班医生和急救医疗药品、器材;有害气体监测仪器;食物和饮料。

②井下基地指挥负责人由救援指挥部指派。井下基地电话应安排专人值守,做好记录,并经常同救援指挥部、地面基地和在灾区工作的救护小队保持联系。

③井下救灾过程中,基地指挥负责人应设专人检测基地及其附近区域有害气体的浓度并注意其他情况的变化。灾情突然发生变化时,井下基地指挥负责人应采取应急措施,并及时向指挥部报告。

④改变井下基地位置,必须取得救援指挥部的同意,并通知在灾区工作的救护小队。

(2)安全岗哨

在处理事故过程中,应根据作战计划,在有害气体积聚的巷道与新鲜风流交叉的新鲜风流中设立安全岗哨。站岗人员的派遣和撤销由井下基地指挥决定;同一岗位至少由两名救护队员组成。站岗队员除有最低限度个人防护装备外,还应配有各种气体检查仪器。其职责是:

①阻止未佩戴氧气呼吸器的人员单独进入有害气体积聚的巷道和危险地区。

②将从有害气体积聚的巷道中出来的人员引入新风区,必要时实施急救。

③观测巷道和风流情况,并将有害气体、烟雾和巷道的变化情况迅速报告抢救指挥部。

进、出风井口也应设立安全岗哨,阻止非救灾人员下井,防止在井口附近出现火源。

(3)通信工作

在处理事故时,为保证指挥灵活,行动协调,必须设立通信联络系统。

1)救护通信方式

派遣通信员;显示信号与音响信号;程控电话和灾区电话;移动手机、对讲机。

2)确保通信畅通

在处理事故时,必须保证抢救指挥部与地面基地、井下基地的通信畅通;井下基地与灾区救护小队的通信畅通;队员之间的通信畅通。

抢救指挥部、基地的电话机应设专人看守,撤销和移动基地电话机只有得到矿山救护队指挥员同意后,方可进行。

3)通信联络规定

①在灾区内使用的音响信号

一声——停止工作或停止前进;二声——离开危险区;三声——前进或工作;四声——返回;连续不断的声音——请求援助或集合。

②在竖井和倾斜巷道用绞车上下时使用的信号

一声——停止;二声——上升;三声——下降;四声——慢上;五声——慢下。

③灾区中报告氧气压力的手势

伸出拳头表示 10 MPa,伸出五指表示 5 MPa,伸出一指表示 1 MPa,报告时手势要放在灯头前表示。

4)简单的显示信号

粉笔或铅笔写字、手势、灯光、冷光管、电话机、喇叭、哨子及其他打击声响等。

(4)应急气体分析室

在处理火灾及爆炸事故时,必须设有应急气体分析室,并不断地监测灾区内的气体成分。抢救指挥部应委派气体分析负责人,应急气体分析室职责是:

①对灾区气体定时、定点取样,昼夜连续化验,及时分析气样,并提供分析结果。

②绘制有关测点气体和温度变化曲线图。

③负责整理总结整个处理事故中的气体分析资料。

④必要时,可携带仪器到井下基地直接进行化验分析。

(5)医疗站

当矿井发生重大事故时,事故矿井负责组织医疗站。医疗站的任务如下:

①派出医疗人员在井下基地值班。

②对从灾区撤出的遇险人员进行急救。

③检查和治疗救护人员的伤病。

④做好卫生防疫工作。

⑤及时向指挥部汇报伤员救助情况。

5.1.7　灾区行为规范

在处理矿井灾害事故中,矿山救护队的侦察工作具有重要意义。只有通过全面细致的侦察,才能掌握确切的情况和取得充分的数据,探明事故性质、原因、范围、遇险人员数量和所在地点以及巷道通风瓦斯等情况,以便制订出符合实际情况的处理事故方案,采取正确有效的措施。同时通过侦察,及时发现、抢救遇险人员。

①矿山救护队指挥员应亲自组织和参加侦察工作。在布置侦察任务时,必须向所有队员说明所了解的各种情况,应做到侦察任务清楚,行进路线明确,小队的行进方向、时间应标在图纸上。

②进入灾区侦察或作业的小队人员不得少于 6 人。进入灾区前,应检查氧气呼吸器是否完好,并应按照规定佩用。小队必须携带备用全面罩氧气呼吸器一台和不低于 18 MPa 压力的备用氧气瓶两个,以及氧气呼吸器工具和装有配件的备件袋。

③如果不能确认井筒和井底车场有无有毒、有害气体,应在地面将氧气呼吸器佩用好。在任何情况下,禁止不佩戴氧气呼吸器的救护队下井。

④救护小队在新鲜风流地点待机或休息时,只有经小队长同意才能将呼吸器从肩上脱下;脱下的呼吸器应放在附近的安全地点,离小队待机或休息地点不应超过 5 m,确保一旦发生灾变能及时佩用。基地以里至灾区范围内不得脱下呼吸器。

⑤在窒息或有毒有害气体威胁的灾区侦察和工作时,必须做到以下 5 个方面:

a. 随时检测有毒有害气体和氧气含量,观察风流变化情况,佩用或不佩用氧气呼吸器的地点由现场指挥员确定。

b. 小队长应至少间隔 20 min 检查一次队员的氧气压力、身体状况,并根据氧气压力最低的一名队员来确定整个小队的返回时间。如果小队乘电机车进入灾区,其返回安全地点所需时间应按步行所需时间计算。

c. 小队长应使队员保持在彼此能看到或听到信号的范围以内。如果灾区工作地点离新鲜风流处很近,并且在这一地点不能以整个小队进行工作时,小队长可派不少于两名队员进入灾区工作,并保持直接联系。

d. 在窒息区内,任何情况下都严禁指战员单独行动。佩用负压氧气呼吸器时,严禁通过口具或摘掉口具讲话。

e. 佩用氧气呼吸器的人员工作一个呼吸器班后,应至少休息 6 h。但在后续救护队未到达而急需抢救人员的情况下,指挥员应根据队员体质情况,在补充氧气、更换药品和降温器并校验呼吸器合格后,方可派救护队员重新投入救护工作。

⑥在窒息或有毒、有害气体威胁的灾区抢救遇险人员时,必须做到以下 5 个方面:

a. 在引导及搬运遇险人员时,应给遇险人员佩用全面罩氧气呼吸器或隔绝式自救器。

b. 对受伤、窒息或中毒的人员应进行简单急救处理,然后迅速送至安全地点,交现场医疗救护人员处置,并尽快送医院治疗。

c. 搬运伤员时应尽量避免振动;注意防止伤员精神失常时打掉矿山救护队队员的面罩、口具或鼻夹,而造成中毒。

d. 在抢救长时间被困在井下的遇险人员时,应有医生配合;对长期困在井下的人员,应避免灯光照射其眼睛,搬运出井口时应用毛巾或衣物盖住其眼睛。

e. 在灾区内遇险人员不能一次全部抬运时,应给遇险者佩用全面罩氧气呼吸器或隔绝式自救器;当有多名遇险人员待救时,矿山救护队应根据"先活后死、先重后轻、先易后难"的原则进行抢救。

⑦救护队有义务协助事故调查,在满足救援的情况下应保护好现场,在搬运遇难人员和受伤矿工时,将矿灯等随身所带物品一并运送。

⑧救护队返回到井下基地时,必须至少保留 5 MPa 气压的氧气余量。在倾角小于 15°的巷道行进时,将 1/2 允许消耗的氧气量用于前进途中,1/2 用于返回途中;在倾角大于或等于15°的巷道中行进时,将 2/3 允许消耗的氧气量用于上行途中,1/3 用于下行途中。

⑨救护队撤出灾区时,应将携带的救护装备带出灾区。

⑩救护侦察时,应探明事故类别、范围、遇险、遇难人员数量和位置,以及通风、瓦斯、粉尘、有毒有害气体、温度等情况。中队或以上指挥员应亲自组织和参加侦察工作。

⑪指挥员布置侦察任务时,必须做到:讲明事故和各种情况;提出侦察时所需要的器材;说明执行侦察任务时的具体计划和注意事项;给侦察小队以足够的准备工作时间;检查队员对侦察任务的理解程度。

⑫带队侦察的指挥员,必须做到:明确侦察任务,任务不清或感到人力、物力、时间不足时,应提出自己意见;认真研究行进路线及特征,在图纸上标明小队行进的方向、标志、时间,并向队员讲清楚;组织战前检查,了解指战员的氧气呼吸器氧气压力,做到仪器百分之百的完好;贯彻事故救援的行动计划和安全措施,带领小队完成侦察工作。

⑬侦察时必须做到以下 8 个方面:

a. 井下应设待机小队,并用灾区电话与侦察小队保持联系;只有在抢救人员的情况下,才可不设待机小队。

b. 进入灾区侦察,必须携带救生索等必要的装备。在行进时应注意暗井、溜煤眼、淤泥和巷道支护等情况,视线不清时可用探险棍探查前进,队员之间要用联络绳连接。

c. 侦察小队进入灾区时,应规定返回时间,并用灾区电话与基地保持联络。如没有按时返回或通信中断,待机小队应立即进入救护。

d. 在进入灾区前,应考虑到如果退路被堵时所采取的措施。

e. 侦察行进中,在巷道交叉口应设明显的标记,防止返回时走错路线;对井下巷道情况不清楚时,小队应按原路返回。

f. 在进入灾区时,小队长在队列之前,副小队长在队列之后,返回时与此相反。在搜索遇险、遇难人员时,小队队形应与巷道中线斜交式前进。

g. 侦察人员应有明确分工,分别检查通风、气体浓度、温度、顶板等情况,并做好记录,把侦察结果标记在图纸上。

h. 在远距离或复杂巷道中侦察时,可组织几个小队分区段进行侦察。

i. 侦察工作应仔细认真,做到灾害涉及范围内有巷必查,走过的巷道要签字留名做好标记,并绘出侦察路线示意图。

⑭侦察时应首先把侦察小队派往遇险人员最多的地点。

⑮侦察过程中,在灾区内发现遇险人员应立即救助,并将他们护送到新鲜风流巷道或井下基地,然后继续完成侦察任务。发现遇难人员应逐一编号,并在发现遇难、遇险人员巷道的相应位置做好标记;同时,检查各种气体浓度,记录遇难、遇险人员的特征,并在图上标明位置。

⑯在侦察过程中,如有队员出现身体不适或氧气呼吸器发生故障难以排除时,全小队应立即撤到安全地点,并报告救援指挥部。

⑰在侦察或救护行进中因冒顶受阻,应视扒开通道的时间决定是否另选通路;如果是唯一通道,应采取安全措施,立即进行处理。

⑱侦察结束后,小队长应立即向布置侦察任务的指挥员汇报侦察结果。

5.2　瓦斯爆炸事故应急救援

5.2.1　瓦斯爆炸

(1)瓦斯爆炸

瓦斯爆炸是一定浓度的甲烷和空气中的氧气在高温热源的作用下发生激烈氧化反应的过程。科学研究表明,矿井瓦斯爆炸是一种热-链式连锁反应过程。

(2)瓦斯爆炸的危害

矿内瓦斯爆炸的有害因素是高温、冲击波和有害气体。

焰面是巷道中运动着的化学反应区和高温气体,其速度大、温度高。从正常的燃烧速度(1~2.5 m/s)到爆轰式传播速度(2 500 m/s)。焰面温度可高达 2 150~2 650 ℃。焰面经过之处,人被烧死或大面积烧伤,可燃物被点燃而发生火灾。

冲击波锋面压力有几个大气压到 20 个大气压,前向冲击波叠加和反射时可达 100 个大气压。其传播速度总是大于声速,所到之处造成人员伤亡、设备和通风设施损坏、巷道垮塌。瓦斯爆炸后生成大量有害气体,某些煤矿分析爆炸后的气体成分为:氧气为 0.6%~10%,氮气为 82%~88%,二氧化碳为 4%~8%,一氧化碳为 2%~4%。如果有煤尘参与爆炸时,一氧化碳的生成量更大,往往成为人员大量伤亡的主要原因。

5.2.2　瓦斯爆炸条件

瓦斯爆炸必须同时具备 3 个条件,即一定浓度的瓦斯,一定温度的引燃火源,足够的氧气含量,三者缺一不可。

(1)瓦斯浓度

瓦斯只在一定的浓度范围内爆炸,这个浓度范围称为瓦斯的爆炸界限。一般为 5%~16%,实践证明,瓦斯的爆炸界限不是固定不变的,它受到许多因素的影响,比如,空气中其他可燃可爆气体的混入,可以降低瓦斯爆炸浓度的下限;浮游在瓦斯混合气体中的具有爆炸危险性的煤尘,不仅能增加爆炸的猛烈程度,还可降低瓦斯的爆炸下限;惰性气体的混入,则爆炸下限会提高,上限会降低,即爆炸浓度范围减小。

（2）**一定温度的引燃火源**

正常大气条件下，瓦斯在空气中的着火温度为 650 ~ 750 ℃，瓦斯的最小点燃能量为 0.28 J。矿山井下的明火、煤炭自燃、电弧、电火花，赤热的金属表面和撞击或摩擦火花都能点燃瓦斯。

（3）**足够的氧含量**

瓦斯爆炸是一种迅猛的氧化反应，没有足够的氧含量，就不会发生瓦斯爆炸。氧浓度低于 12% 时，混合气体失去爆炸性。

5.2.3 瓦斯爆炸预防措施

瓦斯爆炸事故是可以预防的。预防瓦斯爆炸就是指消除瓦斯爆炸的条件并限制爆炸火焰向其他区域传播，归纳起来有防止瓦斯积聚、防止瓦斯引爆和防止瓦斯事故扩大 3 个方面。

（1）**防止瓦斯积聚**

1）加强通风

加强通风是防止瓦斯积聚的根本措施。矿井通风必须做到有效、稳定和连续不断，才能将井下涌出的瓦斯及时稀释排除。

2）抽采瓦斯

"先抽后采、监测监控、以风定产"是我国瓦斯治理的"十二字方针"。先抽后采是预防瓦斯事故的治本措施。对于采用一般通风方法不能解决瓦斯超限的矿井或工作面，可以采用抽采瓦斯的方法，将瓦斯抽排至地面。

3）及时处理积聚的瓦斯

瓦斯积聚是指局部空间的瓦斯浓度达到 2%，其体积超过 0.5 m^3 的现象。当发生瓦斯积聚时，必须及时处理，防止局部区域达到瓦斯爆炸浓度的下限。

4）加强检查和监测瓦斯

井下采掘工作面和其他地点要按要求检查瓦斯浓度。采掘工作面及其作业地点风流中瓦斯浓度达到 1.0% 时，必须停止用电钻打眼；爆破地点附近 20 m 以内风流中，瓦斯浓度达到 1.0% 时，严禁装药爆破；采掘工作面及其他作业地点风流中、电动机或其开关安设地点附近 20 m 以内风流中的瓦斯浓度达到 1.5% 时，必须停止工作，切断电源，撤出人员，进行处理；采区回风巷、采掘工作面回风巷风流中瓦斯浓度超过 1.0% 或二氧化碳浓度超过 1.5% 时，必须停止工作，撤出人员，采取措施，进行处理；矿井必须装备安全监控系统。对因瓦斯浓度超过规定被切断电源的电气设备，必须在瓦斯浓度降到 1.0% 以下时，方可通电开动。

（2）**防止出现引爆火源**

引爆瓦斯的火源主要有明火、爆破火焰、电火花及摩擦火花 4 种。

根据《煤矿安全规程》规定，严禁携带烟草和点火物品下井；井下严禁使用灯泡取暖和使用电炉；井下严格烧焊管理；严格井下火区管理；防止出现爆破火焰；井下不得带电检修、搬迁电气设备；井下防爆电气设备的运行、维护和修理工作，必须符合防爆性能要求。

（3）**防止瓦斯爆炸灾害扩大**

井下局部区域一旦发生瓦斯爆炸，应尽可能缩小其波及范围，避免继发性瓦斯煤尘爆炸。

①实行分区通风。每一生产水平和每一采区必须布置独立的回风系统。

②安设隔爆设施。有煤尘、瓦斯爆炸危险的矿井应安设隔爆水槽或岩粉棚，利用它们的降温作用，破坏相邻区域发生继发性煤尘爆炸的条件，防止事故扩大化。

③矿井设置紧急避险系统、压风自救系统,保证事故避难需要,减小伤亡损失。

④编制事故应急预案和矿井灾害预防和处理计划,并组织演练,提高逃生能力。

5.2.4　瓦斯爆炸应急救援

①处理瓦斯爆炸事故时,救护队的主要任务如下:

a.灾区侦察。

b.抢救遇险人员。

c.抢救人员时清理灾区堵塞物。

d.扑灭因爆炸产生的火灾。

e.恢复通风。

②瓦斯爆炸产生火灾,应同时进行灭火和救人,并应采取防止再次发生瓦斯爆炸的措施。

③井筒、井底车场或石门发生瓦斯爆炸时,在侦察确定没有火源,无瓦斯爆炸危险情况下,应派一个矿山救护小队救人,另一个矿山救护小队恢复通风。如果通风设施损坏不能恢复,应全部去救人。

④瓦斯爆炸事故发生在采煤工作面时,派一个矿山救护小队沿回风侧、另一个矿山救护小队沿进风侧进入救人,在此期间必须维持通风系统原状。

⑤井筒、井底车场或石门发生瓦斯爆炸时,为了排除瓦斯爆炸产生的有毒、有害气体,抢救人员应在查清确无火源的基础上,尽快恢复通风。如果有害气体严重威胁回风流方向的人员,为了紧急救人,在进风方向的人员已安全撤退的情况下,可采取区域反风。之后,矿山救护队应进入原回风侧引导人员撤离灾区。

⑥处理瓦斯爆炸事故,矿山救护小队进入灾区必须遵守以下规定:

a.进入前,切断灾区电源,并派专人看守。

b.保持灾区通风现状,检查灾区内各种有害气体的浓度、温度及通风设施的破坏情况。

c.穿过支架破坏的巷道时,应架好临时支架。

d.通过支架松动的地点时,队员应保持一定距离按顺序通过,不得推拉支架。

e.进入灾区行动应防止碰撞、摩擦等产生火花。

f.在灾区巷道较长、有害气体浓度大、支架损坏严重的情况下,如无火源、人员已经牺牲时,必须在恢复通风、维护支架后方可进入,确保救护人员的安全。

5.3　煤尘爆炸事故应急救援

5.3.1　煤尘与煤尘爆炸

(1)煤尘及其危害性

煤尘是采掘过程中产生的以煤炭为主要成分的微细颗粒,是矿尘的一种。通常把沉积于器物表面或井巷四壁之上的称为落尘;悬浮于井巷空间空气中的称为浮尘。落尘与浮尘在不同风流环境下是可以相互转化的。其主要危害表现为引起煤尘爆炸、导致尘肺病和污染井下和地面环境。

（2）**煤尘爆炸**

煤尘爆炸是在高温或一定点火能的热源作用下，空气中氧气与有爆炸危险性煤尘急剧氧化的反应过程，是一种非常复杂的链式反应。

（3）**煤尘爆炸条件**

1）**煤尘本身具有爆炸性**

煤尘可分为爆炸性煤尘和无爆炸性煤尘。煤尘的挥发分越高，越容易爆炸。煤尘有无爆炸性，要通过煤尘爆炸性鉴定才能确定。

2）**悬浮在空气中的煤尘达到一定的浓度**

具有爆炸性煤尘只有在空气中呈浮游状态并具有一定浓度时才会发生爆炸。煤尘爆炸下限为 45 g/m³，上限为 1 500 ~ 2 000 g/m³，爆炸力最强的煤尘浓度为 300 ~ 400 g/m³。

3）**高温热源**

能够引燃煤尘爆炸的热源温度变化的范围是比较大的，它与煤尘中挥发分含量有关。煤尘爆炸的引燃温度变化在 610 ~ 1 050 ℃。煤尘爆炸的最小点火能为 4.5 ~ 40 mJ。

井下能点燃煤尘的高温火源主要为爆破时出现的火焰、电气火花、冲击火花、摩擦高温、井下火灾和瓦斯爆炸等。

4）**空气中氧浓度大于 18%**

在含爆炸性煤尘空气中，氧气浓度低于 18% 时，煤尘就不能爆炸。

影响煤尘爆炸的因素有煤的物理性质、化学性质、煤尘粒度、瓦斯与岩粉的混入等。瓦斯的存在将使煤尘爆炸下限降低，增加煤尘爆炸的危险性，随着瓦斯浓度的增高，煤尘爆炸浓度下限急剧下降。

（4）**煤尘爆炸的特征**

1）**形成高温、高压、冲击波**

煤尘爆炸火焰温度为 1 600 ~ 1 900 ℃，爆源的温度达到 2 000 ℃以上，这是煤尘爆炸得以自动传播的条件之一。在矿井条件下，煤尘爆炸的平均理论压力为 736 kPa，但爆炸压力随着离开爆源距离的延长而跳跃式增大。爆炸过程中如遇障碍物，压力将进一步增加，尤其是连续爆炸时，后一次爆炸的理论压力将是前一次的 5 ~ 7 倍。煤尘爆炸产生的火焰速度可达 1 120 m/s，冲击波速度为 2 340 m/s。

2）**煤尘爆炸具有连续性**

由于煤尘爆炸具有很高的冲击波速，能将巷道中落尘扬起，甚至使煤体破碎形成新的煤尘，导致新的爆炸，有时可反复多次，形成连续爆炸，这是煤尘爆炸的重要特征。

3）**煤尘爆炸的感应期**

煤尘爆炸有一个感应期，即煤尘受热分解产生足够数量的可燃气体形成爆炸所需的时间。根据试验，煤尘爆炸的感应期主要决定于煤的挥发分含量，挥发分越高，感应期越短。

4）**挥发分减少或形成"黏焦"**

煤尘爆炸时，参与反应的挥发分占煤尘挥发分含量的 40% ~ 70%，致使煤尘挥发分减少，根据这一特征，可以判断煤尘是否参与了井下的爆炸。对于气煤、肥煤、焦煤等黏结性煤尘，一旦发生爆炸，一部分煤尘会被焦化，黏结在一起，沉积于支架的巷道壁上，形成煤尘爆炸所特有的产物——焦炭皮渣或黏块，统称"黏焦"。"黏焦"也是判断井下发生爆炸事故时是否有煤尘参与的重要标志。

5）产生大量的一氧化碳

煤尘爆炸时产生的一氧化碳,在灾区气体中浓度可达 2% ~3% ,甚至高达 8% ,爆炸事故中受害者的大多数(70% ~80%)是由于一氧化碳中毒造成的。

5.3.2　矿井煤尘爆炸预防措施

煤尘爆炸后产生的冲击波毁坏巷道、损伤人员,煤尘爆炸还会造成矿井火灾、巷道冒落等二次灾害。预防煤尘爆炸的技术措施主要包括减、降尘措施,防止煤尘引燃措施及隔绝煤尘爆炸措施等 3 个方面。

（1）减、降尘措施

减、降尘措施是指在矿山井下生产过程中,通过减少煤尘产生量或降低空气中悬浮煤尘含量以达到从根本上杜绝煤尘爆炸的可能性。其主要方法有煤层注水、水炮泥、喷雾降尘及清除落尘等。

（2）防止煤尘引燃的措施

防止煤尘引燃的措施与防止瓦斯引燃的措施大致相同。特别要注意的是,瓦斯爆炸往往会引起煤尘爆炸。此外,煤尘在特别干燥条件下产生静电,放电时产生的火花也能自身引爆。

（3）隔绝煤尘爆炸的措施

降低煤尘爆炸威力,隔绝爆炸范围的措施有撒布岩粉、设置隔爆水槽等。

5.3.3　煤尘爆炸应急救援

①处理煤尘爆炸事故时,救护队的主要任务是:

a.灾区侦察。

b.抢救遇险人员。

c.抢救人员时清理灾区堵塞物。

d.扑灭因爆炸产生的火灾。

e.恢复通风。

②煤尘爆炸产生火灾,应同时进行灭火和救人,并采取防止再次发生煤尘爆炸的措施。

③井筒、井底车场或石门发生煤尘爆炸时,在侦察确定没有火源,无爆炸危险的情况下,应派一个小队救人,另一个小队恢复通风。如果通风设施损坏不能恢复,应全部去救人。

④煤尘爆炸事故发生在采煤工作面时,派一个小队沿回风侧、另一个小队沿进风侧进入救人,在此期间必须维持通风系统原状。

⑤井筒、井底车场或石门发生煤尘爆炸时,为了排除爆炸产生的有毒、有害气体,抢救人员,应在查清确无火源的基础上,尽快恢复通风。如果有害气体严重威胁回风流方向的人员,为了紧急救人,在进风方向的人员已安全撤退的情况下,可采取区域反风。之后,矿山救护队应进入原回风侧引导人员撤离灾区。

⑥处理煤尘爆炸事故,小队进入灾区必须遵守以下规定:

a.进入前,切断灾区电源,并派专人看守。

b.保持灾区通风现状,检查灾区内各种有害气体的浓度、温度及通风设施的破坏情况。

c.穿过支架破坏的巷道时,应架好临时支架。

d.通过支架松动的地点时,队员应保持一定距离按顺序通过,不得推拉支架。

e.进入灾区行动应防止碰撞、摩擦等产生火花。

f.在灾区巷道较长、有害气体浓度大、支架损坏严重的情况下,如无火源、人员已经牺牲时,必须在恢复通风、维护支架后方可进入,确保救护人员的安全。

5.4　火灾事故应急救援

5.4.1　矿井火灾及其分类

(1)矿井火灾

矿井火灾是指发生在矿井井下或地面井口附近、威胁矿井安全生产、形成灾害的一切非控制性燃烧。矿井火灾能够烧毁生产设备、设施,损失资源,产生大量高温烟雾及一氧化碳等有害气体,致使人员大量伤亡。同时,火灾烟气顺风蔓延,当热烟气流经倾斜或垂直井巷时,可产生局部火风压,使相关井巷中风量变化,甚至发生风流停滞或反向,常导致火灾影响范围扩大,有时还能引起瓦斯或煤尘爆炸。

火风压是指井下发生火灾时,高温烟流流经有高差的井巷所产生的附加风压。

(2)根据引起火灾的热源不同分类

1)外因火灾

外因火灾也称外源火灾,系指由于外来热源如瓦斯煤尘爆炸、爆破作业、机械摩擦、电气设备运转不良、电源短路以及其他明火、吸烟、烧焊等引起的火灾。其特点是突然发生、来势迅猛,如果不能及时发现和控制,往往会酿成重大事故。据统计,国内外重大恶性火灾事故,90%以上为外因火灾。它多发生在井口楼、井筒、机电硐室、火药库以及安装有机电设备的巷道或工作面内。

2)内因火灾

内因火灾系指煤炭及其他易燃物在一定条件下,自身发生物理化学变化、吸氧、氧化、发热、热量聚集导致燃烧而形成的火灾。内因火灾的发生,往往伴有一个孕育的过程,根据预兆能够在早期发现。但内因火灾火源隐蔽,经常发生在人们难以进入的采空区或煤柱内,要想准确地找到火源比较困难;同时,燃烧范围逐渐蔓延扩大,烧毁大量煤炭,冻结大量资源。

(3)根据火灾的燃烧和蔓延形式分类

矿井火灾由于受到井下特殊环境的限制,其火灾的燃烧和蔓延形式分为富氧燃烧和富燃料燃烧两种。

1)富氧燃烧

富氧燃烧也称为非受限燃烧,是指供氧充分的燃烧。它的特点是耗氧量少、火源范围小、火势强度小和蔓延速度低。

2)富燃料燃烧

富燃料燃烧也称受限燃烧或通风控制型燃烧,是指供氧不充分的燃烧。它的特点是耗氧量多、火源范围大、火势强度大、蔓延速度快,可产生近 1 000 ℃的高温,分解出大量挥发性气体,生成可燃性高温烟流,并预热相邻地区可燃物,使其温度超过燃点,生成大量炽热挥发性气体;炽热含挥发性气体的烟流与相接巷道新鲜风流交汇后燃烧,使其火源下风侧可能出现若干再生火源,也就是燃烧蔓延的"跳蛙"现象。遇到新鲜空气供给,会产生爆炸事故。

(4)矿井内因火灾

1)煤炭自燃的条件

煤炭自燃的形成必须具备 4 个条件:煤本身具有自燃倾向,并呈破碎状态堆积存在;连续的通风供氧维持煤的氧化过程不断发展;煤氧化生成的热量能大量蓄积,难以及时散失;以上 3 个条件同时存在且时间大于煤炭的自燃发火周期。

2)煤炭自燃的预兆

煤炭自燃的初期人体所能感受到的预兆:火区附近空气湿度增大,有雾气,煤壁和支架上挂有水珠;火区附近空气温度升高,出水温度也高;有汽油味、煤油味、煤焦油味等火灾气味;一氧化碳含量增加,造成人体不适,出现头痛、头晕、恶心、呕吐、四肢无力、精神不振等。

煤炭自燃易发生的地点有采空区,特别是未及时封闭或封闭不严且留有大量浮煤的采空区、煤柱内、煤层巷道的冒空垮帮处、地质构造附近。

3)煤炭自燃的预防措施

预防煤炭自燃,首先要选择合理的开拓、开采技术,通风系统要合理,及时封闭采空区,采用预防性灌浆、阻化剂防火和胶体材料防火等技术手段。

(5)矿井外因火灾

1)造成外因火灾的原因

①明火。违章吸烟、使用电炉、灯泡取暖;电焊、气焊、喷灯熔断与焊接。

②电火花。电气设备失爆、过负荷运行、短路产生的电火花;带电检修、搬迁电气设备产生的电火花;电缆接头不符合要求。

③违章爆破火焰。使用变质或过期炸药;封泥不严、封泥量不够;最小抵抗线不够;裸露爆破等。

④瓦斯、煤尘爆炸可继发火灾事故。

⑤机械设备摩擦生热或撞击火花。

2)外因火灾的预防措施

①井口房和通风机房附近 20 m 内,不得有烟火和用火炉取暖。

②入井人员严禁携带烟草和点火物品。

③井下严禁使用灯泡取暖和使用电炉。

④矿井必须设地面消防水池和井下消防管路系统。井下消防管路系统应每隔100 m 设置支管和阀门。地面的消防水池必须经常保持不少于 200 m^3 的水量。

⑤井筒、平硐与各水平的连接处及井底车场,主要绞车道与主要运输巷、回风巷的连接处,井下机电设备硐室,主要巷道内带式输送机机头前后两端各 20 m 范围内,都必须用不燃性材料支护。

⑥井下和井口房内不得从事电焊、气焊和喷灯焊接等工作。如果必须在井下主要硐室、主要进风井巷和井口房内进行电焊、气焊和喷灯焊接等工作,每次必须制订安全措施。电焊、气焊和喷灯焊接等工作地点的前后两端各 10 m 的井巷范围内,应是不燃性材料支护,并应有供

水管路,有专人负责喷水。

⑦井下使用的汽油、煤油和变压器油必须装入盖严的铁桶内,由专人押运送至使用地点,剩余的汽油、煤油和变压器油必须运回地面,严禁在井下存放。

⑧井下使用的润滑油、棉纱、布头和纸,必须存放在盖严的铁桶内,定期送到地面处理。

⑨井上、井下必须设置消防材料库。作业人员熟悉灭火器材存放地点和使用方法。

⑩井下爆炸材料库、机电设备硐室、检修硐室、材料库、井底车场、使用带式输送机或液力耦合器的巷道以及采掘工作面附近的巷道中,应备有灭火器材。

5.4.2 矿山常见的灭火方法

(1)直接灭火

直接灭火是指用水、沙子、灭火器等器材灭火或直接挖除火源的方法。

矿井火灾发生的初期,一般火势并不大,应该尽早采取一切可能的办法进行直接灭火。若贻误灭火良机,火势迅速蔓延就容易酿成重大火灾事故。

1)清除可燃物

将已经发热或者燃烧的可燃物挖出、清除。这是扑灭矿井火灾最彻底的方法。采取这种方法的前提是火区涉及范围不大,火区瓦斯不超限,人员可以直接到达发火地点。

2)用水灭火

水是最有效、最经济、来源最广泛的灭火材料。用水灭火的注意事项:要有足够的水量;灭火人员要站在上风侧工作,以免产生过量的水蒸气伤人;必须保持一个畅通的排烟通道,以防高温的水蒸气和烟流返回伤人;不能用水扑灭带电的电气设备火灾,不宜用水扑灭油料火灾;要随时检查现场瓦斯浓度,当瓦斯浓度超过2%时,要立即撤出现场。

3)用沙子、岩粉、灭火器灭火

沙子常用于扑灭初期的电气火灾和油类火灾。适用于井下的灭火器有干粉灭火器、泡沫灭火器、高倍数泡沫灭火器等。

干粉灭火是指通过内装高压气瓶为动力,将干粉灭火剂发射到着火地点,以扑灭矿山初期明火和油类、电气设备等火灾的方法。

高泡灭火是指利用高倍数泡沫灭火机产生的空气泡沫混合体进行灭火的方法。

(2)隔绝灭火

隔绝灭火是指在通往火区的所有巷道内构筑风墙、截断空气的供给,使火灾逐渐自行熄灭。通过构筑防火墙,隔绝火区空气的供给,以减少火区的氧浓度,使火区因缺氧而窒熄。适用于火势猛、火区范围较大、无法直接灭火的火灾。在实施封闭火区灭火时,应遵循封闭范围尽可能小、防火墙数量尽可能少和有利于快速施工的原则。

(3)惰性气体灭火

惰性气体灭火是指使用低氧、不燃烧、不助燃的混合气体,扑灭井下火灾的方法。

(4)综合灭火

综合灭火是指采取风墙封闭、均压、向封闭的火区灌注泥浆或注入惰性气体等两种以上配合使用的灭火方法。它是隔绝灭火法与其他灭火法的综合应用。在封闭火区基础上,采取灌浆、注惰性气体或喷阻化剂等防灭火措施。

5.4.3　矿井火灾事故救援

(1)处理矿井火灾前应了解的情况

①发火时间、火源位置、火势大小、涉及范围、遇险人员分布情况。

②灾区瓦斯情况、通风系统状态、风流方向、煤尘爆炸性。

③巷道围岩、支护状况。

④灾区供电状况。

⑤灾区供水管路、消防器材供应的实际状况及数量。

⑥矿井的火灾预防处理计划及其实施状况。

(2)处理井下火灾应遵循的原则

①控制烟雾的蔓延,防止火灾扩大。

②防止引起瓦斯或煤尘爆炸,防止因火风压引起风流逆转。

③有利于人员撤退和保护救护人员安全。

④创造有利的灭火条件。

(3)合理选择灭火方法

指挥员应根据火区的实际情况选择灭火方法。在条件具备时,应采用直接灭火的方法。采用直接灭火法时,须随时注意风量、风流方向及气体浓度的变化,并及时采取控风措施,尽量避免风流逆转、逆退,保护直接灭火人员的安全。

①在下列情况下,采用隔绝方法或综合方法灭火:

a. 缺乏灭火器材或人员时。

b. 火源点不明确,火区范围大、难以接近火源时。

c. 用直接灭火的方法无效或直接灭火法对人员有危险时。

d. 采用直接灭火不经济时。

②井下发生火灾时,根据灾情可实施局部或全矿井反风或风流短路措施。反风前,应将原进风侧的人员撤出,并注意瓦斯变化;采取风流短路措施时,必须将受影响区域内的人员全部撤离。

③灭火中,只有在不使瓦斯快速积聚到爆炸危险浓度,并且能使人员迅速撤出危险区时,才能采用停止通风或减少风量的方法。

④用水灭火时,必须具备以下条件:

a. 火源明确。

b. 水源、人力、物力充足。

c. 有畅通的回风道。

d. 瓦斯浓度不超过2%。

⑤用水或注浆的方法灭火时,应将回风侧人员撤出,同时在进风侧有防止溃水的措施。严禁靠近火源地点作业。用水快速淹没火区时,密闭附近不得有人。

⑥灭火应从进风侧进行。为控制火势可采取设置水幕、拆除木支架(不致引起冒顶时)、拆掉一定区段巷道中的木背板等措施防止火势蔓延。

⑦用水灭火时,水流不得对准火焰中心,随着燃烧物温度的降低,逐步逼向火源中心。灭火时应有足够的风量,使水蒸气直接排入回风道。

⑧扑灭电气火灾,必须首先切断电源。电源无法切断时,严禁使用非绝缘灭火器材灭火。

⑨进风的下山巷道着火时,应采取防止火风压造成风流紊乱和风流逆转的措施。如有发生风流逆转的危险时,可将下行通风改为上行通风,从下山下端向上灭火;在不可能从下山下端接近火源时,应尽可能利用平行下山和联络巷接近火源灭火。改变通风系统和通风方式时必须有利于控制火风压。在风量发生变化、特别是流向变化时,或在水源供水或灭火材料供应中断时,救护队员应立即撤退。

⑩扑灭瓦斯燃烧引起的火灾时,不得使用振动性的灭火手段,防止扩大事故。

(4)处理火灾事故过程中

处理火灾事故过程中,应保持通风系统的稳定,指定专人检查瓦斯和煤尘,观测灾区气体和风流变化。当瓦斯浓度超过2%并继续上升时,必须立即将全体人员撤到安全地点,采取措施排除爆炸危险。

(5)检查灾区气体时

检查灾区气体时,应注意全断面检查瓦斯、氧气浓度,并注意氧气浓度低等因素会导致CH_4,CO气体浓度检测出现误差。在检测气体时,应同时采集灾区气样。对采集的气样应及时化验分析,校对检测误差。

(6)巷道烟雾弥漫能见度小于 1 m 时

巷道烟雾弥漫能见度小于 1 m 时,严禁救护队进入侦察或作业,需采取措施,提高能见度后方可进入。

(7)采用隔绝方法灭火时

采用隔绝方法灭火时,必须遵守以下规定:

①在保证安全的情况下,应尽量缩小封闭范围。

②隔绝火区时,首先建造临时风墙,经观察和气体分析表明灾区趋于稳定后,方可建造永久风墙。

③在封闭火区瓦斯浓度迅速增加时,为保证施工人员安全,应进行远距离的封闭火区。

④在封闭有瓦斯、煤尘爆炸危险的火区时,根据实际情况,可先设置抗爆墙。在抗爆墙的掩护下,建立永久风墙。沙袋抗爆墙应采用麻袋或棉布袋,不得用塑料编织袋装沙。

(8)隔绝火区封闭风墙的 3 种方法

①首先封闭进风巷中的风墙。

②进风巷和回风巷中的风墙同时封闭。

③首先封闭回风侧风墙。

(9)封闭火区风墙时

封闭火区风墙时,应做到以下方面:

①多条巷道需要进行封闭时,应先封闭支巷,后封闭主巷。

②火区主要进风巷和回风巷中的风墙应开有通风孔,其他一些风墙可以不开通风孔。

③选择进风巷和回风巷风墙同时封闭时,必须在建造两个风墙时预留通风孔。封堵通风孔必须统一指挥,密切配合,以最快速度同时封堵。在建造沙袋抗爆墙时,必须遵守该规定。

(10)建造火区风墙时

建造火区风墙时,应做到以下方面:

①进风巷道和回风巷道中的风墙应同时建造。

②风墙的位置应选择在围岩稳定、无破碎带、无裂隙、巷道断面小的地点,距巷道交叉口不小于 10 m。

③拆掉压缩空气管路、电缆、水管及轨道。

④在风墙中应留设注入惰性气体、灌浆(水)和采集气样测量温度用的管孔,并装上有阀门的放水管。

⑤保证风墙的建筑质量。

⑥设专人随时检测瓦斯浓度的变化。

(11)在建造有瓦斯爆炸危险的火区风墙时

在建造有瓦斯爆炸危险的火区风墙时,应做到以下方面:

①采取控风手段,尽量保持风量不变。

②注入惰性气体。

③检测进风、回风侧瓦斯浓度、氧气浓度、温度等。

④在完成密闭工作后,迅速撤离至安全地点。

(12)火区封闭后

火区封闭后,必须遵守的原则如下:

①人员应立即撤出危险区。进入检查或加固密闭墙,应在 24 h 之后进行。

②封闭后,应采取均压灭火措施,减少火区漏风。

③如果火区内 O_2、CO 含量及温度没有下降趋势,应查找原因,采取补救措施。

(13)火区风墙被爆炸破坏时

火区风墙被爆炸破坏时,严禁立即派救护队探险或恢复风墙。如果必须恢复破坏的风墙或在附近构筑新风墙前,必须做到以下方面:

①采取惰化措施抑制火区爆炸。

②检查瓦斯浓度,只有在火区内可燃气体浓度已无爆炸危险时,方可进行火区封闭作业;否则,应在距火区较远的安全地点建造风墙。

5.4.4　高温下的救护工作

①井下巷道内温度超过 30 ℃时,即为高温,应限制佩用氧气呼吸器的连续作业时间。巷道内温度超过 40 ℃时,禁止佩用氧气呼吸器工作,但在抢救遇险人员或作业地点靠近新鲜风流时例外;否则,必须采取降温措施。

②为保证在高温区工作的安全,应采取降温措施,改善工作环境。

③在高温作业巷道内空气升温梯度达到 0.5 ~ 1 ℃/min 时,矿山救护小队应返回基地,并及时报告井下基地指挥员。

④在高温区工作的指挥员必须做到以下方面:

a. 向出发的矿山救护小队布置任务,并提出安全措施。

b. 在进入高温巷道时,要随时进行温度测定。测定结果和时间应做好记录,有可能时写在巷道帮上。如果巷道内温度超过 40 ℃,小队应退出高温区,并将情况报告救护指挥部。

c. 救人时,救护人员进入高温灾区的最长时间不得超过表 5.1 中的规定。

表 5.1　救护人员进入高温灾区的最长时间值

巷道中温度/℃	40	45	50	55	60
进入时间/min	25	20	15	10	5

d. 与井下基地保持不断的联系,报告温度变化、工作完成情况及队员的身体状况。

e. 发现指战员身体有异常现象时,必须率领小队返回基地,并通知待机矿山救护小队。

f. 返回时,不得快速行走,并应采取一些改善其感觉的安全措施,如手动补给供氧,用水冷却头、面部等。

g. 在高温条件下,佩用氧气呼吸器工作后,休息的时间应比正常温度条件下工作后的休息时间增加 1 倍。

h. 在高温条件下佩用氧气呼吸器工作后,不应喝冷水。井下基地应备有含 0.75% 食盐的温开水和其他饮料。

5.4.5　扑灭不同地点火灾的方法

①扑灭进风井口建筑物发生火灾的方法:进风井口建筑物发生火灾时,应采取防止火灾气体及火焰侵入井下的措施。

a. 立即反风或关闭井口防火门;如不能反风,应根据实际情况决定是否停止主要通风机。

b. 迅速灭火。

②正在开凿井筒的井口建筑物发生火灾时,如果通往遇险人员的通道被火切断,可利用原有的铁风筒及各类适合供风的管路设施向遇险人员送风;同时,采取措施将火扑灭,以便尽快靠近遇险人员进行抢救。扑灭井口建筑物火灾时,事故矿井应召集消防队参加。

③回风井筒发生火灾时,风流方向不应改变。为了防止火势增大,应适当减少风量。

④竖井井筒发生火灾时,不管风流方向如何,应用喷水器自上而下的喷洒。只有在确保救护人员生命安全时,才允许派遣救护队进入井筒灭火。灭火时,应由上往下进行。

⑤扑灭井底车场的火灾时,应坚持的原则如下:

a. 当进风井井底车场和毗连硐室发生火灾时,应进行反风、停止主要通风机运转或风流短路,不使火灾气体侵入工作区。

b. 回风井井底发生火灾时,应保持正常风向,可适当减少风量。

c. 救护队要用最大的人力、物力直接灭火和阻止火灾蔓延。

d. 为防止混凝土支架和砌碹巷道上面木垛燃烧,可在碹上打眼或破碹,安设水幕。

e. 如果火灾的扩展危及井筒、火药库、变电所、水泵房等关键地点,则主要的人力、物力应用于保护这些地点。

⑥扑灭井下硐室中的火灾时,应坚持的原则如下:

a. 着火硐室位于矿井总进风道时,应反风或风流短路。

b. 着火硐室位于矿井一翼或采区总进风流所经两巷道的连接处时,应在可能的情况下,采取短路通风,条件具备时也可采用区域反风。

c. 爆炸材料库着火时,有条件时应首先将雷管、导爆索运出,然后将其他爆炸材料运出;否则关闭防火门,救护队撤往安全地点。

d. 绞车房着火时,应将相连的矿车固定,防止烧断钢丝绳,造成跑车伤人。

e. 蓄电池机车库着火时,为防止氢气爆炸,应切断电源,停止充电,加强通风并及时把蓄电池运出硐室。

f. 硐室发生火灾,并且硐室无防火门时,应采取挂风障控制入风,积极灭火。

⑦火灾发生在采区或采煤工作面进风巷,为抢救人员,有条件时可进行区域反风;为控制火势减少风量时,应防止灾区缺氧和瓦斯积聚。

⑧火灾发生在倾斜上行风流巷道时,应保持正常风流方向,可适当减少风量。

⑨火源在倾斜巷道中时,应利用联络巷等通道接近火源进行灭火。不能接近火源时,可利用矿车、箕斗将喷水器送到巷道中灭火,或发射高倍数泡沫、惰气进行远距离灭火。需要从下方向上灭火时,应采取措施防止落石和燃烧物掉落伤人。

⑩位于矿井或一翼总进风道中的平巷、石门和其他水平巷道发生火灾时,应采取有效措施控风;采取短路通风措施时,应防止烟流逆转。

⑪采煤工作面发生火灾时,应做到以下方面:

a. 从进风侧利用各种手段进行灭火。

b. 在进风侧灭火难以取得效果时,可采取区域反风,从回风侧灭火,但进风侧要设置水幕,并将人员撤出。

c. 采煤工作面回风巷着火时,应防止采空区瓦斯涌出和积聚造成危害。

d. 急倾斜煤层采煤工作面着火时,不准在火源上方灭火,防止水蒸气伤人;也不准在火源下方灭火,防止火区塌落物伤人;而要从侧面利用保护台板和保护盖接近火源灭火。

e. 用上述方法灭火无效时,应采取隔绝方法和综合方法灭火。

⑫处理采空区或巷道冒落带火灾时,必须保持通风系统的稳定可靠,检查与之相连的通道,防止瓦斯涌入火区。

⑬独头巷道发生火灾时,应在维持局部通风机正常通风的情况下,积极灭火。矿山救护队到达现场后,应保持独头巷道的通风原状,即风机停止运转的不要开启,风机开启的不要停止,进行侦察后再采取措施。

⑭矿山救护队到达井下,已经知道发火巷道有爆炸危险,在不需要救人的情况下,指挥员不得派小队进入着火地点冒险灭火或探险;已经通风的独头巷道如果瓦斯浓度仍然迅速增长,也不得入内灭火,而应在远离火区的安全地点建筑风墙,具体位置由救护指挥部确定。

⑮在扑灭独头巷道火灾时,矿山救护队必须遵守以下规定:

a. 平巷独头巷道掘进工作面发生火灾,瓦斯浓度不超过 2% 时,应在通风的情况下直接灭火。灭火后,必须仔细清查阴燃火点,防止复燃引起爆炸。

b. 火灾发生在平巷独头煤巷的中段时,灭火中必须注意火源以里的瓦斯情况,设专人随时检测,严禁将已积聚的瓦斯经过火点排出。如果情况不清,应远距离封闭。

c. 火灾发生在上山独头煤巷的掘进工作面时,在瓦斯浓度不超过 2% 的情况下,有条件时应直接灭火,灭火中应加强通风;如瓦斯浓度超过 2% 仍在继续上升,应立即把人员撤到安全地点,远距离进行封闭。若火灾发生在上山独头巷道的中断时,不得直接灭火,应在安全地点进行封闭。

d. 上山独头煤巷火灾不管发生在什么地点,如果局部通风机已经停止运转,在无须救人时,严禁进入灭火或侦察,应立即撤出人员,远距离进行封闭。

e. 火灾发生在下山独头煤巷掘进工作面时,在通风的情况下,瓦斯的浓度不超过2%,可直接进行灭火。若火灾发生在巷道中段时,不得直接灭火,应远距离封闭。

⑯救护队处理不同地点火灾时,矿山救护小队执行紧急任务的安排原则:

a. 进风井井口建筑物发生火灾时,应派一个小队去处理火灾,另一个小队去井下救人和扑灭井底车场可能发生的火灾。

b. 井筒和井底车场发生火灾时,应派一个小队灭火,派另一个小队去火灾威胁区域救人。

c. 当火灾发生在矿井进风侧的硐室、石门、平巷、下山或上山,火烟可能威胁到其他地点时,应派一个小队灭火,派另一个小队到最危险的地点救人。

d. 当火灾发生在采区巷道、硐室、工作面中,应派一个小队从最短的路线进入回风侧救人,另一个小队从进风侧灭火、救人。

e. 当火灾发生在回风井井口建筑物、回风井筒、回风井底车场,以及其毗连的巷道中时,应派一个小队灭火,派另一个小队救人。

⑰处理矸石山火灾事故时,应做到以下方面:

a. 查明自燃的范围、温度、气体成分等参数。

b. 处理火源时,可采用注黄泥浆、飞灰、凝胶、泡沫等措施。

c. 直接灭火时,应防止水煤气爆炸,避开矸石山垮塌面和开挖暴露面。

d. 在清理矸石山爆炸产生的高温抛落物时,应戴手套、防护面罩、眼镜,穿隔热服,使用工具清除,并设专人观察矸石山变化情况。

5.4.6 启封火区

(1)火区熄灭条件

《煤矿安全规程》第301条规定,封闭的火区,只有经取样化验证实火已熄灭后,方可启封或注销。火区同时具备下列条件时,方可认为火已熄灭。

①火区内的空气温度下降到30℃以下,或与火灾发生前该区的日常空气温度相同。

②火区内空气中的氧气浓度降到5.0%以下。

③火区内空气中不含有乙烯、乙炔,一氧化碳浓度在封闭期间内逐渐下降,并稳定在0.001%以下。

④火区的出水温度低于25℃,或与火灾发生前该区的日常出水温度相同。

⑤上述4项指标持续稳定一个月以上。

(2)火区启封的安全要求

①贯彻火区启封措施,逐项检查落实,制订救护队行动安全措施。

②启封前,应检查火区的温度、各种气体浓度及密闭前巷道支护等情况;切断回风流电源,撤出回风侧人员;在通往回风道交叉口处设栅栏、警示标志;做好重新封闭的准备工作。

③启封时,必须在佩用氧气呼吸器后采取锁风措施,逐段检查各种气体和温度,逐段恢复通风。有复燃征兆时,必须立即重新封闭火区;火区进风端密闭启封时,应注意防止二氧化碳等有害气体溃出。

④启封后3d内,每班必须由救护队检查通风状况,测定水温、空气温度和空气成分,并取气样进行分析,只有确认火区完全熄灭时,方可结束启封工作。

5.5 矿山水灾事故应急救援

5.5.1 矿井水灾及其原因及预兆

（1）矿井水灾

矿井在建设和生产过程中，地面水和地下水通过各种通道涌入矿井，当矿井涌水超过正常排水能力时，就造成矿井水灾。

矿井充水水源主要有大气降水、地表水、含水层水、断层水和旧巷或采空区积水等。

（2）矿井水灾原因

矿井水灾事故可以造成矿井生产停滞、人员伤亡、财产损失。造成矿井水灾事故的原因有水文地质条件没有探明、防治水措施不力、违规冒险作业、违规开采防水煤柱等。

（3）矿井水灾的预兆

采掘工作面发生透水事故是有规律的。采掘工作面或者其他地点发生透水前，一般都有煤层变湿、挂红、挂汗、空气变冷、出现雾气、水叫、顶板来压、片帮、淋水加大、底板鼓起或产生裂隙、出现渗水、钻孔喷水、底板涌水、煤壁溃水、水色发浑、有臭味等预兆。

当采掘工作面出现透水征兆时，应当立即停止作业，报告矿调度室，并发出警报，撤出所有受水威胁地点的人员。在原因未查清、隐患未排除之前，不得进行任何采掘活动。

5.5.2 矿井水灾防治原则及综合措施

（1）防治水十六字原则

矿井防治水工作应当坚持"预测预报、有疑必探、先探后掘、先治后采"的原则，采取"防、堵、疏、排、截"的综合治理措施。防治水十六字原则科学地概括了水害防治工作的基本程序。

①预测预报是水害防治的基础，是指在查清矿井水文地质条件基础上，运用先进的水害预测预报理论和方法，对矿井水害作出科学的分析判断和评价。

②有疑必探是根据水害预测预报评价结论，对可能构成水害威胁的区域，采用物探、化探和钻探等综合探测技术手段，查明或排除水害。

③先探后掘是指先综合探查，确定巷道掘进没有水害威胁后再掘进施工。

④先治后采是指根据查明的水害情况，采取有针对性的治理措施排除水害威胁隐患后，再安排采掘工程。

（2）井下防治水综合措施

井下防治水措施可归纳为防、探、堵、截、排等综合防治措施。

1）井下防水

合理进行矿井开拓与开采布置，减少涌入矿井的涌水量，为煤层开采创造安全有利的条件。按规程规定预留一定宽度的防水煤柱，使采掘工作面与地下水源或通道保持一定距离，以防止地下水涌入采掘工作面。

2）井下疏干排水

利用钻孔疏排地下水，有计划、有步骤地降低含水层的水位和水压，使地下水局部疏干，为煤层开采创造必要的安全条件。利用巷道和排水系统排水,将地下水汇集到井下水仓中,由此集中排出井外。

3)井下探放水

"预测预报,有疑必探,先探后掘,先治后采"是防治矿井水灾的基本原则。矿井采掘工作面探放水应当采用钻探方法,由专业人员和专职探放水队伍使用专用探放水钻机进行施工。严禁使用煤电钻等非专用探放水设备进行探放水。

采掘工作面接近水淹或可能积水的井巷、老空或相邻矿山、接近含水层、导水断层、溶洞和导水陷落柱时,必须确定探水线进行探水,经探水确认无突水危险后,方可前进。

4)井下截水与堵水

井下截水主要措施有修筑水闸墙和水闸门。水闸门设置在发生涌水时需要截水而平时仍需运输、行人的井下巷道内,它是矿井的重要截水工程。堵水是指将水泥浆或化学浆通过专门钻孔注入岩层空隙,浆液在裂隙中扩散时胶结硬化,起到加固煤系地层和堵隔水源的作用。

5.5.3 矿井水灾事故救援

①矿山发生水灾事故时,救护队的任务是抢救受淹和被困人员,恢复井巷通风。

②救护队到达事故矿井后,应了解灾区情况、水源、事故前人员分布、矿井有生存条件的地点及进入该地点的通道等,并分析计算被堵人员所在空间体积,O_2、CO_2、CH_4浓度,计算出遇险人员最短生存时间。根据水害受灾面积、水量和涌水速度,提出及时增大排水设备能力、抢救被困人员的有关建议。

③救护队在侦察中,应探查遇险人员位置,涌水通道、水量、水的流动线路,巷道及水泵设施受淹程度,巷道冲坏和堵塞情况,有害气体(CH_4、CO_2、H_2S等)浓度及在巷道中的分布和通风状况等。

④采掘工作面发生水灾时,救护队应首先进入下部水平救人,再进入上部水平救人。

⑤救助时,被困灾区人员,其所在地点高于透水后水位时,可利用打钻、掘小巷等方法供给新鲜空气、饮料及食物,建立通信联系;如果其所在地点低于透水后水位时,则禁止打钻,防止泄压扩大灾情。

⑥矿井涌水量超过排水能力,全矿和水平有被淹危险时,在下部水平人员救出后,可向下部水平或采空区放水;如果下部水平人员尚未撤出,主要排水设备受到被淹威胁时,可用装有黏土、沙子的麻袋构筑临时防水墙,堵住泵房口和通往下部水平的巷道。

⑦救护队在处理水淹事故时,必须注意以下问题:

a. 水灾威胁水泵安全,在人员撤往安全地点后,救护小队主要任务是保护泵房不致被淹。

b. 小队逆水流方向前往上部没有出口的巷道时,应与在基地监视水情的待机小队保持联系;当巷道有很快被淹危险时,立即返回基地。

c. 排水过程中保持通风,加强对有毒、有害气体的检测。

d. 排水后进行侦察、抢救人员时,注意观察巷道情况,防止冒顶和底板塌陷。

e. 救护队员通过局部积水巷道时,应采用探险棍探测前进。

⑧处理上山巷道水灾时,应注意的事项:

a. 检查并加固巷道支护,防止二次透水、积水和淤泥的冲击。

b. 透水点下方要有能存水及存沉积物的有效空间,否则人员要撤到安全地点。

c. 保证人员在作业中的通信联系和退路安全畅通。

d. 指定专人检测 CH_4、CO、H_2S 等有毒、有害气体和氧气浓度。

5.6　中毒与窒息事故应急救援

矿山作业主要存在氮氧化物、二氧化碳、一氧化碳、硫化氢、氨、甲烷等有害气体。

5.6.1　中毒与窒息

（1）中毒

人体过量或大量接触化学毒物，引发组织结构和功能损害、代谢障碍而发生疾病或死亡者，称为中毒。

（2）窒息

因外界氧气不足或其他气体过多或者呼吸系统发生障碍而呼吸困难甚至呼吸停止，称为窒息。

（3）窒息性气体

窒息性气体是指经吸入使人体产生缺氧而直接引起窒息作用的气体。主要致病环节都是引起人体缺氧。依其作用机理可分为以下两大类：

1）单纯窒息性气体

其本身毒性很低或属惰性气体，如氮气、甲烷、二氧化碳、水蒸气等。

2）化学窒息性气体

吸入能对血液或组织产生特殊的化学作用，使血液运送氧的能力或组织利用氧的能力发生障碍，引起组织缺氧或细胞内"窒息"的气体。

化学窒息性气体依据中毒机制的不同分为以下两类：

①血液窒息性气体

这类气体可阻碍血红蛋白与氧的结合，影响血液氧的运输，从而导致人体缺氧，发生窒息，如一氧化碳等。

②细胞窒息性气体

这类气体主要是抑制细胞内的呼吸酶，从而阻碍细胞对氧的利用，使人体发生细胞内"窒息"，如硫化氢等。

5.6.2　氮氧化物

氮氧化物包括一氧化二氮（N_2O）、一氧化氮（NO）、二氧化氮（NO_2）、三氧化二氮（N_2O_3）、四氧化二氮（N_2O_4）和五氧化二氮（N_2O_5）等多种化合物。除二氧化氮以外，其他氮氧化物均极不稳定，遇光、湿或热变成二氧化氮及一氧化氮，一氧化氮又变为二氧化氮。

氮氧化物是矿山生产中最常见的刺激性气体之一，在生产中接触并引起职业中毒的常是混合物，主要是一氧化氮和二氧化氮，以二氧化氮为主。

（1）主要来源

矿山作业场所氮氧化物的来源主要有以下 3 个方面：

①井下采掘爆破作业产生的烟气中含有大量的氮氧化物。

②矿山井下意外事故,如发生火灾时可能产生氮氧化物。

③矿山开采、掘进、运输等柴油机械设备工作尾气排放氮氧化物。

（2）**急性中毒**

吸入氮氧化物气体当时可无明显症状或有眼及上呼吸道刺激症状,如咽部不适、干咳等。常经 6～7 h 潜伏期后出现迟发性肺水肿、成人呼吸窘迫综合征。可并发气胸及纵膈气肿。肺水肿消退后两周左右出现迟发性阻塞性细支气管炎而发生咳嗽、进行性胸闷、呼吸窘迫及紫绀。少数患者在吸入气体后无明显中毒症状而在两周后发生以上病变。血气分析显示动脉血氧分压降低。胸部 X 线片呈肺水肿的表现或两肺满布粟粒状阴影。硝气中如一氧化氮浓度高可致高铁血红蛋白症。二氧化氮中毒症状与浓度的关系见表 5.2。

表 5.2 二氧化氮中毒症状与浓度的关系表

二氧化氮浓度（体积）/%	主要症状
0.004	2～4 h 内出现咳嗽症状
0.006	短时间内感到喉咙刺激、咳嗽、胸痛
0.01	短时间内出现中毒症状,神经麻痹,严重咳嗽、恶心、呕吐
0.025	短时间内可能出现死亡

（3）**应急处置**

①处理氮氧化物急性中毒事故时,救护队的主要任务是救助遇险人员,加强通风,监测有毒、有害气体。

②对独头巷道、独头采区或采空区发生的氮氧化物急性中毒事故,在救护过程中,应分析并确认没有气体爆炸危险情况下,采用局部通风的方式,稀释该区域的氮氧化物浓度。

③救护小队进入炮烟事故区域,应不间断地与救护基地保持通信联系。如果救护小队有一人出现体力不支或者呼吸器氧气压力不足时,全小队应立即撤出事故区域,返回基地。

④氮氧化物急性中毒后应迅速脱离现场至空气新鲜处,立即吸氧。对密切接触者观察 24～72 h。

⑤及时观察胸部 X 线变化及血气分析,对症、支持治疗。

⑥积极防治肺水肿,给予合理氧疗。

⑦保持呼吸道通畅,应用支气管解痉剂,肺水肿发生时给去泡沫剂,必要时作气管切开、机械通气等。

⑧早期、适量、短程应用糖皮质激素,短期内限制液体输入量。

⑨合理应用抗生素。脱水剂及吗啡应慎用;强心剂应减量应用。

⑩出现高铁血红蛋白症时可用 1% 亚甲蓝 5～10 mL 缓慢静注。对症处理。

（4）**预防措施**

①加强矿井通风,保证通风系统畅通,将氮氧化物浓度稀释到 0.000 25% 以下。

②掘进工作面使用的局部通风机必须配备同等能力备用风机,并能自动切换。

③井下掘进工作面实施爆破作业,局部通风机风筒出风口距工作面的距离不得大于 5 m,风筒末端出口风量不得小于 40 m³/min。

④爆破前,班组长必须亲自布置专人在警戒线和可能进入爆破地点的所有通路上担任警戒工作。警戒人员必须在安全地点警戒。警戒线处应设置警戒牌、栏杆或拉绳。

⑤爆破时,所有作业人员必须撤到新鲜风流中,并在回风侧挂警戒牌。

⑥爆破后,所有人员应至少等待 30 min,待工作面炮烟被吹散以后,方可进行复工检查。

⑦爆破前后必须对爆破地点 20 m 范围内进行洒水。

⑧加强个体防护,佩戴合格的个体防护用品。

5.6.3　一氧化碳

一氧化碳,分子式 CO,是无色、无嗅、无味、无刺激性、含剧毒的无机化合物气体。标准状况下气体密度为 1.25 g/L,比空气略轻。难溶于水,但易溶于氨水。熔点 −207 ℃,沸点 −191.5 ℃。空气混合爆炸极限为 12.5% ~74%。一氧化碳是含碳物质不完全燃烧的产物。

(1)主要来源

在矿山生产中一氧化碳主要产生于采掘工作面爆破作业、矿井火灾、煤层自燃、瓦斯爆炸事故、煤尘爆炸事故等。

(2)主要危害

人体吸入一氧化碳后会结合血红蛋白生成碳氧血红蛋白,碳氧血红蛋白不能提供氧气给身体组织,这种情况称为血缺氧。浓度低至 6.67×10^{-4} 可能会导致高达 50% 人体的血红蛋白转换为羰合血红蛋白,可能会导致昏迷和死亡。

(3)中毒症状

常见的一氧化碳中毒症状有头痛、恶心、呕吐、头晕、疲劳、虚弱感觉、视网膜出血,出现异常樱桃色血液。同时,长时间暴露在一氧化碳中可能严重损害心脏和中枢神经系统,留下后遗症。一氧化碳中毒症状表现在以下 3 个方面:

1)轻度中毒

中毒人员可出现头痛、头晕、失眠、视物模糊、耳鸣、恶心、呕吐、全身乏力、心动过速、短暂昏厥。血中碳氧血红蛋白含量达 10% ~20%。

2)中度中毒

除上述症状加重外,口唇、指甲、皮肤黏膜出现樱桃红色,多汗,血压先升高后降低,心率加速,心律失常,烦躁,一时性感觉和运动分离。症状继续加重,出现嗜睡、昏迷。血中碳氧血红蛋白在 30% ~40%,经及时抢救,可较快清醒,一般无并发症和后遗症。

3)重度中毒

中毒人员迅速进入昏迷状态。初期四肢肌张力增加,或有阵发性强直性痉挛;晚期肌张力显著降低,中毒人员面色苍白或青紫,血压下降,瞳孔散大,最后因呼吸麻痹而死亡。经抢救存活者可有严重并发症及后遗症。

中、重度中毒人员有神经衰弱、震颤麻痹、偏瘫、偏盲、失语、吞咽困难、智力障碍、中毒性精神病或去大脑强直。部分患者可发生继发性脑病。一氧化碳中毒症状与浓度的关系见表 5.3。

表 5.3　一氧化碳中毒症状与浓度的关系表

一氧化碳浓度(体积)/%	主要症状
0.005	健康成年人可以承受 8 h

续表

一氧化碳浓度(体积)/%	主要症状
0.02	健康成年人2~3 h后,轻微头痛、乏力
0.04	健康成年人1~2 h内前额痛,3 h后威胁生命
0.08	健康成年人45 min内,眼花、恶心、痉挛,2 h内失去知觉,2~3 h内死亡
0.16	健康成年人20 min内头痛、眼花、恶心,1 h内死亡
0.32	健康成年人5~10 min内头痛、眼花、恶心,25~30 min内死亡
0.64	健康成年人1~2 min内头痛、眼花、恶心,10~15 min死亡
1.28	健康成年人1~3 min内死亡

（4）紧急处理步骤

①将中毒人员移到新鲜通风处,并松开衣服,保持仰卧姿势。

②将中毒人员头部后仰,使气道畅通。

③中毒人员如有呼吸,要以毛毯或衣物保温,迅速就医。

④中毒人员如无呼吸,要一面施行人工呼吸,一面呼叫救护车。

（5）应急处置

①迅速脱离现场至空气新鲜处。

②保持呼吸道通畅。如呼吸困难,给予输氧。

③呼吸、心跳停止时,立即进行人工呼吸和胸外心脏按压术,并迅速送医院救治。

④呼吸系统防护:空气中浓度超标时,佩戴自吸过滤式防毒面具(半面罩)。紧急事态抢救或撤离时,建议佩戴空气呼吸器、一氧化碳过滤式自救器。

⑤眼睛防护:一般不需特殊防护;高浓度接触时可戴安全防护眼镜。

⑥身体防护:穿防静电工作服。

⑦手防护:戴一般作业防护手套。

（6）低浓度一氧化碳对人体的影响

经医学研究证明,长期接触低浓度一氧化碳可能对人体健康造成两个方面的影响:

①神经系统

长期接触低浓度一氧化碳的人员多出现头晕、头痛、耳鸣、乏力、睡眠障碍、记忆力减退等脑衰弱综合征的症状,神经行为学测试可发现异常。

②心血管系统

心电图可出现心律失常、右束支传导阻滞等异常。在低浓度一氧化碳的长期作用下,心血管系统有可能受到不利影响。其与血红蛋白结合能力为氧气的200倍。

（7）防治措施

①加强机械通风。通过机械通风措施将一氧化碳浓度稀释到0.002 4%以下。

②加强检查。应用各种仪器或矿井安全监控系统监控井下一氧化碳的动态,以便及时采取相应的措施。

③设立警示标识。在不通风的旧巷口要设置栅栏,并悬挂"禁止入内"的警示牌,若要进

入这些旧巷道时,必须先进行检查,当确认对人体无害时方能进入。

④喷雾洒水。当工作面有二氧化碳释放时,可使用喷雾洒水的方法使其溶于水中。

⑤加强个体防护。进入高浓度一氧化碳的工作环境时,需要佩戴特制的防毒面具,两人同时工作,以便监护和互助。

5.6.4　二氧化碳

二氧化碳是空气中常见的化合物,由碳与氧反应生成。分子式为 CO_2,分子量为 44.01,密度为 1.8 kg/m^3,常温下为一种无色、无味气体,密度比空气大,能溶于水,与水反应生成碳酸。固态二氧化碳压缩后称为干冰。二氧化碳比空气重,在低洼处的浓度较高。

（1）主要来源

在矿山生产中二氧化碳主要产生于煤和有机物的氧化、人员呼吸、碳酸性岩石分解、采掘工作面爆破作业、煤层自燃、瓦斯爆炸事故、煤尘爆炸事故、岩石与二氧化碳突出等。

（2）主要危害

当二氧化碳浓度达 1% 会使人感到气闷、头昏、心悸;当超过 3% 时,开始出现呼吸困难;达到 4%～5% 时人会感到气喘、头痛、眩晕;达到 6% 时,就会出现重度中毒;达到 10% 的时候,会使人体机能严重混乱,使人丧失知觉、神志不清、呼吸停止而死亡。低浓度的二氧化碳可以兴奋呼吸中枢,使呼吸加深加快。高浓度二氧化碳可以抑制和麻痹呼吸中枢;由于二氧化碳的弥散能力比氧强 25 倍,它很容易从肺泡弥散到血液造成呼吸性酸中毒。

矿山企业很少发现单纯的二氧化碳中毒,由于空气中二氧化碳增多,常伴随氧浓度降低。医学研究证明,氧充足的空气中二氧化碳浓度为 5% 时对人无害;氧浓度为 17% 以下的空气中含 4% 二氧化碳,可使人中毒。缺氧可造成肺水肿、脑水肿、代谢性酸中毒、电解质紊乱、休克、缺氧性脑病等。

（3）中毒症状

二氧化碳吸入人体以后,会引起头痛、头晕、耳鸣、气急、胸闷、乏力、心跳加快,面颊发绀、烦躁、谵妄、呼吸困难;情况严重者会出现嗜睡、淡漠、昏迷、反射消失、瞳孔散大、大小便失禁、血压下降甚至死亡。二氧化碳中毒症状与浓度的关系见表5.4。

表5.4　二氧化碳中毒症状与浓度的关系表

二氧化碳浓度(体积)/%	主要症状
1	呼吸加深,但对工作效率无明显影响
3	呼吸急促,心跳加快,头痛,人体很快疲劳
5	呼吸困难,头痛,恶心,呕吐,耳鸣
6	严重喘息,极度虚弱无力
7～9	动作不协调,十几分钟可发生昏迷
9～11	几分钟内导致死亡

（4）应急处置

①将中毒人员救出后,在空气新鲜处进行人工呼吸,心脏按摩,吸氧,以至采用高压氧

治疗。

②吸入兴奋剂:多种兴奋剂交替、联合使用,如洛贝林、山梗菜碱等。

③防止脑和肺水肿:应用脱水剂、激素,限制液量和速度,吸入钠的分量也应限制。

④对症治疗:给予多种维生素、细胞色素 C、能量合剂、高渗糖,以防感染。

⑤抢救时要留意有没有一氧化碳等其他有毒气体存在,以便采取针对性措施。

（5）**防治措施**

①加强机械通风。通过机械通风措施将二氧化碳浓度稀释到 0.5% 以下。

②加强检查。应用光学瓦斯监测仪或矿山安全监控系统监测井下二氧化碳的动态,以便及时采取相应的措施。

③设立警示标识。井下通风不良或不通风的巷道内,往往聚集大量的有害气体,尤其是二氧化碳。因此,在不通风的旧巷口要设置栅栏,并悬挂"禁止入内"的警示牌,若要进入这些旧巷道时,必须先进行检查,当确认对人体无害时方能进入。

④喷雾洒水。当工作面有二氧化碳涌出时,可使用喷雾洒水的方法使其溶于水中。

⑤加强个体防护。进入高浓度二氧化碳的工作环境时,要佩戴特制的防毒面具,要两人同时工作,以便监护和互助。

5.6.5　硫化氢

硫化氢,分子式 H_2S,分子量 34.076,无色气体,有臭鸡蛋的味道,它是一种急性剧毒物质,吸入少量高浓度硫化氢可于短时间内致命。密度 1.539 g/L,相对密度 1.19,熔点为 -82.9 ℃,沸点为 -61.8 ℃。硫化氢能溶于水、乙醇及甘油中,溶于水生成氢硫酸。其化学性质不稳定,在空气中容易燃烧,与许多金属离子作用,生成不溶于水或酸的硫化物沉淀。它存在于地势低的地方。

（1）**主要来源**

在矿山生产中硫化氢主要产生于井下有机物的分解、含硫矿物的水解、含硫矿物的采掘作业、井下旧巷和老空区积水、矿井水灾事故等。硫化氢气体主要滞留在矿山巷道底部。

（2）**主要危害**

硫化氢是一种具有刺激性和窒息性的气体,也是强烈的神经毒素,对黏膜有强烈刺激作用。主要经呼吸道吸收,人吸入（70～150 mg/m³)/(1～2 h),出现呼吸道及眼刺激症状,可以麻痹嗅觉神经,吸入 2～5 min 后不再闻到臭气。吸入（300 mg/m³)/1 h,6～8 min 出现眼急性刺激症状,稍长时间接触引起肺水肿。吸入硫化氢能引起中枢神经系统的抑制,导致呼吸的麻痹,最终死亡。在高浓度硫化氢中几秒内就会发生虚脱、休克,能导致呼吸道发炎、肺水肿,并伴有头痛、胸部痛及呼吸困难。

（3）**中毒症状**

硫化氢通过呼吸道进入机体,与呼吸道内水分接触后很快溶解,并与钠离子结合成硫化钠,对眼和呼吸道黏膜产生强烈的刺激作用。硫化氢吸收后主要与呼吸链中细胞色素氧化酶及二硫键作用,影响细胞氧化过程,造成组织缺氧。轻者主要是刺激症状,表现为流泪、眼刺痛、流涕、咽喉部灼热感,或伴有头痛、头晕、乏力、恶心等症状。中度中毒者黏膜刺激症状加重,出现咳嗽、胸闷、视物模糊、眼结膜水肿及角膜溃疡;有明显头痛、头晕等症状,并出现轻度意识障碍,肺部闻及干性或湿性啰音。重度中毒出现昏迷、肺水肿、呼吸循环衰竭,吸入极高浓度(1 000 mg/m³ 以上)时,可出现"闪电型死亡"。严重中毒可留有神经、精神后遗症。硫化氢中毒症状与浓度的关系见表 5.5。

表 5.5　硫化氢中毒症状与浓度的关系表

硫化氢浓度(体积)/%	主要症状
0.002 5 ~ 0.003	有强烈的臭鸡蛋味
0.005 ~ 0.01	1 ~ 2 h 内出现眼及呼吸道刺激症状,臭味"减弱"或"消失"
0.015 ~ 0.02	出现恶心、呕吐、头晕、四肢无力,反应迟钝。眼及呼吸道有强烈刺激症状
0.035 ~ 0.045	0.5 ~ 1 h 内出现严重中毒,可发生肺炎、支气管炎及肺水肿,有死亡危险
0.06 ~ 0.07	很快昏迷,短时间内死亡

(4)应急处置

①发现硫化氢中毒人员,应立即使其脱离事故现场至空气新鲜处。

②有条件时立即给予硫化氢中毒人员吸氧。

③现场抢救人员应有自救互救知识,以防抢救者进入现场后自身中毒。

④对呼吸或心脏骤停的硫化氢中毒人员应立即施行心肺脑复苏术。

⑤在实施口对口人工呼吸时,救援人员应防止吸入中毒人员的呼出气体或衣服内逸出的硫化氢,以免发生二次中毒。

⑥硫化氢中毒昏迷人员应尽快给予高压氧治疗,同时配合综合治疗。

⑦对中毒症状明显的中毒人员需早期、足量、短程给予肾上腺糖皮质激素,有利于防治脑水肿、肺水肿和心肌损害。

⑧较重患者需进行心电监护及心肌酶谱测定,以便及时发现病情变化,及时处理。

⑨对有眼刺激症状者,立即用清水冲洗,对症处理。

(5)防治措施

①加强机械通风。通过加强机械通风确保井下空气中硫化氢气体的浓度不超过0.000 66%。尤其是在排除井下积水时,一定要进行强制通风。

②加强生产环境中硫化氢浓度的监测,发现硫化氢浓度超标及时采取处理措施。

③设立警示标识。井下通风不良或不通风的巷道内,往往聚集大量的有害气体,其中包括硫化氢气体。因此,在井下停止作业地点和危险区域应悬挂警告牌或封闭。

④患有肝炎、肾病、气管炎的人员不得从事接触硫化氢的作业。

⑤加强对作业人员专业知识的培训,提高自我防护意识。

⑥加强个体防护。作业人员应佩戴防毒口罩、安全护目镜、防毒面具和空气呼吸器,佩戴硫化氢报警设施。

5.6.6　氨

氨,分子式 NH_3,分子量 17.03,是一种无色、有强烈刺激味的气体,可作化肥用。氨在常温下加压可以液化,形成液态氨。氨极易溶于水,在常温、常压下,1 体积水能溶解约 700 体积的氨,溶于水后形成氨水。标准状况下,密度为 0.771 g/L,爆炸极限 15.8% ~ 28%。

对人体的眼、鼻、喉等有刺激作用,吸入大量氨气能造成短时间鼻塞,并造成窒息感,眼部接触造成流泪。氨是具有腐蚀性的危险物质。

（1）**主要来源**

在矿山生产中氨主要产生于井下爆破作业、用水灭火过程中,少数岩层也会有氨涌出。

（2）**主要危害**

氨在人体组织内遇水生成氨水,可以溶解组织蛋白质,与脂肪起皂化作用。氨水能破坏体内多种酶的活性,影响组织代谢。氨对中枢神经系统具有强烈刺激作用。氨具有强烈的刺激性,吸入高浓度氨气,可以兴奋中枢神经系统,引起惊厥、抽搐、嗜睡和昏迷。吸入极高浓度的氨可以反射性引起心搏骤停、呼吸停止。氨系碱性物质,氨水具有极强的腐蚀作用,皮肤被氨水烧伤后创面深、易感染、难愈合。氨气吸入呼吸道内遇水生成氨水。氨水会透过黏膜、肺泡上皮侵入黏膜下、肺间质和毛细血管,引起声带痉挛,喉头水肿,组织坏死。坏死物脱落可引起窒息。损伤的黏膜易继发感染;气管、支气管黏膜损伤、水肿、出血、痉挛等。影响支气管的通气功能;肺泡上皮细胞、肺间质、肺毛细血管内皮细胞受损坏,通透性增强,肺间质水肿。氨刺激交感神经兴奋,使淋巴总管痉挛,淋巴回流受阻,肺毛细血管压力增加。氨破坏肺泡表面活性物质,导致肺水肿;黏膜水肿、炎症分泌增多,肺水肿,肺泡表面活性物质减少,气管及支气管管腔狭窄等因素严重影响肺的通气、换气功能,造成全身缺氧。

（3）**中毒症状**

1）氨气刺激反应

仅有一次性的眼和上呼吸道刺激症状,肺部无明显阳性体征。

2）轻度中毒

①流泪、咽痛、声音嘶哑、咳嗽、咯痰并伴有轻度头晕、头痛、乏力等;眼结膜、咽部充血、水肿、肺部干性啰音。

②胸部 X 线征象,肺纹理增强或伴边缘模糊,符合支气管炎或支气管周围炎的表现。

③血气分析:在呼吸空气时,动脉血氧分压低于预计值 $1.33 \sim 2.66$ kPa 。

3）中度中毒

①声音嘶哑、剧咳、有时伴血丝痰、胸闷,呼吸困难,常有头晕、头痛、恶心、呕吐、乏力等;轻度紫绀,肺部有干湿啰音。

②胸部 X 线征象:肺纹理增强,边缘模糊或呈网状阴影,或肺野透亮度降低,或有边缘模糊的散在性或斑片状阴影,符合肺炎或间质性肺炎的表现。

③血气分析,在吸低浓度氧时,能维持动脉血氧分压大于 8 kPa 。

4）重度中毒

具有下列①、②、③或④条者,可诊断为重度中毒。

①剧烈咳嗽,咯大量粉红色泡沫痰,气急胸闷、心悸等,并常有烦躁、恶心、呕吐或昏迷等;呼吸窘迫,明显紫绀,双肺布满干湿啰音。

②胸部 X 线征象:两肺叶有密度较淡边缘模糊的斑片状、云絮状阴影,可相互融合成大片或呈蝶状阴影,符合严重肺炎或水肿。

③血气分析,在吸入高浓度氧情况下,动脉血氧分压仍低于 8 kPa 。

④呼吸系统损害程度符合中度中毒,而伴有严重喉头水肿或支气管黏膜坏死脱落所致窒息;或较重的气胸或纵膈气肿;或较明显的心肝或肾等脏器损害者。

氨中毒症状与浓度的关系见表5.6。

表5.6　氨中毒症状与浓度的关系表

浓度/(mg·m⁻³)	接触时间/min	危害程度	危害分级
0.7		感觉到气味	对人体无危害
9.8		无刺激作用	
67.2	45	鼻、咽部位有刺激感,眼有灼痛感	
70	30	呼吸变慢	轻微危害
140	30	鼻和上呼吸道不适,恶心,头痛	
140~210	20	身体有明显不适但尚能工作	中等危害
175~350	20	鼻眼刺激,呼吸和脉搏加速	
553	30	强刺激感,可耐受125 min	重度危害
700	30	立即咳嗽	
1 750~3 500	30	危及生命	
3 500~7 000	30	即刻死亡	

浓度/(mg·m⁻³) 列标题中的单位应为 $mg \cdot m^{-3}$。

（4）应急处置

①迅速脱离中毒现场,呼吸新鲜空气或氧气。

②呼吸浅、慢时可酌情使用呼吸兴奋剂。

③呼吸、心跳停止者应立即进行心肺复苏,不应轻易放弃。喉头痉挛、声带水肿应迅速作气管插管或气管切开。

④脱去衣服,用清水或1%~3%硼酸水彻底清洗接触氨的皮肤。

⑤用1%~3%硼酸水冲洗眼睛,然后点抗生素及可的松眼药水。

⑥静滴10%葡萄糖溶液、葡萄糖酸钙、肾上腺皮质激素、抗生素,预防感染及喉头水肿。

⑦雾化吸入氟美松、抗生素溶液。

⑧昏迷病人使用20%甘露醇250 mL静注,每6~8 h一次,降低颅内压力。

（5）防治措施

①加强机械通风。通过加强机械通风确保井下空气中氨浓度不超过0.004%。

②加强生产环境中氨浓度的监测,发现氨浓度超标及时采取处理措施。

③设立警示标识。井下通风不良或不通风的巷道内,往往聚集大量的有害气体,其中包括氨气体。因此,在井下停止作业地点和危险区域应悬挂警告牌或封闭。

④加强对作业人员专业知识的培训,提高自我防护意识。

⑤加强个体防护。作业人员应佩戴防毒口罩、安全护目镜、防毒面具和空气呼吸器,佩戴氨报警设施。

5.6.7 二氧化硫

二氧化硫,化学式 SO_2,分子量是 64.06,无色、有强烈刺激性气味的有毒气体,大气中主要污染物之一。密度 2.55 g/L,熔点 −72.4 ℃,沸点 −10 ℃,易液化,易溶于水。它溶于水中,会形成亚硫酸。通常在催化剂作用下,它会进一步氧化生成硫酸。

（1）主要来源

在矿山生产中二氧化硫主要产生于含硫矿物的氧化与自燃、含硫矿物的爆破作业、含硫矿层涌出等。

（2）主要危害

二氧化硫是一种有毒和强刺激性气体,对黏膜有强烈刺激作用,主要经呼吸道吸收。它具有酸性,可与空气中的其他物质反应,生成微小的亚硫酸盐和硫酸盐颗粒。当这些颗粒被吸入时,它们将聚集于肺部,是呼吸系统症状和疾病、呼吸困难、过早死亡的一个原因。如果与水混合,再与皮肤接触,便有可能发生冻伤。与眼睛接触时,会造成红肿和疼痛。它还可被人体吸收进入血液,对全身产生毒性作用,破坏酶的活力,影响人体新陈代谢,对肝脏造成一定的损害。同时,它还具有促癌性。它也是大气中的主要污染物之一。

（3）中毒症状

二氧化硫轻度中毒时,发生流泪、畏光、咳嗽,咽、喉灼痛等;严重中毒可在数小时内发生肺水肿;极高浓度吸入可引起反射性声门痉挛而致窒息。皮肤或眼接触发生炎症或灼伤。慢性影响:长期低浓度接触,可有头痛、头昏、乏力等全身症状以及慢性鼻炎、咽喉炎、支气管炎、嗅觉及味觉减退等。少数工人有牙齿酸蚀症。二氧化硫中毒症状与浓度的关系见表 5.7。

表 5.7 二氧化硫中毒症状与浓度的关系表

二氧化硫浓度（体积）/%	主要症状
0.001 ~ 0.001 5	呼吸道纤毛运动和黏膜的分泌功能均能受到抑制
0.002	引起咳嗽并刺激眼睛
0.01	8 h 内支气管和肺部出现明显的刺激症状,使肺组织受损
0.04	产生呼吸困难,长时间有死亡危险

（4）应急处置

①发现二氧化硫中毒人员,应立即使其脱离事故现场至空气新鲜处。

②有条件时立即给予二氧化硫中毒人员吸氧。

③现场抢救人员应有自救互救知识,以防抢救者进入现场后自身中毒。

④当二氧化硫中毒人员呼吸停止时,应立即进行人工呼吸。

⑤在实施口对口人工呼吸时,救援人员应防止吸入中毒人员的呼出气体或衣服内逸出的二氧化硫,以免发生二次中毒。

⑥提起中毒人员眼睑,用流动清水或生理盐水冲洗。

（5）防治措施

①加强机械通风。通过加强机械通风确保井下空气中二氧化硫气体的浓度不超过 0.000 5%。

②加强生产环境中二氧化硫浓度的监测,发现二氧化硫浓度超标及时采取处理措施。

③设立警示标志。井下通风不良或不通风的巷道内,往往聚集大量的有害气体,其中包括二氧化硫气体。因此,在井下停止作业地点和危险区域应悬挂警告牌或封闭。

④加强对作业人员专业知识的培训,提高自我防护意识。

⑤加强个体防护。作业人员应佩戴防毒口罩、安全护目镜、防毒面具和空气呼吸器,佩戴二氧化硫报警设施。

5.7　煤与瓦斯突出事故应急救援

5.7.1　瓦斯喷出及煤与瓦斯突出

(1)瓦斯喷出及其预防与处理

1)瓦斯喷出

瓦斯喷出是指从煤体或岩体裂隙、孔洞或炮眼中大量瓦斯异常涌出的现象。

2)瓦斯喷出分类

瓦斯喷出是高压瓦斯引起的动力现象。根据喷出瓦斯裂缝呈现原因不同,可将瓦斯喷出分为地质来源的瓦斯喷出和采掘卸压形成的瓦斯喷出两类。

3)瓦斯喷出的特点

当煤层或者岩层中存在着大量的高压游离瓦斯时,采掘工作面接近或者沟通这些区域时,高压瓦斯就会像喷泉一样沿裂隙或者裂缝中喷出。瓦斯喷出能够使工作面或井巷充满瓦斯,造成瓦斯窒息与爆炸条件;能够破坏通风系统,造成风流紊乱,甚至风流逆转。瓦斯喷出前常有预兆,如风流中的瓦斯浓度增加,或忽大忽小,嘶嘶的喷出声,顶底板来压的轰鸣声,煤层变湿、变软等。

4)瓦斯喷出的预防与处理

瓦斯喷出的预防和处理,要根据瓦斯喷出量的大小和瓦斯压力高低来确定。通过分析总结,可以归纳为"探、抽、引、堵"4类方法。探就是探明地质构造与瓦斯情况;抽就是抽采或排放瓦斯;引就是把瓦斯引至总回风巷道内或工作面后方 20 m 以外的区域;堵就是将裂隙、裂缝等瓦斯喷出通道堵住,不让瓦斯继续喷出。

(2)煤与瓦斯突出

1)煤与瓦斯突出

煤(岩)与瓦斯(二氧化碳)突出是指在地应力和瓦斯(二氧化碳)气体压力的共同作用下,破碎的煤和瓦斯(二氧化碳)瞬间由煤体(岩体)内突然喷出到采掘空间的现象。

煤(岩)与瓦斯(二氧化碳)突出是指煤与瓦斯突出、煤的突然倾出、煤的突然压出、岩石与瓦斯突出的总称。

2)按煤与瓦斯突出强度分类

按照突出强度可以将煤与瓦斯突出强度分为小型突出、中型突出、次大型突出、大型突出、特大型突出 5 类。

①小型突出:突出煤(岩)量小于 50 t。

②中型突出:突出煤(岩)量在50(含50)~100 t。

③次大型突出:突出煤(岩)量在100(含100)~500 t。

④大型突出:突出煤(岩)量在500(含500)~1 000 t。

⑤特大型突出:突出煤(岩)量大于或等于1 000 t。

3)煤与瓦斯突出的危害

煤与瓦斯突出是一种破坏性极强的动力现象,常发展成较大型事故。由于强大的能量释放,能摧毁井巷设施,破坏通风系统,造成人员窒息甚至引发火灾和瓦斯、煤尘爆炸等二次事故,产生严重后果。

4)煤与瓦斯突出的预兆

①有声预兆。煤层在变形过程中发出劈裂声、爆竹声、闷雷声,间隔时间不一,在突出瞬间常伴有巨雷般的响声;支架受力发出嘎嘎声音甚至折裂声音。

②无声预兆。煤结构变化,层理紊乱、煤体松软、强度降低、暗淡无光泽、厚度变化、倾角变陡、出现挤压褶曲、煤体断裂等;瓦斯涌出异常、忽大忽小、煤尘增大、气温异常、气味异常,打钻喷瓦斯、喷煤粉并伴有哨声、蜂鸣声等;地压显现,岩煤开裂掉渣、底鼓、岩煤自行剥落、煤壁颤动、钻孔变形等。

5)煤与瓦斯突出规律

①突出发生在一定的采掘深度以后。

②突出受地质构造影响,呈明显的分区分带性。

③突出受巷道布置、开采集中应力影响。

④突出主要发生在各类巷道掘进过程中。

⑤突出煤层大都具有较高的瓦斯压力和瓦斯含量。

⑥突出煤层原生结构破坏、强度低、软硬相间、瓦斯放散速度高。

⑦大多数突出发生在爆破和破煤工序。

⑧突出前常有预兆发生,包括有声和无声预兆。

⑨清理瓦斯突出孔洞及回拆支架又会导致再次发生煤与瓦斯突出。

6)综合防突措施

突出矿井应当根据实际状况和条件,制订区域综合防突措施和局部综合防突措施。

①区域防突措施

区域防突措施是指在突出煤层进行采掘前,对突出煤层较大范围采取的防突措施。主要包括开采保护层和预抽煤层瓦斯两类。开采保护层是预防突出最可靠、最有效、最经济的措施。预抽煤层瓦斯防突的实质是通过一定时间的预先抽采瓦斯,降低突出危险煤层的瓦斯压力和瓦斯含量,并由此引起煤层收缩变形、地应力下降、煤层透气系数增加和煤的强度提高等效应,使被抽采瓦斯的煤体丧失或减弱突出危险性。

开采保护层分为上保护层和下保护层两种方式。预抽煤层瓦斯可采用的方式有地面预抽煤层瓦斯以及井下穿层钻孔或顺层钻孔预抽煤层瓦斯等。

②局部防突措施

局部防突措施是指在突出煤层进行采掘前,对突出煤层较小范围采取的可使局部区域消除突出危险性的措施。主要包括远距离爆破、水力冲孔、金属骨架、煤体固化、注水湿润煤体或其他经试验证实有效的防突措施。

5.7.2　煤与瓦斯突出事故救援

①发生煤与瓦斯突出事故时,救护队的主要任务是抢救人员和对充满有害气体的巷道进行通风。

②救护队进入灾区侦察时,应查清遇险、遇难人员数量及分布情况,通风系统和通风设施破坏情况,突出的位置,突出物堆积状态,巷道堵塞情况,瓦斯浓度和涉及范围,发现火源立即扑灭。

③采掘工作面发生煤与瓦斯突出事故后,一个小队从回风侧、另一个小队从进风侧进入事故地点救人。

④侦察中发现遇险人员应及时抢救,为其配用隔绝式自救器或全面罩氧气呼吸器,使其脱离灾区,或组织进入避灾硐室等待救护。对于被突出煤矸阻困在里面的人员,应及时打开压风管路,利用压风系统呼吸,并组织力量清除阻塞物。如需在突出煤层中掘进绕道救人时,必须采取防突措施。

⑤发生突出事故时,应立即对灾区采取停电、撤人措施。在逐级排出瓦斯后,方可恢复送电。

⑥灾区排放瓦斯时,必须撤出回风侧的人员,以最短路线将瓦斯引入回风道,排风井口 50 m 范围内不得有火源,并设专人监视。

⑦发生突出事故时,不得停风和反风,防止风流紊乱和扩大灾情。如果通风系统和通风设施被破坏,应设置临时风障、风门及安装局部通风机,逐级恢复通风。

⑧因突出造成风流逆转时,应在进风侧设置风障,并及时清理回风侧的堵塞物,使风流尽快恢复正常。

⑨瓦斯突出引起火灾时,应采用综合灭火或惰气灭火。如果瓦斯突出引起回风井口瓦斯燃烧、应采取控制风量的措施。

⑩在处理突出事故时,必须做到以下 4 个方面:

a.进入灾区前,确保矿灯完好;进入灾区内,不准随意启闭电气开关和扭动矿灯开关或灯盖。

b.在突出区应设专人定时定点检查瓦斯浓度,并及时向指挥部报告。

c.设立安全岗哨,非救护队人员不得进入灾区;救护人员必须配用氧气呼吸器,不得单独行动。

d.当发现有异常情况时,应立即撤出全部人员。

⑪处理岩石与二氧化碳突出事故时,除执行煤与瓦斯突出的各项规定外,还应对灾区加大风量,迅速抢救遇险人员。佩用负压氧气呼吸器进入灾区时,应戴好防烟眼镜。

5.8　尾矿库事故应急救援

5.8.1　我国尾矿库现状及其特点

(1)我国尾矿库现状

我国是矿业大国,冶金、有色、化工、核工业、建材和轻工业等行业的矿山都有尾矿库。据环境保护部统计,截至 2014 年 6 月全国有 11 946 座尾矿库,其中危、险、病库多达 2 369 座。

其中,冶金和有色行业尾矿库占绝大多数,其他行业约占20%。每年产生尾矿约3亿t。

目前,库容超过1亿 m³ 的尾矿库有10座,最大的达8亿 m³。坝高超过100 m 的有12座,最高可达260 m。从数量上,坝高小于30 m 的小型尾矿库占80%以上。

(2)我国尾矿库的特点

1)坝的分等标准高

我国尾矿库从设计规范上规定,坝高低于30 m 的为五等库,即最小的一类库,低于60 m 的为四等库,低于100 m 的为三等库,高于100 m 的为二等库。而俄罗斯的尾矿库的标准是:坝高低于25 m 的为小型库,坝高低于50 m 的为中型库,坝高高于50 m 的为大型库。在南非坝高小于12 m 的为小型库,坝高小于30 m 的为中型库,坝高高于30 m 的为大型库。

由于我国土地资源紧张,征地很困难,20世纪60年代以来建造的尾矿库大都已处于中后期,在没有新的接替尾矿库情况下,老坝加高改造已是一种迫不得已的措施。

2)上游法堆坝多

在尾矿坝的堆筑方法中,上游法动力稳定性相对较差,国外多发展下游法和中线法筑坝,较高的坝一般是用下游法和中线法筑坝。而我国鉴于上游法工艺简单,便于管理,适用性高的特点,90%以上的尾矿坝都是用上游法堆筑。

3)筑坝尾矿粒度细

为了充分利用矿产资源,对品位低的矿体也进行了开采,由于矿石品位较低,在选矿时磨得很细,尾矿产出量不仅多,而且粒度细。其尾矿强度低,透水性差,不易固结,筑坝速度和坝高受到限制。尽管如此有些矿山企业还要最大限度地挖掘矿产资源,对较粗一些的尾沙加以综合利用。这样能用于堆坝的尾矿粒度就更细,筑坝更加困难。

4)尾矿坝坝坡稳定性安全系数标准低

我国尾矿坝坝坡稳定性安全系数规定得比国外标准低,如果提高安全系数,坝体的造价就要提高很多,对绝大多数矿山是难以承受的。我国设计标准规定,用瑞典圆弧法计算时,4级、5级尾矿坝在正常运行条件下的稳定安全系数是1.15;而美国的标准规定用毕肖普法计算时,安全系数为1.5。

5)尾矿库位置很难避开居民区

尾矿库本应选在偏僻的地方,这一点在人口少、地域辽阔的国外容易做到。而在我国则很难做到。人口密集、可利用土地少是我国的特点。如本钢南芬铁矿位于沈丹铁路和公路交通要道,坝下城镇居民稠密。位于云南的牛坝荒尾矿库,库容3 000万立方米,处于个旧市的头顶之上,垂直落差250 m,虎视眈眈,时刻威胁下游10多万人的安全。

5.8.2 尾矿库安全生产标准化评分办法

尾矿库安全生产标准化系统由安全生产组织保障(分值600);风险管理(分值300);安全教育培训(分值160);尾矿库建设(分值200);尾矿库运行(分值570);检查(分值500);应急管理(分值280);事故、事件报告、调查与分析(分值230);绩效测量与评价(分值160)等9个元素组成,总分为3 000分,最终标准化得分换算成百分制。每个元素划分为若干子元素,每一子元素包含若干个问题。评分办法对子元素赋予不同的分值,子元素分值之和为元素分值。子元素分为策划、执行、符合、绩效4个部分,每个部分权重分别为10%、20%、30%、40%。

尾矿库安全生产标准化的评审工作每 3 年至少进行一次。

标准化等级分为一级、二级、三级。尾矿库安全生产标准化得分≥90 的为一级;尾矿库安全生产标准化得分≥75 的为二级;尾矿库安全生产标准化得分≥60 的为三级。

其中,第七部分为应急管理,具体内容如下:

（1）**应急准备**（60 分）

策划（6 分）
• 是否建立了包括下列要求的应急管理及响应制度 （分数　是:0.5 分;　最高分:3 分） 　◇　紧急事件认定要求 　◇　应急预案编写要求 　◇　紧急事件组织准备要求 　◇　应急装置配置要求 　◇　紧急事件演习要求 　◇　相互支援识别与协调要求 • 是否设立应急管理机构并指定专人负责应急管理工作 （分数　是:3 分;　否:0 分）

执行（12 分）
• 是否依据风险确定潜在的紧急事件 （分数　是:2 分;　否:0 分） • 确定的紧急事件是否包括企业周围的情况 （分数　是:1 分;　否:0 分） • 针对潜在的紧急事件是否收集了相关的地理、人文、地质、气象等信息 （分数　是:1 分;　否:0 分） • 针对潜在的紧急事件是否预测了可能发生的时间与性质,并考虑人员密集度及影响 （分数　是:1 分;　否:0 分） • 是否针对确定的紧急事件编写了应急预案 （分数　是:2 分;　否:0 分） • 是否确定了可能参与应急响应的外部机构 （分数　是:1 分;　否:0 分） • 是否确定了应急的培训需求 （分数　是:1 分;　否:0 分） • 是否对员工进行了应急培训 （分数　是:1 分;　否:0 分） • 当设备、设施或流程发生变化是否对应急预案进行回顾和更新 （分数　是:1 分;　否:0 分） • 是否在生产场所的显著处张贴了紧急疏散提示和设有紧急联系电话 （分数　是:1 分;　否:0 分）

续表

符合(18分)
<ul><li>在确定紧急事件时是否考虑了下列类型： （分数　是:1分；　最高分:9分） ◇　洪水 ◇　泥石流 ◇　地震 ◇　周围采矿作业 ◇　库内采、选尾矿 ◇　水位超过警戒线 ◇　排洪设施损毁 ◇　排洪系统堵塞 ◇　坝体深层滑动</li><li>确定紧急事件时是否考虑法律法规与其他要求及以往事故、事件和紧急状况 （分数　是:3分；　否:0分）</li><li>针对确定的紧急事件编写了应急预案的比例 （分数　选择一个答案） 1.90%～100%（6分） 2.75%～90%（3分） 3.60%～75%（1分） 4.60%以下（0分）</li></ul>

绩效(24分)
<ul><li>确定的紧急事件是否全面、合理并与风险相对应 （分数　选择一个答案） 1.是(4分) 2.部分(2分) 3.否(0分)</li><li>指定的应急管理负责人员能够胜任的程度 （分数　选择一个答案） 1.是(4分) 2.部分(2分) 3.否(0分)</li><li>紧急疏散路线和紧急联系电话是否畅通 （分数　选择一个答案） 1.是(5分) 2.部分(2分) 3.否(0分)</li><li>应急培训是否充分 （分数　选择一个答案） 1.是(5分) 2.部分(2分) 3.否(0分)</li></ul>

续表

绩效(24 分)
• 员工对应急预案的熟悉程度 （分数　选择一个答案） 1.熟悉(6 分) 2.基本熟悉(3 分) 3.不熟悉(0 分)

（2）应急预案（60 分）

策划(6 分)
• 是否按下列层次原则制订了应急预案 （分数　是:1 分；　最高分:3 分） ◇　综合预案 ◇　专项预案 ◇　现场应急处置方案 • 应急预案是否明确了责任部门、责任人员及其职责 （分数　是:3 分；　否:0 分）

执行(12 分)
• 针对识别的紧急事件是否按层次原则编制了应急预案 （分数　是:3 分；　否:0 分） • 应急预案是否明确了责任部门、责任人员履行职责的方法和手段 （分数　是:3 分；　否:0 分） • 是否将应急预案分发给了相关的部门与人员 （分数　是:3 分；　否:0 分） • 是否就应急预案对(或与)员工、承包商、其他相关人员进行培训(或沟通) （分数　是:3 分；　否:0 分）

符合(18 分)
• 根据《生产经营单位生产安全事故应急预案评审指南》的规定,应急预案的关键要素是否齐全 （分数　是:4 分；　否:0 分） • 针对识别的紧急事件编写了应急预案的比例 （分数　选择一个答案） 1.90% ～100% (6 分) 2.75% ～90% (3 分) 3.60% ～75% (1 分) 4.60% 以下(0 分) • 相关的部门与人员获得应急预案的比例 （分数　选择一个答案） 1.90% ～100% (4 分) 2.75% ～90% (2 分) 3.60% ～75% (1 分) 4.60% 以下(0 分)

续表

符合（18分）
<ul><li>员工与相关方接受应急预案培训的比例 （分数 选择一个答案） 1.90%～100%（4分） 2.75%～90%（2分） 3.60%～75%（1分） 4.60%以下（0分）</li></ul>

绩效（24分）
<ul><li>应急预案内容是否简单、明了、易实施 （分数 选择一个答案） 1.是（3分） 2.部分（1分） 3.否（0分）</li><li>应急预案是否符合实际，可操作性强 （分数 选择一个答案） 1.是（3分） 2.部分（1分） 3.否（0分）</li><li>应急预案管理的有效性 （分数 是：1分； 最高分：3分） ◇ 评审与更新及时 ◇ 培训与演练充分 ◇ 相关记录完整</li><li>应急预案是否覆盖关键场所、要害部位、重大危险设施等 （分数 选择一个答案） 1.是（4分） 2.部分（2分） 3.否（0分）</li><li>应急预案是否按要求进行了备案 （分数 选择一个答案） 1.是（6分） 2.部分（3分） 3.否（0分）</li><li>班组安全活动是否学习和讨论相关应急预案 （分数 是：5分； 否：0分）</li></ul>

（3）应急响应（50分）

策划（5分）
<ul><li>是否明确应急响应程序 （分数 是：3分； 否：0分）</li></ul>

策划(5 分)
•　是否设立应急指挥机构与平台 　　(分数　是:2 分;　否:0 分)

执行(10 分)
•　当紧急事件发生时,企业是否能够做到 　　(分数　是:0.5 分;　最高分:7 分) 　　◇　及时发出警报并通知有关人员 　　◇　及时启动应急预案 　　◇　及时作出应急响应 　　◇　应急人员及时到场 　　◇　有人指挥并控制好现场 　　◇　提供有效的应急设备设施 　　◇　应急通信畅通 　　◇　实施现场警戒 　　◇　疏散相关人员 　　◇　救治受伤人员 　　◇　应急人员安全 　　◇　搜救失踪人员 　　◇　控制泄漏物 　　◇　事后处置 •　当紧急事件结束后,企业是否实施 　　(分数　是:1 分;　最高分:3 分) 　　◇　现场恢复 　　◇　应急响应评估 　　◇　应急预案评审、修订

符合(15 分)
•　应急响应条件设置是否合理、可行 　　(分数　是:5 分;　否:0 分) •　应急指挥中心是否依照需要配备了下列必要的设备、设施: 　　(分数　是:1 分;　最高分:10 分) 　　◇　通信设备 　　◇　相关图纸、资料 　　◇　应急服务电话 　　◇　交通工具 　　◇　紧急、备用电源及设备 　　◇　应急处理方案 　　◇　周围地区主要干线和支线道路的交通图 　　◇　摄影设备 　　◇　应急人员配备能识别的徽章、袖标 　　◇　应急人员安全保障设备和设施。

续表

绩效（20分）
• 应急响应的有效性 （分数　是:4分；　最高分:20分） 　◇　应急响应条件设置合理、可行 　◇　应急响应程序明确、具体 　◇　应急人员培训充分,能力满足要求 　◇　应急指挥系统运行可靠 　◇　外部应急响应能力满足要求

（4）应急保障（60分）

策划（6分）
• 是否针对识别的潜在紧急情况配置了满足要求的应急队伍 （分数　是:3分；　否:0分） • 在配置应急队伍时,是否考虑了下列人员 （分数　是:0.5分；　最高分:3分） 　◇　应急指挥 　◇　医疗救护 　◇　抢险救援 　◇　安全警戒 　◇　通信联络 　◇　后勤保障

执行（12分）
• 是否针对潜在紧急情况进行了应急能力评估,以确定所需的应急装备和支援来源 （分数　是:2分；　否:0分） • 是否对应急人员进行了应急知识和技能培训 （分数　是:2分；　否:0分） • 是否定期进行应急装备与系统检查、维护 （分数　是:2分；　否:0分） • 每年是否回顾和更新应急装备需求 （分数　是:2分；　否:0分） • 与已识别的外部应急机构是否建立了正式的支援关系 （分数　是:2分；　否:0分） • 是否通过演练来测试相互支援关系的效力 （分数　是:2分；　否:0分）

符合（18分）
• 应急知识和技能培训是否包括下列内容 （分数　是:3分；　最高分:6分） 　◇　应急装备的维护与使用 　◇　现场自救与互救

符合(18 分)

- 内、外部应急装备的配备是否与潜在紧急情况相适应
  （分数　选择一个答案）
  1. 是(6 分)
  2. 部分(3 分)
  3. 否(0 分)
- 应急装备与系统得到定期检查、维护的比例
  （分数　选择一个答案）
  1. 90% ~100%(6 分)
  2. 75% ~90%(3 分)
  3. 60% ~75%(1 分)
  4. 60% 以下(0 分)

绩效(24 分)

- 应急人员的配备是否合理、充分
  （分数　选择一个答案）
  1. 是(6 分)
  2. 部分(3 分)
  3. 否(0 分)
- 应急人员是否具备下列基本技能
  （分数　是:1 分；　最高分:4 分）
  ◇　响应能力
  ◇　设备操作能力
  ◇　现场问题处理能力
  ◇　救护能力
- 应急人员是否熟悉潜在风险并了解风险控制措施
  （分数　选择一个答案）
  1. 是(6 分)
  2. 部分(3 分)
  3. 否(0 分)
- 应急装备是否具有
  （分数　是:1 分；　最高分:4 分）
  ◇　针对性
  ◇　合理性
  ◇　经济性
  ◇　充分性
- 支援的有效性
  （分数　是:1 分；　最高分:4 分）
  ◇　沟通畅通
  ◇　支援及时
  ◇　设备类型与数量充分
  ◇　支援人员胜任

(5)应急评审与改进(50分)

策划(5分)
<ul><li>是否有针对应急演练与应急预案评审的管理制度 （分数　是:2分；　否:0分）</li><li>制度是否明确下列内容 （分数　是:0.5分；　最高分:3分）<ul><li>◇ 预案评审的频率</li><li>◇ 预案评审的组织要求</li><li>◇ 应急演练的频率</li><li>◇ 应急演练的策划要求</li><li>◇ 演练结果评估要求</li><li>◇ 预案评审与演练的记录要求</li></ul></li></ul>
执行(10分)
<ul><li>是否对应急预案进行了评审 （分数　是:2分；　否:0分）</li><li>是否开展应急演练 （分数　是:3分；　否:0分）</li><li>是否依据应急演练结果及时修订应急预案并改进应急准备工作 （分数　是:2分；　否:0分）</li><li>修订后的应急预案是否及时发放给相关人员,并对其提供了必要的培训 （分数　是:3分；　否:0分）</li></ul>
符合(15分)
<ul><li>应急评审是否考虑下列信息 （分数　是:1分；　最高分:5分）<ul><li>◇ 紧急情况响应和应急演练的结果</li><li>◇ 外部应急经验</li><li>◇ 设备、设施或流程的变化情况</li><li>◇ 承包商、供应商的意见和建议</li><li>◇ 外部应急机构的意见和建议</li></ul></li><li>按计划实施演练的应急预案的比例 （分数　选择一个答案） 1.90%~100%(6分) 2.75%~90%(3分) 3.60%~75%(1分) 4.60%以下(0分)</li><li>应急演练是否做到 （分数　是:0.5分；　最高分:4分）<ul><li>◇ 演练时间、目标和范围明确</li><li>◇ 有演练方案,并明确了演练方式</li><li>◇ 现场演练规则明确</li><li>◇ 指定了演练效果评价人员</li></ul></li></ul>

续表

符合(15 分)
◇　安排了相关的后勤工作 ◇　演练结束按要求编写书面总结报告 ◇　演练结束演练人员进行自我评估 ◇　针对不足及时制订改正措施并确保实施

绩效(20 分)
● 应急预案的演练是否检验了下列效果 　（分数　是:2 分;　最高分:10 分） 　◇　应急资源(人、财、物、技术)配置的合理性、充分性 　◇　相关人员应急培训的充分性 　◇　应急预案的操作性 　◇　外部机构响应的及时性 　◇　外部应急能力的适宜性 ● 应急评审是否达到下列目的 　（分数　是:2 分;　最高分:10 分） 　◇　确保应急预案层次的合理性 　◇　确保现场应急处置方案或程序的充分性 　◇　确保应急响应条件的科学性和可操作性 　◇　确保应急设备的保障能力 　◇　确保应急人员和现场相关人员的应急处置能力

5.8.3　尾矿库事故类型

（1）尾矿库类型

1）山谷型尾矿库

山谷型尾矿库是在山谷谷口处筑坝形成的尾矿库。它的特点是初期坝相对较短,坝体工程量较小,后期尾矿堆坝相对较易管理维护,当堆坝较高时,可获得较大的库容;库区纵深较长,尾矿水澄清距离及干滩长度易满足设计要求;但汇水面积较大时,排洪设施工程量相对较大。我国现有的大中型尾矿库大多属于这种类型。

2）傍山型尾矿库

傍山型尾矿库是在山坡脚下依山筑坝所围成的尾矿库。它的特点是初期坝相对较长,初期坝和后期尾矿堆坝工程量较大;由于库区纵深较短,尾矿水澄清距离及干滩长度受到限制,后期坝堆的高度一般不太高,故库容较小;汇水面积虽小,但调洪能力较低,排洪设施的进水构筑物较大;由于尾矿水的澄清条件和防洪控制条件较差,管理、维护相对比较复杂。国内低山丘陵地区中小矿山常选用这种类型尾矿库。

3）平地型尾矿库

平地型尾矿库是在平缓地形周边筑坝围成的尾矿库。其特点是初期坝和后期尾矿堆坝工程量大,维护管理比较麻烦;由于周边堆坝,库区面积越来越小,尾矿沉积滩坡度越来越缓,因而澄清距离、干滩长度以及调洪能力都随之减少,堆坝高度受到限制,一般不高;但汇水面积小,排水构筑物相对较小;国内平原或沙漠戈壁地区常采用这类尾矿库。如金川、包钢和山东省一些金矿的尾矿库。

4)截河型尾矿库

截河型尾矿库是截取一段河床,在其上、下游两端分别筑坝形成的尾矿库。有的在宽浅式河床上留出一定的流水宽度,三面筑坝围成尾矿库,也属此类。它的特点是不占农田;库区汇水面积不太大,但尾矿库上游的汇水面积通常很大,库内和库上游都要设置排水系统,配置较复杂,规模庞大。这种类型的尾矿库维护管理比较复杂,国内采用得不多。

(2)**尾矿库事故类型**

尾矿库是由尾矿输送系统、尾矿堆存系统、尾矿库排洪系统、尾矿库监测系统、尾矿排渗系统、尾矿回水系统和尾矿净化系统等几部分组成。

根据尾矿库事故发生的位置,将尾矿库事故分为5类,分别是尾矿库地质及周边环境事故、尾矿堆存系统事故、尾矿库排洪系统事故、尾矿输送系统事故、尾矿回水及尾矿净化系统事故。

1)尾矿库地质及周边环境事故

尾矿库工程地质与水文地质勘察不符合有关国家及行业标准要求,未查明影响尾矿库及各构筑物安全性的不利因素;尾矿库库址选择错误;尾矿坝稳定性计算错误;尾矿库洪水计算错误;尾矿库安全设施施工质量低劣等因素都可能造成尾矿库地质及周边环境事故。

2)尾矿堆存系统事故

尾矿堆存系统包括坝上放矿管道、尾矿初期坝、尾矿后期坝、浸润线观测、位移观测、排渗设施和监测系统等。

尾矿堆存系统主要危险有害因素有渗漏、管涌及流土、沉陷、裂缝、滑坡、溃坝等。

常见的渗漏有坝基渗漏、坝体两端与山坡及涵管等构筑物之间产生渗漏、绕坝渗漏等。

管涌是指在渗透水流作用下,土中细颗粒在粗颗粒所形成的孔隙通道中移动,流失,土的孔隙不断扩大,渗流量也随之加大,最终导致土体内形成贯通的渗流通道,土体发生破坏的现象。

沉陷指的是路基压实度不够或构造物地基土质不良,在水、荷载等因素作用下产生的不均匀的竖向变形。

裂缝是尾矿坝常见的一种病患,裂缝按照裂缝方向分为横向裂缝、纵向裂缝和龟裂缝;按照产生的原因分为沉陷裂缝、滑坡裂缝和干缩裂缝;按照部位分为表面裂缝和内部裂缝。

滑坡是指斜坡上的土体或者岩体,受河流冲刷、地下水活动、雨水浸泡、地震及人工切坡等因素影响,在重力作用下,沿着一定的软弱面或者软弱带,整体地或者分散地顺坡向下滑动的自然现象。滑坡按照体积划分为巨型滑坡(体积 > 1 000 万 m^3)、大型滑坡(体积 100 万 ~ 1 000 万 m^3)、中型滑坡(体积 10 万 ~ 100 万 m^3)、小型滑坡(体积 < 10 万 m^3)。滑坡按滑动速度划分为蠕动型滑坡、慢速滑坡、中速滑坡、高速滑坡。滑坡按滑坡体的主要物质组成和滑坡与地质构造关系划分为覆盖层滑坡、基岩滑坡、特殊滑坡。滑坡按滑坡体的厚度划分为浅层滑坡、中层滑坡、深层滑坡、超深层滑坡。滑坡按滑坡结构划分为层状结构滑坡、块状结构滑坡、块裂状结构滑坡。

尾矿库溃坝是尾矿库堆存系统最主要的风险因素,导致尾矿库溃坝因素有排渗系统失效、地震破坏、坝体堆积及结构因素。

3）尾矿库排洪系统事故

尾矿排洪系统包括截洪沟、溢洪道、排水井、排水管、排水隧洞等构筑物。尾矿排洪系统常见的危险有害因素有排水管断裂、漏水、漏沙；排水管消能设施破坏与气蚀。

4）尾矿输送系统事故

尾矿输送系统包括尾矿浓缩池、砂浆泵、输送管道和放矿管道等。尾矿输送系统事故主要是尾矿浆在输送过程中发生的跑、冒、漏事故以及尾矿输送系统设备事故。

5）尾矿回水及尾矿净化系统事故

尾矿回水系统大多利用库内排洪井、管将澄清水引入下游回水泵站，再扬至高位水池。也有在库内水面边缘设置活动泵站直接抽取澄清水，扬至高位水池。尾矿回水及尾矿净化系统常见的事故有水污染、土壤污染、空气污染、放射性污染和生态破坏等。

5.8.4　尾矿库事故原因分析

尾矿库从工程勘察、设计、施工到使用的全过程中，任何一个环节出现问题都有可能导致尾矿库不能正常使用。其中，由于生产管理不善、操作不当或外界环境干扰所造成的事故隐患比较容易发现，而工程勘察、设计、施工或其他原因造成的事故隐患，在使用初期不易显现出来，常常被人忽视，最终成为很难补救和治理的病害。

（1）**勘察因素造成的隐患**

①对尾矿库库区、坝基、排洪管线等处的不良工程地质条件未能查明。

②对尾矿堆坝坝体及沉积滩的勘察质量低劣。

（2）**设计因素造成的隐患**

①采用的基础资料不准确。

②设计方案及技术论证方法不当。

③不遵守《尾矿库安全技术规程》（AQ 2006—2006），对库区水位及浸润线深度控制要求不明确。

（3）**施工因素造成的隐患**

①初期坝施工清基不彻底、坝体密实度不均、坝料不符合要求，反滤层铺设不当等。

②排洪构筑物有蜂窝、麻面或强度不达标等。

（4）**操作管理不当造成的隐患**

①放矿支管开启太少，造成沉积滩坡度变缓，导致调洪库容不足。

②未能均匀放矿，沉积滩起伏较大，造成局部坝段干滩过短。

③长期独头放矿，严重影响坝体稳定。

④长期不调换放矿地点，造成个别放矿点矿浆外溢，冲刷坝体。

⑤长期对排洪构筑物不检查、维修，巡查不及时。

⑥不及时采取措施消除事故隐患。

⑦不按照设计指导生产或擅自修改设计。

（5）**其他因素造成的隐患**

①暴雨、地震之后可能对尾矿坝体、排洪构筑物造成危害。

②由于矿石性质或选矿工艺流程变更，引起尾矿性质改变，对坝体稳定和排洪不利。

③在库区上游甚至在库区内乱采滥挖。

5.8.5　尾矿库应急管理

尾矿库应急管理是预防尾矿库事故以及降低尾矿库事故造成危害的有效应对措施,主要是根据尾矿库的安全度来采取相应的处置方法。

尾矿库安全度主要根据尾矿库防洪能力和尾矿坝坝体稳定性确定,分为危库、险库、病库及正常库4级。

(1)危库

危库指安全没有保障,随时可能发生垮坝事故的尾矿库。危库必须停止生产并采取应急措施。尾矿库有下列工况之一的为危库:

①尾矿库调洪库容严重不足,在设计洪水位时,安全超高和最小干滩长度都不满足设计要求,将可能出现洪水漫顶。

②排洪系统严重堵塞或坍塌,不能排水或排水能力急剧降低。

③排水井显著倾斜,有倒塌的迹象。

④坝体出现贯穿性横向裂缝,并且出现较大范围管涌、流土变形,坝体出现深层滑动迹象。

⑤经验算,坝体抗滑稳定最小安全系数小于表5.8规定值的0.95。

根据现行《选矿厂尾矿设施设计规范》(JBJ 1—90)规定,尾矿坝坝坡抗滑稳定最小安全系数不得小于表5.8所列数值。

表5.8　尾矿坝坝坡抗滑稳定最小安全系数值

运行情况 ＼ 坝的类别	1	2	3	4
正常运行	1.30	1.25	1.20	1.15
洪水运行	1.20	1.15	1.10	1.05
特殊运行	1.10	1.05	1.05	1.00

注:正常运行是指尾矿库水位处于正常生产水位时的运行情况;洪水运行是指尾矿库水位处于最高洪水位时的运行情况;特殊运行是指尾矿库水位处于最高水位时,又遇到设计强度的地震情况下运行。

⑥其他严重危及尾矿库安全运行的情况。

(2)险库

险库指安全设施存在严重隐患,若不及时处理将会导致垮坝事故的尾矿库。险库必须立即停产,排除险情。尾矿库有下列工况之一的为险库:

①尾矿库调洪库容不足,在设计洪水位时安全超高和最小干滩长度均不能满足设计要求。滩长是指由滩顶至库内水边线的水平距离;最小干滩长度是指设计洪水位时的干滩长度。

②排洪系统部分堵塞或坍塌,排水能力有所降低,达不到设计要求。

③排水井有所倾斜。

④坝体出现浅层滑动迹象。

⑤经验算,坝体抗滑稳定最小安全系数小于表5.8规定值的0.98。

⑥坝体出现大面积纵向裂缝,并且出现较大范围渗透水高位逸出,出现大面积沼泽化。

⑦其他危及尾矿库安全运行的情况。

（3）病库

病库指安全设施不完全符合设计规定，但满足基本安全生产条件的尾矿库。病库应限期整改。尾矿库有下列工况之一的为病库：

①尾矿库调洪库容不足，在设计洪水位时不能同时满足设计规定的安全超高和最小干滩长度的要求。

②排洪设施出现不影响安全使用的裂缝、腐蚀或磨损。

③经验算，坝体抗滑稳定最小安全系数满足表 5.8 规定值，但部分高程上堆积边坡过陡，可能出现局部失稳。

④浸润线位置局部较高，有渗透水逸出，坝面局部出现沼泽化。

⑤坝面局部出现纵向或横向裂缝。

⑥坝面未按设计设置排水沟，冲蚀严重，形成较多或较大的冲沟。

⑦坝端无截水沟，山坡雨水冲刷坝肩。

⑧堆积坝外坡未按设计覆土、植被。

⑨其他不影响尾矿库基本安全生产条件的非正常情况。

（4）正常库

尾矿库同时满足下列工况的为正常库：

①尾矿库在设计洪水位时能同时满足设计规定的安全超高和最小干滩长度的要求。

②排水系统各构筑物符合设计要求，工况正常。

③尾矿坝的轮廓尺寸符合设计要求，稳定安全系数满足设计要求。

④坝体渗流控制满足要求，运行工况正常。

5.8.6　尾矿库事故预防措施

（1）实施尾矿库系统监测

尾矿库监测系统的设置是预防尾矿库灾害，确定治理方案的重要组成部分。

1）尾矿库监测原则

根据《尾矿库安全监测技术规范》（GB 2030—2010）规定，尾矿库监测原则如下：

①尾矿库安全监测应遵循科学可靠、布置合理、全面系统、经济适用的原则。

②监测仪器、设备、设施的选择，应先进和便于实现在线监测。

③监测布置应根据尾矿库的实际情况，突出重点，兼顾全面，统筹安排，合理布置。

④监测仪器、设备、设施的安装、埋设和运行管理，应确保施工质量和运行可靠。

⑤监测周期应满足尾矿库日常管理的要求，相关的监测项目应在同一时段进行。

⑥实施监测的尾矿库等别根据尾矿库设计等别确定，监测系统的总体设计应根据总坝高进行一次性设计，分步实施。

2）尾矿库监测内容

尾矿库的安全监测，必须根据尾矿库设计等级、筑坝方式、地形和地质条件、地理环境等因素，设置必要的监测项目及其相应设施，定期进行监测。一等、二等、三等、四等尾矿库应监测位移、浸润线、干滩、库水位、降水量，必要时还应监测孔隙水压力、渗透水量、混浊度。五等尾矿库应监测位移、浸润线、干滩、库水位。一等、二等、三等尾矿库应安装在线监测系统，四等尾矿库宜安装在线监测系统。尾矿库安全监测，应与人工巡查和尾矿库安全检查相结合。

位移监测包括坝体和岸坡的表面位移、内部位移。坝体表面位移包括水平位移和竖向位移。内部位移包括内部水平位移、内部竖向位移。尾矿坝渗流监测包括渗流压力、绕坝渗流和渗流量等监测。干滩监测内容包括滩顶高程、干滩长度和干滩坡度。

3）尾矿库在线检测系统

在线监测系统应包含数据自动采集、传输、存储、处理分析及综合预警等部分，并具备在各种气候条件下实现适时监测的能力。在线监测系统，应具备：数据自动采集功能；现场网络数据通信和远程通信功能；数据存储及处理分析功能；综合预警功能；防雷及抗干扰功能以及其他辅助功能。

（2）制订事故应急救援预案

根据《尾矿库安全技术规程》（AQ 2006—2006）规定，尾矿库企业应编制应急救援预案，并组织演练。应急救援预案种类有：尾矿坝垮坝；洪水漫顶；水位超警戒线；排洪设施损毁、排洪系统堵塞；坝坡深层滑动；防震抗震；其他。应急救援预案内容：应急机构的组成和职责；应急通信保障；抢险救援的人员、资金、物资准备；应急行动；其他。

（3）地质及周边环境灾害预防

①全面掌握尾矿库库区地质和周边环境资料，避免在采空区上方建立尾矿库。

②加强与气象部门合作，及时预报大气降水，组织设置应急排洪设施。

③监测和治理库区危岩体，预防滚石、滑坡。

④加强监测和预防库区泥石流灾害，并在易发地质灾害处设置警示标志。

⑤组织应急救援演练，完善应急救援机制。

（4）尾矿库堆存系统灾害预防

①采取上堵、下排柔性封堵措施，预防尾矿库坝基和坝体出现渗漏。

②预防管涌及流土。主要是查清不良工程地质条件；采取工程防漏措施；对防排渗设施进行保养维修。

③预防沉陷。主要是尾矿库修筑时做好清基工作；加强施工质量管理。

④预防坝体裂缝。主要是严格安全巡查，发现险情及时进行处理。

⑤预防滑坡。主要是做好防止和减轻外界因素对坝坡稳定性的影响；发现滑坡征兆及时进行抢护，防止险情恶化。

⑥预防溃坝。尾矿排放与筑坝，包括岸坡清理、尾矿排放、坝体堆筑、坝面维护和质量检测等环节，必须严格按设计要求和作业计划及《尾矿库安全技术规程》精心施工，并做好记录；尾矿坝滩顶高程必须满足生产、防汛、冬季冰下放矿和回水要求。尾矿坝堆积坡比不得陡于设计规定；每期子坝堆筑前必须进行岸坡处理，将树木、树根、草皮、废石、坟墓及其他有害构筑物全部清除。若遇有泉眼、水井、地道或洞穴等，应作妥善处理。清除杂物不得就地堆积，应运到库外；上游式筑坝法应于坝前均匀放矿，维持坝体均匀上升，不得任意在库后或一侧岸坡放矿；坝体较长时应采用分段交替作业，使坝体均匀上升，应避免滩面出现侧坡、扇形坡或细粒尾矿大量集中沉积于某端或某侧；放矿口的间距、位置、同时开放的数量、放矿时间以及水力旋流器使用台数、移动周期与距离，应按设计要求和作业计划进行操作。

（5）防洪安全检查

①检查尾矿库设计的防洪标准是否符合《尾矿库安全技术规程》规定。当设计的防洪标准高于或等于《尾矿库安全技术规程》规定时，可按原设计的洪水参数进行检查；当设计的防

洪标准低于《尾矿库安全技术规程》规定时,应重新进行洪水计算及调洪演算。

②尾矿库水位检测,其测量误差应小于 20 mm。

③尾矿库滩顶高程的检测,应沿坝(滩)顶方向布置测点进行实测,其测量误差应小于 20 mm。当滩顶一端高一端低时,应在低标高段选较低处检测 1~3 个点;当滩顶高低相同时,应选较低处检测不少于 3 个点;其他情况,每 100 m 坝长选较低处检测 1~2 个点,但总数不少于 3 个点。各测点中最低点作为尾矿库滩顶标高。

④尾矿库干滩长度的测定,视坝长及水边线弯曲情况,选干滩长度较短处布置 1~3 个断面。

⑤检查尾矿库沉积滩干滩的平均坡度时,应视沉积干滩的平整情况,每 100 m 坝长布置不少于 1~3 个断面。测量断面应垂直于坝轴线布置,测点应尽量在各变坡点处进行布置,并且测点间距不大于 10~20 m,测点高程测量误差应小于 5 mm。尾矿库沉积干滩平均坡度,应按各测量断面的尾矿沉积干滩加权平均坡度平均计算。

⑥根据尾矿库实际的地形、水位和尾矿沉积滩面,对尾矿库防洪能力进行复核,确定尾矿坝安全超高和最小干滩长度是否满足设计要求。

⑦排洪构筑物安全检查内容:构筑物有无变形、位移、损毁、淤堵,排水能力是否满足要求等。

⑧排水井检查内容:井的内径、窗口尺寸及位置,井壁剥蚀、脱落、渗漏、最大裂缝开展宽度,井身倾斜度和变位,井、管连接部位,进水口水面漂浮物,停用井封盖方法等。

⑨排水斜槽检查内容:断面尺寸、槽身变形、损坏或坍塌、盖板放置、断裂,最大裂缝开展宽度,盖板之间以及盖板与槽壁之间的防漏充填物,漏沙,斜槽内淤堵等。

⑩排水涵管检查内容:断面尺寸,变形、破损、断裂和磨蚀,最大裂缝开展宽度,管间止水及充填物,涵管内淤堵等。

⑪对于无法入内检查的小断面排水管和排水斜槽可根据施工记录和过水畅通情况判定。

⑫排水隧洞检查内容:断面尺寸,洞内塌方,衬砌变形、破损、断裂、剥落和磨蚀,最大裂缝开展宽度,伸缩缝、止水及充填物,洞内淤堵及排水孔工况等。

⑬溢洪道、截洪沟检查内容:断面尺寸,沿线山坡滑坡、塌方,护砌变形、破损、断裂和磨蚀,沟内淤堵等。对溢洪道还应检查溢流坎顶高程、消力池及消力坎等。

(6)尾矿坝安全检查

①尾矿坝安全检查内容:坝的轮廓尺寸、变形、裂缝、滑坡和渗漏、坝面保护等。尾矿坝的位移监测可采用视准线法和前方交汇法;尾矿坝的位移监测每年不少于 4 次,位移异常变化时应增加监测次数;尾矿坝的水位监测包括库水位监测和浸润线监测;水位监测每月不少于一次,暴雨期间和水位异常波动时应增加监测次数。

②检测坝的外坡坡比。每 100 m 坝长不少于两处,应选在最大坝高断面和坝坡较陡断面。水平距离和标高的测量误差不大于 10 mm。尾矿坝实际坡陡于设计坡比时,应进行稳定性复核,若稳定性不足,则应采取措施。

③检查坝体位移。要求坝的位移量变化应均衡,无突变现象,并且应逐年减小。当位移量变化出现突变或有增大趋势时,应查明原因,妥善处理。

④检查坝体有无纵、横向裂缝。坝体出现裂缝时,应查明裂缝的长度、宽度、深度、走向、形态和成因,判定危害程度,妥善处理。

⑤检查坝体滑坡。坝体出现滑坡时,应查明滑坡位置、范围和形态以及滑坡的动态趋势。

⑥检查坝体浸润线的位置。应查明坝面浸润线出逸点位置、范围和形态。

⑦检查坝体排渗设施。应查明排渗设施是否完好、排渗效果及排水水质。

⑧检查坝体渗漏。应查明有无渗漏出逸点,出逸点的位置、形态、流量及含沙量等。

⑨检查坝面保护设施。检查坝肩截水沟和坝坡排水沟断面尺寸,沿线山坡稳定性,护砌变形、破损、断裂和磨蚀,沟内淤堵等;检查坝坡土石覆盖保护层实施情况。

(7)尾矿库库区安全检查

①尾矿库库区安全检查主要内容:周边山体稳定性,违章建筑、违章施工和违章采选作业等情况。

②检查周边山体滑坡、塌方和泥石流等情况时,应详细观察周边山体有无异常和急变,并根据工程地质勘察报告,分析周边山体发生滑坡可能性。

③检查库区范围内危及尾矿库安全的主要内容:违章爆破、采石和建筑,违章进行尾矿回采、取水,外来尾矿、废石、废水和废弃物排入,放牧和开垦等。

5.8.7 尾矿库事故应急救援

(1)尾矿库事故响应分级

针对尾矿库事故的危害程度、影响范围和企业控制事态的能力,将尾矿库事故分为不同等级。按照分级负责原则,明确应急响应级别。尾矿库事故分为三级响应。

1)启动二级(车间级)响应的条件

当尾矿库被定为病库时启动二级(车间级)响应。

2)启动一级(矿级)响应的条件

当尾矿库被定为危库、险库时启动一级(矿级)响应。

3)启动外部响应的条件

当矿内力量不足以控制事故的发展或发生溃坝现象,应当立即启动外部响应,请求当地政府和社会力量支援。

(2)尾矿库事故应急要点

①尾矿库事故救护时,应通过查阅资料和现场调查了解以下情况:

a.尾矿库事故前实际坝高、库容、尾矿物质组成、坝体结构、坝外坡坡比。

b.尾矿库溃坝发生时间、溃坝规模、破坏特征。

c.溃坝后库内水体情况、坝坡稳定性情况。

d.遇险人员数量、可能的被困位置。

e.下游人员分布现状及村庄、重要设施、交通干线等。

②尾矿事故救护时,救护队员应戴安全帽、穿救生服装、系安全联络绳,首先抢救被困人员,将被困人员转移到安全地点救护。

③对坍塌、溃堤的尾矿坝进行加固处理,用抛填块石、打木桩、沙袋堵塞等方法堵塞决堤口。在挖掘抢救被掩埋人员过程中,要采用合理的挖掘方法,加强观察,不得伤害被埋困人员。

④如果不能保证救护人员安全,应首先对尾矿库堤坝进行加固和水沙分流,保证救护人员和被困人员安全。

⑤尾矿泥沙仍处于持续流动状态,对下游村庄、重要工矿企业、交通干线形成威胁时,应采

取拦截、疏导、改变尾矿泥沙流向等办法,避免事故损失的扩大 。

⑥在夜间实施尾矿坝事故救护时,救护现场充足的照明条件应得到保证。

(3)尾矿坝裂缝的处理

发现裂缝后必须采取临时防护措施,以防止雨水或冰冻加剧裂缝的开展。对于滑动性裂缝的处理,应结合坝坡稳定性分析统一考虑。对于非滑动性裂缝,采用开挖回填是处理裂缝比较彻底的方法,适用于不太深的表层裂缝及防渗部位的裂缝;对坝内裂缝、非滑动性很深的表面裂缝,由于开挖回填处理工程量过大,可采取灌浆处理。一般采用重力灌浆或压力灌浆方法。灌浆的浆液,通常为黏土泥浆;在浸润线以下部位,可掺入一部分水泥,制成黏土水泥浆,以促其硬化。对于中等深度的裂缝,因库水位较高不宜全部采用开挖回填办法处理的部位或开挖困难的部位可采用开挖回填与灌浆相结合的方法进行处理。

裂缝的上部采用开挖回填法;下部采用灌浆法处理。先沿裂缝开挖至一定深度(一般为2 m)后进行回填,在回填时按上述布孔原则,预埋灌浆管,然后对下部裂缝进行灌浆处理。

(4)尾矿坝滑坡的处理

滑坡抢护的基本原则是:上部减载,下部压重。即在主裂缝部位进行削坡,而在坝脚部位进行压坡。尽可能降低库水位,沿滑动体和附近的坡面上开沟导渗,使渗透水很快排出。若滑动裂缝达到坡脚,应该首先采取压重固脚的措施。因土坝渗漏而引起的背水坡滑坡。应同时在迎水坡进行抛土防渗。

因坝身填土碾压不实、浸润线过高而造成的背水坡滑坡,一般应以上游防渗为主,辅以下游压坡、导渗和放缓坝坡,以达到稳定坝坡的目的。对于滑坡体上部已松动的土体,应彻底挖出。然后按坡线分层回填夯实,并做好护坡。

坝体有软弱夹层或抗剪强度较低且背水坡较陡而造成的滑坡,首先应降低库水位。如清除夹层有困难时,则以放缓坝坡为主,辅以在坝脚排水压重的方法处理。地基存在淤泥层、湿陷性黄土层或液化等不良地质条件,施工时又没有清除或清除不彻底而引起的滑坡,处理的重点是清除不良的地质条件,并进行固脚防滑。因排水设施堵塞而引起的背水坡滑坡,主要是恢复排水设施效能,筑压重台固脚。

滑坡处理前应严格防止雨水渗入裂缝内。可用塑料薄膜、沥青油毡或油布等加以覆盖。同时还应在裂缝上方修截水沟,以拦截和引走坝面的积水。

(5)尾矿坝出现管涌的处理

管涌是指在渗透水流作用下,土中细颗粒在粗颗粒所形成的孔隙通道中移动,流失,土的孔隙不断扩大,渗流量也随之加大,最终导致土体内形成贯通的渗流通道,土体发生破坏的现象。主要发生在水位高于堤坝以外地面高度的地方,或发生在堤坝外坡,或堤外平地冒水。管涌常使堤基、坝基岩土结构破坏,强度降低,甚至形成空洞、沉陷,进而导致堤防、大坝变形、塌陷,甚至溃决,造成严重的洪水灾害。管涌主要受土体性质和水动力条件控制,一般情况下,岩土结构不均一,土质松散,裂隙或孔洞发育,渗透压力大,容易发生管涌。

1)滤水围井

在冒水孔周围垒土袋,筑成围井,井壁底与地面紧密接触,井内按三层反滤要求分铺垫沙石或柴草滤料,在井口安设排水管,将渗出的清水引走,以防溢流冲塌井壁。如遇涌水势猛量大粗沙压不住,可先填碎石、块石消杀水势,再按反滤要求铺填滤料,注意观察防守,填料下沉,则继续加填,直到稳定为止。此法适应于地基土质较好,管涌集中出现,险情较严重情况。

2）蓄水减渗

在管涌周围用土袋垒成围井，井中不填反滤料，井壁须不漏水，如险情面积较大，险口附近地基良好时，可筑成土堤，形成一个蓄水池，不使渗水流走，蓄水抬高井（池）内水位，以减小临背水位差，制止险情发展。该法适用于临背水位差小、高水位持续时间短的情况，也可与反滤井结合处理。

3）塘内压渗

在大片管涌面上分层铺填粗沙、石屑、碎石，下细上粗，每层厚 20 cm 左右，最后压块石或土袋。如缺乏沙石料，可用秸柳作成柴排（厚 15～30 cm），再压块石或土袋，袋上也可再压沙料。此法适用于管涌数目多，出现范围较大的情况。

4）降低水位或减少渗透压力

当堤坝出现严重漏水，采取临时性防护措施尚不能改善险情时，可以降低库内的水位，以减少渗透压力，使险情不至于迅速恶化，但应该控制水位下降速度。

5.9 排土场事故应急救援

5.9.1 排土场及事故类型

（1）排土场

排土场又称废石场，是指矿山剥离和掘进排弃物集中排放的场所。排弃物包括腐殖表土、风化岩土、坚硬岩石以及混合岩土，有时也包括可能回收的表外矿、贫矿等。

排土场是一种巨型人工松散堆垫体，其场地基础、排土台阶高度、松散堆积物块度分布和物理力学性质，决定了排土场的稳定性。我国现有一定规模的排土场 2 000 座以上，每年剥离排放岩土量超过 6 亿 t，排土场的安全问题日趋严重。排土场失稳将导致矿山土场灾害和重大工程事故，不仅影响到矿山的正常生产，给矿山企业带来巨大的经济损失，而且还会对矿区周边交通和居民区构成严重危害，预测难度大。

（2）排土场事故类型

1）排土场滑坡

排土场滑坡分为排土场内部滑坡、沿地基接触面滑坡和软弱地基底鼓引起滑坡 3 种形式。排土场滑坡混合雨水或河水则演变成泥石流，其危害性更大。

①排土场内部滑坡

排土场内部滑坡是指地基岩层稳固，由于物料的岩石力学性质、排土工艺及其他外界条件所导致的排土场失稳现象。排土场内部滑坡多数与物料的岩石力学性质有关，特别是排土场受大气降雨和地表水的浸润作用，会严重恶化排土场的稳定状态。

②沿地基接触面滑坡

沿地基接触面滑坡是指排土场松散岩石与地面接触面之间的摩擦强度小于排土场堆料内部的抗剪强度时，发生沿地基接触面的滑坡。这类滑坡的主要原因是在地基与物料接触面之间形成了软弱的潜在滑动面，多发生在地基倾角较大或接触面为软弱层的情况下。

③软弱地基底鼓引起滑坡

当排土场坐落在软弱地层上,由于地基受到排土场荷载压力而产生滑坡和底鼓,然后牵动排土场滑坡。地基为软弱层分为第四纪表土层、风化带和人为活动形成的软弱层两类。

2)排土场泥石流

泥石流是山区特有的一种自然灾害,它是由于降水(包括暴雨、冰川、积雪融化水等)产生在沟谷或山坡上的一种夹带大量泥沙、石块等固体物质的特殊洪流,是高浓度的固体和液体的混合颗粒流。它的运动过程介于山崩、滑坡和洪水之间,是地质、地貌、水文、气象等各种自然因素、人为因素综合作用的结果。泥石流灾害的特点是爆发突然、活动频繁、危及面广、历时短暂、重复成灾、来势凶猛、破坏力强大。

泥石流发生的条件是:短时间有大量水的来源、有丰富的松散碎屑物质和有便于集水、集物陡峻地形。

排土场泥石流危害极大,它不同于自然泥石流,它的特点是隐蔽性大、易启动、频率高、冲击力强、涉及面广、冲淤变幅大、淤埋能力强、主流摆动速度快。

矿山排土场泥石流是人为泥石流的典型代表。按照动力作用可以分为滑坡型泥石流、冲蚀性泥石流和复合成因型泥石流。按照流动特性可以分为稀性泥石流和黏性泥石流。稀性泥石流面积大于 20 km^2 为大规模泥石流,稀性泥石流面积 2~20 km^2 为中等规模泥石流,稀性泥石流面积小于 2 km^2 为小规模泥石流;黏性泥石流面积大于 5 km^2 为大规模泥石流,黏性泥石流面积 1~5 km^2 为中等规模泥石流,黏性泥石流面积小于 1 km^2 为小规模泥石流。

5.9.2　排土场安全度分类

排土场安全度分类,主要根据排土场的高度、排土场地形、排土场地基软弱层厚度和排土场稳定性确定。安全度分为危险级、病级和正常级 3 级。

(1)危险级排土场

排土场有下列现象之一的为危险级:

①在山坡地基上顺坡排土或在软地基上排土,未采取安全措施,经常发生滑坡的。

②易发生泥石流的山坡排土场,下游有采矿场、工业场地(厂区)、居民点、铁路、道路、输电网线和通信干线、耕种区、水域、隧道涵洞、旅游景区、固定标志及永久性建筑等设施,未采取切实有效的防治措施的。

③排土场存在重大危险源(如汽车排土场未建安全车挡,铁路排土场铁路线顺坡和曲率半径小于规程最小值等),极易发生车毁人亡事故的。

④山坡汇水面积大而未修筑排水沟或排水沟被严重堵塞的。

⑤经验算,用余推力法计算的安全系数小于 1.0 的。

对于危险级排土场,企业必须停产整治,并采取下列措施:处理不良地基或调整排土参数;采取措施防止泥石流发生,建立泥石流拦挡设施;处理排土场重大危险源;疏通、加固或修复排水沟。

(2)病级排土场

排土场有下列现象之一的为病级:

①排土场地基条件不好,对排土场的安全影响不大的。

②易发生泥石流的山坡排土场,下游有山地、沙漠或农田,未采取切实有效的防治措施的。

③未按排土场作业管理要求的参数或规定进行施工的。

④经验算,用余推力法计算的安全系数大于 1.0 小于设计规范规定值的。

对于病级排土场,企业应采取下列措施限期消除隐患:采取措施控制不良地基的影响;将各排土参数修复到排土场作业管理要求的参数或规定的范围内。

（3）正常级排土场

同时满足下列条件的为正常级:

①排土场基础较好或不良地基经过有效处理的。

②排土场各项参数符合设计要求和排土场作业管理要求,用余推力法计算的安全系数大于 1.15,生产正常的。

③排水沟及泥石流拦挡设施符合设计要求的。

5.9.3 排土场安全检查

排土场安全检查包括规章制度、设计、作业管理、防洪与防震等方面。

（1）排土场规章制度与设计检查

①检查排土场规章制度制订和执行情况。

②检查排土场设计及变更情况。

（2）排土场作业管理检查

排土场作业管理检查的内容包括排土参数、变形、裂缝、底鼓、滑坡等。

①排土参数检查内容如下:

a. 测量各类型排土场段高、排土线长度,测量精度按生产测量精度要求。实测的排土参数应不超过设计的参数,特殊地段应检查是否有相应的措施。

b. 测量各类型排土场的反坡坡度,每 100 m 不少于两个剖面,测量精度按生产测量精度要求。实测的反坡坡度应在各类型排土场范围内。

c. 测量汽车排土场安全车挡的底宽、顶宽和高度。实测的安全车挡的参数应符合不同型号汽车的安全车挡要求。

d. 测量铁路排土场线路坡度和曲率半径,测量精度按生产测量精度要求;挖掘机排土测量挖掘机至站立台阶坡顶线的距离,测量误差不大于 10 mm。

e. 测量排土机排土外侧履带与台阶坡顶线之间的距离,测量误差不大于 10 mm;安全距离应大于设计要求。

f. 检查排土场变形、裂缝情况。排土场出现不均匀沉降、裂缝时,应查明沉降量,裂缝的长度、宽度、走向等,并判断危害程度。

g. 检查排土场地基是否隆起。排土场地面出现隆起、裂缝时,应查明范围和隆起高度等,判断危害程度。

②检查排土场滑坡。排土场发生滑坡时,应检查滑坡位置、范围、形态和滑坡的动态趋势以及成因。

③检查排土场坡脚外围滚石安全距离范围内是否有建构筑物和道路,是否有耕种地等,是否在该范围内从事非生产活动。

④检查排土场周边环境是否存在危及排土场安全运行的因素。

（3）排土场排水构筑物与防洪安全检查

①排水构筑物安全检查主要内容:构筑物有无变形、移位、损毁、淤堵,排水能力是否满足要求等。

②截洪沟断面检查内容:截洪沟断面尺寸,沿线山坡滑坡、塌方,护砌变形、破损、断裂和磨蚀,沟内物淤堵等。

③排土场下游设有泥石流拦挡设施的,检查拦挡坝是否完好,拦挡坝的断面尺寸及淤积库容。

(4)排土场安全设施检查

安全设施检查的主要内容包括:钢丝绳、大卸扣的配备数量和质量;照明设施能否满足要求;安全警示标志牌、灭火器、通信工具等配置及完好情况。

(5)企业必须建立的排土场管理档案

①建设文件及有关原始资料。

②组织机构和规章制度建设。

③排土场观测资料和实测数据。

④事故隐患的整改情况。

5.9.4 排土场事故应急救援

①发现有泥石流迹象,应立即观察地形,向沟谷两侧山坡或高地快速撤离。

②逃生时,要抛弃一切影响奔跑速度的物品。

③不要躲在有滚石和大量堆积物的陡峭山坡下;不要攀爬到树上躲避。

④进行事故应急救援时,救护队应快速进入灾区,侦察灾区情况,救助遇险人员。

⑤对可能坍塌的边坡进行支护,并要加强现场观察,保证救护人员安全。

⑥配合事故救护工程人员挖掘被埋遇险人员,在挖掘过程中应避免伤害被困人员。

5.10 顶板事故应急救援

5.10.1 顶板事故及其预兆

(1)顶板事故

1)顶板与底板

顶板是指正常层序的含煤地层中覆盖在煤层上面的岩层。根据岩层相对于煤层的位置和垮落性能、强度等特征的不同,顶板分为伪顶、直接顶和基本顶3种。

底板是指正常层序的含煤地层中伏于煤层之下的岩层。底板分为直接底和基本底两种。

2)顶板事故

顶板事故是指在井下开采过程中,因顶板意外冒落而造成的人员伤亡、设备损坏、生产终止等事故。

3)顶板事故分类

①按顶板事故发生的力学原理分类

顶板事故按其发生的力学原理分为压垮型冒顶、漏垮型冒顶和推垮型冒顶3类。

因支护强度不足,顶板来压时压垮支架而造成的冒顶事故称为压垮型冒顶;由于顶板破碎、支护不严引起破碎的顶板岩石冒落而引发的冒顶事故称为漏垮型冒顶;因复合型顶板重力的分力推动作用使支架大量倾斜失稳而造成的冒顶事故称为推垮型冒顶。

②按顶板事故发生的规模分类

顶板事故按其发生的规模分为局部冒顶和大面积冒顶两类。局部冒顶是指冒顶范围不大,伤亡人数不多的冒顶,常发生在煤壁附近、采煤工作面两端、放顶线附近、掘进工作面及年久失修的巷道等;大面积冒顶是指冒顶范围大、伤亡人数多的冒顶,常发生在采煤工作面、采空区、掘进工作面等。

(2)顶板事故预兆

1)采煤工作面局部冒顶的预兆

①掉碴,顶板破裂严重。

②煤体压酥,片帮煤增多。

③裂缝变大,顶板裂隙增多。

④支柱发出响声,采空区顶板下沉断裂。

⑤顶板出现离层,可用"敲帮问顶"方式试探顶板。

⑥有淋水的采煤工作面,顶板淋水有明显增加。

⑦在含瓦斯煤层中,瓦斯涌出量会突然增大。

⑧破碎的伪顶或直接顶有时会因背顶不严或支架不牢出现漏顶现象。

2)掘进巷道冒顶事故

当掘进工作面巷道围岩应力较大、支架的支撑力不够时,就可能损坏支架,形成巷道冒顶。巷道冒顶事故多发生在掘进工作面及巷道交汇处。巷道冒顶事故的预兆有:

①掉碴、漏顶。破碎的伪顶或直接顶有时会因背板不严和支架不牢固出现漏顶现象,造成空顶、支架松动而冒顶。

②顶板有裂缝。裂缝迅速变宽、增多。

③顶板发出响声。一方面顶板压力急剧加大时,顶板岩层下沉,顶板内有岩层断裂的声响;另一方面,木质支架或木板也会出现压弯断裂而发出响声。

④顶板出现离层,掘进面片帮次数明显增多。

⑤有淋水的巷道顶板淋水量增加等。

5.10.2 防范顶板事故的措施

(1)采煤工作面局部冒顶的预防

①及时支护悬露顶板,加强敲帮问顶。

②炮采时炮眼布置及装药量要合适,避免崩倒支架。

③尽量使工作面与煤层节理垂直或斜交避免片帮,一旦片帮应掏梁窝超前支护。

④综采面采用长侧护板,整体顶梁、内伸缩式前梁,增大支架向煤壁方向的推力,提高支架的初撑力。

⑤采煤机转移过后,及时伸出伸缩梁,及时接顶带压移架。

⑥破碎直接顶范围较大时,注入树脂类黏结剂固化,支护形式采用交错梁直线柱布置。

(2)掘进巷道冒顶事故的预防

①根据岩石性质及有关规定,严格控制控顶距,严禁空顶作业。

②严格执行敲帮问顶制,危石必须挑下,无法挑下时要采取临时支撑措施。

③在破碎带或斜巷掘进时,要缩小棚距,并用拉撑件把支架连在一起,防止推垮。

④支护失效替换支架时,必须先护顶,支好新支架,再拆老支架。

⑤斜巷维修巷道棚梁时,必须停止行车,必要时,要制订安全措施。

5.10.3　顶板事故应急救援

①发生冒顶事故后,救护队应配合现场人员一起救助遇险人员。如果通风系统遭到破坏,应迅速恢复通风。当瓦斯和其他有害气体威胁到抢救人员的安全时,救护队应撤出抢救人员和恢复通风。

②在处理冒顶事故前,救护队应向冒顶区域的有关人员了解事故发生原因、冒顶区域顶板特性、事故前人员分布位置,检查瓦斯浓度等,并实地查看周围支架和顶板情况,在危及救护人员安全时,首先应加固附近支架,保证退路安全畅通。

③抢救被埋、被堵人员时,用呼喊、敲击等方法,或采用探测仪器判断遇险人员位置,与遇险人员联系,可采用掘小巷、绕道或使用临时支护通过冒落区接近遇险者;一时无法接近时,应设法利用钻孔、压风管路等提供新鲜空气、饮料和食物。

④处理冒顶事故时,应指定专人检查瓦斯和观察顶板情况,发现异常,应立即撤出人员。

⑤清理大块矸石等压人冒落物时,可使用千斤顶、液压起重器具、液压剪、起重气垫等工具进行处理。

5.10.4　冲击地压事故应急救援

（1）冲击地压

冲击地压又称岩爆,是指井巷或工作面周围岩体,由于弹性变形能的瞬时释放而产生突然剧烈破坏的动力现象,常伴有煤岩体抛出、巨响及气浪等现象。它具有很大的破坏性,是矿山重大灾害之一。

【案例】　2011 年 11 月 3 日 19 时 18 分,河南义马煤业集团股份有限公司千秋煤矿发生重大冲击地压事故,造成 10 人死亡、64 人受伤,直接经济损失 2 748.48 万元。

（2）冲击地压特征

①突发性。发生前一般无明显前兆,冲击过程短暂,持续时间为几秒到几十秒。

②一般表现为煤爆、浅部冲击和深部冲击。最常见的是煤层冲击,也有顶板冲击和底板冲击,少数矿井发生了岩爆。

③具有破坏性。造成煤壁片帮、顶板下沉、底鼓、支架折损、巷道堵塞、人员伤亡。

④具有复杂性。实践证明,除褐煤以外的各煤种均有可能发生冲击地压。

（3）冲击地压分类

1）根据原岩体的应力状态分类

①重力应力型冲击地压。主要受重力作用,没有或只有极小构造应力影响的条件下引起的冲击地压。

②构造应力型冲击地压。主要受构造应力的作用引起的冲击地压。

③中间型或重力-构造型冲击地压。主要受重力和构造应力共同作用引起的冲击地压。

2）根据冲击的显现强度分类

①弹射。单个碎块从处于高应力状态下的煤或岩体上射落,并伴有强烈声响。

②矿震。它是煤、岩内部的冲击地压。较弱的矿震称为微震,也称为煤炮。

③弱冲击。煤或岩石向已采空间抛出,但破坏性不大,对支架和设备基本上无损坏。

④强冲击。部分煤或岩石急剧破碎,大量向已采空间抛出,出现支架折损、设备移动和围岩震动,震级在2.3级以上,伴有巨大声响,形成大量煤尘和产生冲击波。

3)根据震级强度和抛出的煤量分类

①轻微冲击:抛出煤岩量在10 t以下,震级在1级以下的冲击地压。

②中等冲击:抛出煤岩量在10~50 t以下,震级在1~2级的冲击地压。

③强烈冲击:抛出煤岩量在50 t以上,震级在2级以上的冲击地压。

4)根据发生的地点和位置分类

①煤体冲击。发生在煤体内,根据冲击深度和强度又分为表面、浅部和深部冲击。

②围岩冲击。发生在顶底板岩层内,根据位置有顶板冲击和底板冲击。

(4)冲击地压的危害

我国的冲击地压首次发生在辽宁抚顺胜利煤矿。随着开采深度的增加和开采范围的扩大,冲击地压的危害会更加严重。

1)冲击地压对从业人员安全的威胁

冲击地压能够直接造成人员伤亡。在冲击地压伤亡事故中,多数人员是被摔死、摔伤的;少数人员是由于设备倾倒、支架倒坍砸死、砸伤的;还有部分人员是由于冲击地压导致的冒落岩石砸死、砸伤的。

2)冲击地压对巷道的破坏

由于岩体片帮和抛出、顶板下沉、底板上鼓、支架受力破坏,造成巷道变形,甚至造成巷道堵塞,无法通风和行人。

3)冲击地压对矿井安全生产的危害

冲击地压除造成井巷工程破坏、伤害作业人员、耗费大量资金进行维护外,发生高强度冲击地压时,还会对地面建筑物造成破坏。冲击地压严重破坏矿井安全生产秩序,造成大面积减产,影响矿山企业经济效益,导致当地社会稳定程度下降。

(5)冲击地压防范措施

①建立冲击地压控制保障体系和冲击地压综合管理体系。

②合理布置采掘工程,选择合理的开采顺序,避免出现应力集中现象。

③预先开采保护层,使有冲击地压危险的矿层提前泄压。

④采取松动爆破、远距离爆破,使矿岩中积聚的弹性变形能有控制地释放。

⑤向煤岩层内提前实施高压注水,使煤岩层塑性成分增加、强度降低。

⑥采用宽巷道掘进,设置防冲击隔离带;工作面架设防冲击挡板、格栅等减小冲击地压危害的措施。

⑦选择崩落法等合理的采矿方法。

⑧采用锚喷支护、锚网支护等先进技术,加强巷道支护。

(6)冲击地压应急救援

①得知冲击地压事故报告必须立即启动事故应急救援预案,成立现场指挥部,制订抢救方案,实施事故救援。

②发生冲击地压事故后,救护队应配合现场人员一起救助遇险人员。如果通风系统遭到

破坏,应迅速恢复通风。当瓦斯和其他有害气体威胁到抢救人员的安全时,救护队应撤出抢救人员和恢复通风。

③在处理冲击地压事故前,救护队应向冲击地压区域的有关人员了解事故发生原因、顶板特性、事故前人员分布位置,检查瓦斯浓度等,并实地查看周围支架和顶板情况,在危及救护人员安全时,首先应加固附近支架,保证退路安全畅通。

④抢救被埋、被堵人员时,用呼喊、敲击等方法,或采用生命探测仪器判断遇险人员位置,与遇险人员联系,可采用掘小巷、绕道或使用临时支护通过冒落区接近遇险者;一时无法接近时,应设法利用钻孔、压风管路等提供新鲜空气、饮料和食物。

⑤处理冲击地压事故时,应指定专人检查瓦斯和观察顶板情况,发现异常,应立即撤人。

⑥冲击地压事故导致电气设备移位、砸伤人员时,应先将设备断电,再采取措施施救。

⑦清理大块矸石等压人冒落物时,可使用千斤顶、液压起重器具、液压剪、起重气垫等工具进行处理。

⑧遇险人员获救后,要立即采取保温措施,迅速运送到安全地点。

⑨长期被困井下人员,不要用灯光直射眼睛,搬运出井口前应用毛巾、黑布等物盖住眼睛。

复习与思考

1. 事故调查报告应当包括哪些基本内容?

2. 事故抢险救援指挥必须遵循哪些原则?

3. 正确指挥处理矿山灾变事故的步骤和程序是什么?

4. 矿山救护队到达事故现场后,必须立即派专人收集哪些原始技术资料?

5. 矿山救护队灾区行动有哪些基本要求?

6. 处理瓦斯爆炸事故时,救护队的主要任务是什么?

7. 处理瓦斯爆炸事故时,救护小队进入灾区必须遵守哪些规定?

8. 煤尘爆炸有什么特征? 处理煤尘爆炸事故时,救护队的主要任务是什么?

9. 矿山常见的灭火方法有哪些? 处理井下火灾应当遵循哪些原则?

10. 矿山救护队在处理井下水淹事故时,必须注意哪些问题?

11. 矿山作业场所氮氧化物的来源主要有哪几个方面?

12. 一氧化碳中毒症状主要表现在哪几个方面?

13. 硫化氢中毒症状主要表现在哪几个方面?

14. 矿山救护队在处理突出事故时,必须做好哪几个方面的工作?

15. 什么是滑坡? 滑坡按照体积划分为哪几类?

16. 尾矿库事故隐患产生的原因主要有哪几个方面?

17. 什么是危库、险库、病库及正常库?

18. 尾矿库是如何进行分类的? 尾矿库由哪几部分组成?

19. 根据尾矿库事故发生的位置,将尾矿库事故分为哪几类?

20. 尾矿库、排土场安全度是如何划分的?

第 **6** 章
现场自救与急救

【学习目标】

☞ 熟悉井下紧急避险系统基本要求、设计原则、基本功能。
☞ 熟悉压风自救系统的基本结构和作用。
☞ 熟悉通信联络系统的组成和作用。
☞ 熟悉自救器的分类、作用原理及使用方法。
☞ 熟悉井下避灾自救的内容和井下避灾自救原则。
☞ 熟悉三级现场创伤急救系统组织、"三先三后"的救护原则。
☞ 熟悉现场伤情判断的主要内容、伤员分类方法。
☞ 熟悉创伤止血、创伤包扎、骨折临时固定和伤员搬运方法。
☞ 掌握现场创伤急救常用人工呼吸、心脏复苏方法。
☞ 掌握各类灾害条件下避灾自救措施。

6.1 井下避灾自救设施与设备

6.1.1 井下紧急避险系统

井下紧急避险系统由永久避难硐室、临时避难硐室和移动式救生舱构成。

（1）对井下紧急避险系统的基本要求

①煤矿企业必须按照《煤矿井下紧急避险系统建设管理暂行规定》，建设完善井下紧急避险系统。

②井下紧急避险系统应与监测监控、人员定位、压风自救、供水施救、通信联络等系统相互连接，在紧急避险系统安全防护功能基础上，依靠其他避险系统的支持，提升紧急避险系统的安全防护能力。

③井下紧急避险设施应具备安全防护、氧气供给保障、有害气体去除、环境监测、通信、照明、动力供应、人员生存保障等基本功能，在无任何外界支持的条件下额定防护时间不低于96 h。

④井下紧急避险设施的容量应满足服务区域所有人员紧急避险需要,包括生产人员、管理人员及可能出现的其他临时人员,并按规定留有一定的备用系数。

⑤井下紧急避险设施的设置要与矿井避灾路线相结合,紧急避险设施应有清晰、醒目的标识。

⑥井下紧急避险系统应随井下采掘系统的变化及时调整和补充完善,包括紧急避险设施、配套系统、避灾路线及应急预案等。

⑦井下紧急避险设施的配套设备应符合相关标准的规定,纳入安全标志管理的应取得煤矿矿用产品安全标志。可移动式救生舱应符合相关规定,并取得煤矿矿用产品安全标志。

(2)井下紧急避险系统的设计原则

1)多点布置原则

根据各采煤工作面、掘进工作面人员分布情况,合理设置移动式救生舱。

临时避难硐室为其他未能进入可移动式救生舱的避灾人员提供避难空间。

永久避难硐室为整个矿井避灾人员提供避难空间,有条件的宜打从地面直通硐室的钻孔,为避难硐室提供通风、供水、食物、电力及通信。

2)一人一位原则

本着"安全为天"的原则,通过设置可移动式救生舱、临时避难硐室和永久避难硐室保证入井人员在灾害发生时都有自己的避难空间。

同时,在编制劳动定员标准时,要将人数落实到井下采、掘、机、运、通等各个环节、各个岗位,凡是能够计算和考核工作量的班组或工种岗位都要有科学合理的劳动定额,实行定额、定员管理,严禁两班交叉作业;优化劳动组织,合理安排队组编制,减少管理层次和工作环节;逐步推行井下人员管理监测系统,及时准确掌握入井人数和入井人员的工作区域;实行"限员挂牌"制,在井口、采区及采、掘工作面现场设牌板,真实标明核定的每班作业人数和实际每班作业人数。

3)就近避险原则

①距离可移动式救生舱最近的人员向移动救生舱内逃生。

②距离临时避难硐室最近的人员向临时避难硐室内逃生。

③距离永久避难硐室最近的人员向永久避难硐室内逃生。

④距离井筒最近的作业人员尽快升井,向地面逃生。

4)入舱便捷原则

为方便避灾人员快速地进入避难空间,应在紧急出口处、避灾路线上放置明显的标识牌,标识避险设施的位置。

(3)井下紧急避险系统的主要特点

井下紧急避险系统是以救生舱和避难硐室为核心系统化的安全体系,通过分布在矿井各个区域的救生舱和避难硐室,构建覆盖全矿井的安全防护网,确保每位井下工作人员都有避难的空间。紧急避险系统的构建和推广是我国矿山安全领域的一次重大进步,对于提升我国的矿山安全水平和保障矿工的生命安全具有重要的意义。井下紧急避险系统具有系统化、信息化、积极防护的突出特点。

系统化是指该系统的各个组成部分不是相互独立的,而是相互依赖相互补充的,有机结合的一体。矿井根据不同工作区域的人员分布、瓦斯涌出量和配风情况,合理地安排矿用可移动式救生舱、永久避难硐室和临时避难硐室,使得事故发生后各个区域的井下作业人员在较短的时间内到达避难空间。井下避难空间与矿井的电力、通信、信号传输和通风系统相互协调,并设立统一的指挥平台,建立系统的应急救援指挥中心。

信息化是指井下的各个避难空间可独立地与井上的指挥平台进行双向通信,指挥平台可实现井下避难空间和井下人员的定位,并实时监测避难空间的各项参数。

积极防护是紧急避险系统与原有防护系统的一个较大区别,在事故发生后整个系统开始运行,可向井下未及时升井的人员传达避难和救援信息,同时井下避难人员可向井上救援指挥中心提供井下环境参数,引导积极救援,避免了在危险环境中被动盲目等待救援的情况。

(4)永久性避难硐室

避难硐室是供矿工在遇到事故无法撤退而躲避待救的设施,分永久避难硐室和临时避难硐室两种。

永久性避难硐室是预先设在井底车场附近或采掘工作地点安全出口的路线上的躲避待救的安全设施。对其要求是:必须设置向外开启的隔离门,隔离门设置标准按照反向风门标准安设。室内净高不得低于 2 m,深度应满足扩散通风的要求,长度和宽度应根据可能同时避难的人数确定,但至少应能满足 15 人避难,并且每人使用面积不得少于 0.5 m^2。硐室内支护必须保持良好,并设有与矿调度室直通的电话;硐室内必须放置足量的饮用水、安设供给空气的设施,每人供风量不得少于 0.3 m^3/min。如果用压缩空气供风时,应有减压装置和带有阀门控制的呼吸嘴;硐室内应根据设计的最多避难人数配备足够数量的隔离式自救器。

(5)临时避难硐室

临时避难硐室是利用独头巷道、硐室或两道风门之间的巷道,由避灾人员临时修建的。因此,应在这些地点事先准备好所需的木板、木桩、黏土、沙子或砖等材料,应装有带阀门的压气管。若无上述材料时,避灾人员就用衣服和身边现有的材料临时构筑,以减少有害气体的侵入。临时避难硐室机动灵活,修筑方便,正确地利用它,往往能发挥很好的救护作用。

(6)矿用可移动式救生舱

矿用可移动式救生舱是为矿山井下设计的一种新型多功能的井下避险、安全、救生高科技安全装备。舱内设有座椅、照明、通信、供氧、急救箱、必需的食品饮用水、有毒有害气体处理装置,并可以调节舱内的气温和湿度。设备外形美观,新颖、结构牢固耐用、安装简单、操作直观、维护方便、整机的可靠性高、实用性强。

矿用可移动式救生舱允许在有煤尘瓦斯爆炸的气体场合使用,其外观如图 6.1 所示。

1)设计特点

①断面上拱形设计特点:充分利用拱形的内部空间大和抗变形能力。

②三体结构,救生舱的生存舱、过渡舱和逃逸舱作为 3 个完全独立的舱体制造,使用中连接在一起,有密闭通道实现两个舱体的相通。

③双层结构设计特点:舱体由外结构层和内承载层组成。

④在舱体双层隔套间,设计间距 50 mm,实际使用中填充隔热材料形成隔热层。

⑤具有抗压砸、耐腐蚀以及防潮密封等特点,特别适合井下恶劣条件下使用。

⑥故障率低,维护方便。

图 6.1　矿用可移动式救生舱外观图

⑦防爆形式为矿用本质安全型。

2）主要用途

矿山事故伤亡中的大多数都是由事故后井下危害环境和次生灾害所造成的。如果井下遇难矿工能够及时躲进具有生存保障条件的抗灾救生舱，就可以避免井下危害环境和次生灾害的伤害，成功获救，从而大量减少矿工的事故伤害。因此，矿用可移动式救生舱是提高煤矿安全保障能力、减少矿工伤亡、能够有效减少井下各种灾害导致人员伤亡的救生装备。

矿用可移动式救生舱可以承受矿山井下重大灾害破坏而不影响其保护性能，为进舱矿工提供设计时间内的正常呼吸、饮水、饮食等基本生存保障条件，保证在重大事故后的各种危害环境条件中，舱内人员不受危害环境影响。

3）适用范围

矿用可移动式救生舱适用于矿山在井下瓦斯、煤尘爆炸、冒顶关门、火灾阻隔及透水阻隔等一定灾害事故受困情况下的避灾待救，满足井下作业人员的快速避灾救护需求。

4）主要功能

矿用可移动式救生舱是井下灾害遇险矿工专用快速救护的高科技装备，是跟随采掘工作面移动布置在井下巷道专用避灾、救生设备，能抵御灾害事故的高温高压冲击、压砸、持续高温、有毒有害气体破坏和侵袭；能满足井下作业人员遇险避灾需求，能容纳额定人员数量并为遇险矿工提供快速进入的方便条件；能保护和满足舱内人员提供 96 h 内的生命安全和生存需求；是灾害事故救援求生的重要工具。

（7）避难注意事项

①进入避难硐室前，应在硐室外留有衣物、矿灯等明显标志，以便救护队寻找。

②避难时应保持安静，尽量俯卧，避免不必要的体力和氧气消耗，以延长待救时间。

③硐室内只留一盏矿灯照明，其余矿灯全部关闭，以备再次撤退时使用。

④避难期间可间断地敲击管道、铁轨或岩石等发出呼救信号。

⑤被水堵在上山时，不要向下跑出探望。水被排出露出棚顶时，不要急于出来，以防 SO_2、H_2S 等气体中毒。

⑥救护人员到来营救时，不要过于激动，以防血管破裂。

6.1.2 压风自救系统

煤矿企业在按照《煤矿安全规程》要求建立压风系统的基础上,必须满足在灾变期间能够向所有采掘作业地点提供压风供气的要求,进一步建设完善压风自救系统。

压风自救系统又称压风自救装置,是利用矿井已装备的压风系统构建的一种避灾设施。其作用是当采掘工作地点发现明显的煤与瓦斯突出预兆或发生煤与瓦斯突出而危及现场人员生命安全时,可迅速地进入压风自救装置内或硐室内,打开压气阀安全避灾等待救护,压风自救系统示意图如图6.2所示。

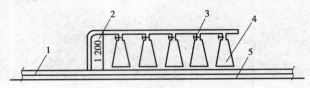

图 6.2　压风自救系统示意图

1—压风管;2—压风自救袋支管;3—减压阀;4—自救袋;5—巷道底板

目前,国产的主要压风自救系统有 ZY-J 型、ZYK-4 型、ZY-M 型等。ZY-J 压风自救系统是一种固定式永久性自救装备,主要由若干个自救装置组成,每组头数视作业场所的人员而定,一般每组头数不少于 3 ~ 5 个。其主要技术参数见表 6.1。

表 6.1　ZY-J 压风自救系统技术参数

压气源压力/MPa	0.3 ~ 0.7
输出压力调节范围/MPa	0.09
单个装置耗气量/(L·min⁻¹)	150 ~ 200
供气方式	连续压风系统或单独配风站(地面)
减压噪声/dB	85
操作方式	手动调节操作
质量/kg	0.5

(1)结构组成

压风自救系统主要由空气压缩机、压风管路、开关、送气器及自救袋等组成,如图 6.2 所示。送气器是压风自救系统的关键,其作用是对压风进行减压、消除噪声、过滤和净化风流,保证输入的风压新鲜洁净,使避灾人员感到舒适和稳定情绪。

(2)工作原理

压风自救系统是一种隔离式防护装置,其送气器供气量的大小是靠调节阀头和阀杆的位置来实现的。当采掘工作地点发现明显的煤与瓦斯突出预兆或发生煤与瓦斯突出无法撤离现场时,避灾人员立即撤到自救装置处,解开自救袋、打开通气阀开关,然后迅速钻进自救袋内,压风管内的压风经减压阀节流减压后的新鲜空气充满自救袋,压力可达 0.09 Pa,对袋外空气形成正压力,并将袋外的有害气体隔离,确保避灾人员不致受到有害气体的侵害。

（3）设置要求

1）供风能力的确定

根据压风自救安装区域工作人员数量、输送管路的漏风量和一定的富余量，可确定供风量为

$$Q_源 \geqslant Q_需$$

$$Q_需 = K \cdot K_i \cdot \sum_总 \cdot q_自$$

式中 $Q_源$——气源的供风能力，m^3/min；

        $Q_需$——受灾区的所需风量，m^3/min；

        K——压风管路漏风系数，取1.2；

        K_i——压风自救安装区域工作人员不均衡系数，取1.2；

        $\sum_总$ —— 压风自救安装区域工作的最多人数；

        $q_自$——压缩空气供给量，每人按0.1 m^3/min计算。

压风自救系统适用的压风管道供气压力为0.3～0.7 MPa；在0.3 MPa压力时，压风自救装置的供气量应为100～150 L/min。压风自救装置工作时的噪声应小于85 dB。

2）空气压缩机

空气压缩机应设置在地面。对深部多水平开采的矿井，空气压缩机安装在地面难以保证对井下作业点有效供风时，可在其供风水平以上两个水平的进风井井底车场安全可靠的位置安装，并取得煤矿矿用产品安全标志，但不得选用滑片式空气压缩机。

3）管路安装

①压风自救系统的管路规格应按矿井需风量、供风距离、阻力损失等参数计算确定，但主管路直径不小于100 mm，采掘工作面管路直径不小于50 mm。

②矿井所有避灾路线上均应敷设压风管路，并设置供气阀门，间隔不大于200 m。有条件的矿井可设置压风自救装置。

③水文地质条件复杂和极复杂的矿井应在各水平、采区和上山巷道最高处敷设压风管路，并设置供气阀门。

④主送气管路应装集水放水器。在供气管路与自救装置连接处，要加装开关和气水分离器。压风自救系统阀门应安装齐全，阀门扳手要在同一方向，以保证系统正常使用。

⑤管路安装要牢固平直，接头严密不漏气，离地面高度在0.5 m以上；气源接口处要有总阀门，便于压风自救系统的维护；在巷道口处压风自救管路上设置油、水分离器，以保证供风清洁和防止自救袋喷头出现堵塞。

4）功能要求

①压风自救装置应符合《矿井压风自救装置技术条件》的要求，并取得煤矿矿用产品安全标志。

②压风自救装置应具有减压、节流、消噪声、过滤和开关等功能，零部件的连接应牢固、可靠，不得存在无风、漏风或自救袋破损长度超过5 mm的现象。

③压风自救装置的操作应简单、快捷、可靠。避灾人员在使用压风自救装置时，应感到舒适、无刺痛和压迫感。

5）系统设置

①煤与瓦斯突出矿井应在距采掘工作面 25～40 m 的巷道内、爆破地点、撤离人员与警戒人员所在的位置以及回风巷有人作业处等地点至少设置一组压风自救装置；在长距离的掘进巷道中，应根据实际情况增加压风自救装置的设置组数。每组压风自救装置应可供 5～8 人使用。其他矿井掘进工作面应敷压风管路，并设置供气阀门。

②压风自救装置安装在采掘工作面巷道内的压缩空气管道上，设置在宽敞、支护良好、水沟盖板齐全、没有杂物堆的人行道侧，人行道宽度应保持在 0.5 m 以上，管路敷设高度应便于现场人员自救应用。压风管路应接入避难硐室和救生舱，并设置供气阀门，接入的矿井压风管路应设减压、消声、过滤装置和控制阀，压风出口压力在 0.1～0.3 MPa，供风量不低于 0.3 m³/（min·人），连续噪声不大于 70 dB。井下压风管路应敷设牢固平直，采取保护措施，防止灾变破坏。进入避难硐室和救生舱前 20 m 的管路应采取保护措施。

（4）使用与维护

井下采掘工作地点发现明显的煤与瓦斯突出预兆或发生煤与瓦斯突出危及作业人员生命安全时，现场人员应以最快的速度撤到压风自救装置处，并迅速解开自救袋钻入袋内，打开控制开关，开关手柄位置与送气方向一致时为"开"，垂直时为"关"，向袋内不断充入新鲜空气，以保证安全避灾。当救护人员到来救援或解除灾害威胁时，避灾人员便可以离开自救装置。压风自救装置使用完后，将控制开关至于"关闭"位置，并将自救袋按原样叠好和捆扎好，以便下次再用。

为保证压风自救装置避灾使用时的安全可靠性，必须经常性地进行检查和维护。作业单位应指定专人检查所有自救装置的完好性和周围顶板、两帮岩层的稳定性，以防止压风自救装置被岩石砸坏或其他异物刺破而漏气；检查送气器的工作情况和控制开关的灵活可靠性，若发现无气送出或送气器堵塞时，应立即进行清洗、修理或更换。

6.1.3　供水施救系统

供水施救系统是指在矿井发生灾变时，为井下重点区域提供饮用水的系统，一般由清洁水源、供水管网、三通、阀门、过滤装置及监测供水管网系统等其他必要的设备组成。

（1）供水施救系统的主要功能

①具有基本的防尘供水功能。

②具有供水水源优化调度功能。

③具有在各采掘作业地点、主要硐室等人员集中地点在灾变期间能够实现应急供水功能。

④具有过滤水源功能。

⑤具有管网异常报警功能。

⑥具有水源、主干水管管网压力及流量等监测功能。

（2）供水施救系统的安装要求

①采掘工作面每隔 200 m 安装一组供水阀门。

②主要机电硐室安装一组供水阀门。

③采区安全硐室安装一组供水阀门。

④特殊情况或特殊需要时，按要求的地点及数量进行安装。宜考虑在压风自救就地供水。

⑤单独供水施救系统,一般主管选用 DN50,支管选用 DN25。

⑥供水管道阀门高度:距巷道底板一般 1.2～1.5 m。

⑦供水施救管路水平、牢固安装。

⑧供水施救部件齐全完好,阀门手柄方向一致,并且与主管平行。

⑨供水点前后 2 m 范围无材料、杂物、积水现象。宜设置排水沟。

(3)供水施救系统的日常维护

①供水施救实行挂牌管理,明确维护人员进行周检。

②周检供水管网是否跑、冒、滴、漏等现象。

③周检阀门开关是否灵活等。

④需定期排放水,保持饮水质量。

⑤可以利用技术等手段定时检查。

⑥做到发现问题及时上报并作相应的处理。

(4)供水施救系统的管理要求

①供水水源应引自消防水池或专用水池。有井下水源的,井下水源应与地面供水管网形成系统。地面水池应采取防冻和防护措施。

②所有采区避灾路线上应敷设供水管路,压风自救装置处和供压气阀门附近应安装供水阀门。

③矿井供水管路应接入紧急避险设施,并设置供水阀,水量和水压应满足额定数量人员避险时的需要,接入避难硐室和救生舱前的 20 m 供水管路要采取保护措施。

④供水施救系统应能在紧急情况下为避险人员供水、输送营养液提供条件。

6.1.4　通信联络系统

(1)通信联络系统的组成

通信联络系统由有线通信系统、无线通信系统和广播系统组成。

①有线通信系统由地面调度交换机、不间断电源、本质安全型电话机、耦合器、线缆、接线盒、避雷器、接地装置及其他必要设备组成。

②无线通信系统由地面计算机、交换机、不间断电源、井下基站、本质安全型手持移动电话、耦合器、线缆、接线盒、避雷器、接地装置及其他必要设备组成。

③广播系统由广播主机、话筒、隔爆兼本质安全型音箱、线缆、接线盒、避雷器、耦合器、接地装置及其他必要设备组成。

(2)通信联络系统的功能要求

1)具有通信功能

①通信系统应具有保障所有设备和终端、井下固定电话和手持移动电话与地面固定电话和手持移动电话之间互联互通的功能。

②广播系统应具有广播主机向所有连接音箱进行广播和播放的功能,广播系统宜具有井下音箱与地面主机的对讲功能;广播系统应具有广播主机向特定用户(组)选播放功能。

2)具有管理功能

①通信联络系统应能对不同用户设置不同的优先权和呼叫权限;应具有紧急呼叫功能;

通信联络系统应具有自诊断和实时故障指示功能。当发生故障时,及时报警并指示故障位置;通信联络系统应具有录音功能,多通道同时录音,具备一个放音通道,可在线实时查询录音、监听、回放、存储等;井下固定电话和手持移动电话与地面调度室具有直通功能。

②调度交换机应可以随时呼叫系统内的终端,可强拆、强插中继或用户线,保证调度通信畅通无阻,具有最高优先级;调度交换机应配置可接收系统内终端紧急呼叫的设备,显示紧急呼叫的终端号码,发出声光报警,必要时并可进行语音录音;调度交换机应具有全呼和组呼功能;调度交换机宜能召开多方会议,用户可随时发言,也可以由调度控制发言;调度交换机应能同时处理多路呼叫;调度交换机应具有与地面专网组网的功能。

③无线通信系统应支持手持移动电话的自动漫游、越区切换;无线通信系统宜具有非法用户禁用功能;无线通信系统手持移动电话宜具有短信功能;无线通信系统手持移动电话应具有抗震、防水、防腐功能;无线通信系统的手持移动电话宜采用支持脱网呼叫功能,以便当基站、调度室或线缆发生故障时,在特定范围内的手持移动电话之间可以直接通话。

④广播系统应具有紧急广播功能,广播室只需打开紧急发送器,可强行切掉所有广播而转入紧急播放内容,讲话完毕后自动恢复原有状态,用于紧急通知、灾情通报等,紧急播放内容也可连续重复播放;广播系统宜具有组播和选播功能;广播系统宜具有向主要领导办公室和职能科室紧急播放的功能。

(3)通信联络系统的管理要求

①矿山应安装有线调度电话系统。井下电话机应使用本质安全型。宜安装应急广播系统和无线通信系统,安装的无线通信系统应与调度电话互联互通。

②在矿井主副井绞车房、井底车场、运输调度室、采区变电所、水泵房等主要机电设备硐室以及采掘工作面和采区、水平最高点,应安设电话。紧急避险设施内、井下主要水泵房、井下中央变电所和突出煤层采掘工作面、爆破时撤离人员集中地点等地方,必须设有直通矿井调度室的电话。

③距掘进工作面 30 ~ 50 m,应安设电话;距采煤工作面两端 10 ~ 20 m,应分别安设电话;采掘工作面的巷道长度大于 1 000 m 时,在巷道中部应安设电话。

④机房及入井通信电缆的入井口处应具有防雷接地装置及设施。

⑤井下基站、基站电源、电话、广播音箱应设置在便于观察、调试、检验和围岩稳定、支护良好、无淋水、无杂物的地点。

⑥煤矿井下通信联络系统的配套设备应符合相关标准规定,纳入安全标志管理的应取得煤矿矿用产品安全标志。

6.1.5 自救器

自救器是一种体积小、携带轻便,但作用时间较短的供矿工个体自救使用的呼吸保护仪器。主要用途是矿工在井下工作遇到火灾、瓦斯煤尘爆炸、煤(岩)与瓦斯(二氧化碳)突出等灾害事故时,佩戴它可以实施自救,而迅速撤离灾区。因此,《煤矿安全规程》第13条规定,入井人员必须随身携带自救器、标识卡和矿灯。

自救器按作用原理可分为过滤式自救器和隔离式自救器两类。隔离式自救器又分为化学氧自救器和压缩氧自救器两种。其防护性能特点见表6.2。

表6.2 自救器种类和防护性能特点

种 类	名 称	防护的有害气体	防护性能特点
过滤式	CO 过滤式自救器	CO	人员呼吸所需的氧气仍是外界空气中的氧气
隔离式	化学氧自救器	不限	人员呼吸所需的氧气由自救器本身供给,与外界空气成分无关
	压缩氧自救器	不限	

(1)过滤式自救器

过滤式自救器是使用于矿井发生火灾或瓦斯煤尘爆炸灾害时,防止 CO 中毒的呼吸保护装置。国产过滤式自救器的主要有 AZL-40 型、AZL-60 型、MZ-3 型、MZ-4 型等。基本适用条件是事故现场周围空气中 O_2 浓度不低于18%。如 AZL-60 型过滤式自救器,当 CO 浓度不超过 1.5%,环境温度在 50 ℃ 以下时,使用时间可达 60 min。

1)自救器结构

过滤式自救器由上、下壳体,密封圈、封口带、开启扳手、腰带挂环、封印条及过滤器等部件组成。过滤器是核心部分,其结构如图 6.3 所示。它由鼻夹、鼻夹提醒带、头带、呼吸阀、口具、降温器、吸气阀、触媒层、滤尘纱布袋、干燥剂、滤尘层及过滤罐等构成。过滤器密封在自救器外壳内后,可以长期携带 3 年或存放 5 年。

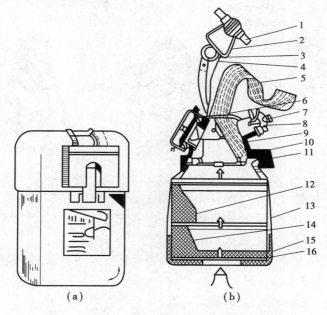

图6.3 自救器外形及过滤器结构示意图

1—鼻夹;2—鼻夹弹簧;3—鼻夹提醒片;4—鼻夹绳;5—头带;6—呼气阀;
7—牙垫;8—口具;9—降温器;10—下鄂托;11—吸气阀;12—触媒层;
13—滤尘纱布袋;14—干燥剂;15—滤尘层;16—底盖

2)自救器工作原理

含有 CO 的气体经滤尘层滤去矿尘后,进入干燥剂 $CaCl_2$ 药层除湿,以防止触媒剂中毒。被干燥后的气体进入装有 MnO_2 和 CuO 制成的称为霍加拉特的一氧化碳氧化触媒过滤药罐,进行滤毒氧化反应将气体中的有毒 CO 转化为无毒的 CO_2，从而完成滤毒作用功能，以保证佩戴者的安全。

滤毒后的气体经吸气阀和降温器直接由口具进入人体的肺部，人体呼出的气体由呼气阀直接排出。一氧化碳氧化触媒过滤药罐吸附氧化反应过程为

$$CuO + CO \longrightarrow CuO \cdot CO(吸附)$$

$$MnO_2 + CO \longrightarrow MnO \cdot CO_2(氧化)$$

$$CuO + CO_2 \longrightarrow CuO \cdot O CO(吸附)$$

3）佩戴方法与步骤

过滤式自救器平时佩挂在腰带上，井下发生火灾或煤尘瓦斯爆炸灾害时，可按下面的顺序步骤和方法迅速佩戴，安全撤离灾区。过滤式自救器佩戴方法示意图如图 6.4 所示。

①扳断封口条。从腰带上迅速取下自救器，用大拇指扳起开启扳手，用力将封口条拉断。

②拉开封口带。用拇指和食指握住开启扳手，拉开封口带。

③扔掉上部外壳。握住下部外壳，把上部外壳扳开取下扔掉。

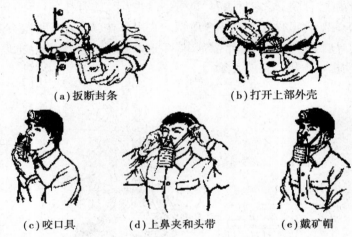

(a)扳断封条　　　　　　(b)打开上部外壳

(c)咬口具　　　(d)上鼻夹和头带　　　(e)戴矿帽

图 6.4　过滤式自救器佩戴方法示意图

④取出过滤罐。抓住口具从下部外壳中取出过滤罐，扔掉下部外壳。

⑤咬口具。从口具上拉开鼻夹和提醒片，将口具放入口中，口具片置于唇与牙床之间，牙齿紧紧咬住牙垫，紧闭嘴唇，使之有效地闭合。

⑥上鼻夹。轻轻拉开鼻夹弹簧，将鼻夹垫准确地夹在鼻翼上，立即用嘴呼吸。

⑦摘下矿帽，把头带套在头顶上。

⑧全部佩戴完毕，戴好矿帽，立即撤离灾区。

过滤式自救器利用装有化学氧化剂的滤毒装置，将灾害空气中的 CO 有毒气体氧化成无毒气体，并供佩戴人员自救呼吸。

4）注意事项

①当井下发现有火灾或爆炸事故时，必须立即佩戴好自救器，撤离灾区现场。切不可看到烟雾时，再进行佩戴。

②佩戴使用过滤自救器时，当空气中的一氧化碳浓度达到或超过 0.5%，自救器外壳逐渐升温，吸入的空气会有干热感觉，这表明自救器有效工作正常。切不可因为干热而取下自救

器,必须坚持佩戴到安全新鲜风流地带,方能取下自救器。

③自救器因外壳碰瘪,不能取出过滤罐时,可带着下部外壳佩戴使用呼吸。为了减轻牙齿的负重,可用手托住自救器撤离灾区。

④佩戴使用自救器撤离灾区时,要匀速行走,保持呼吸均匀,严禁奔跑和取下鼻夹、口具或通过口具讲话。

⑤平时要避免摔打、碰撞自救器,严禁垫座或打开自救器。发现扳手的封印带断裂后,则不能再使用。

(2)化学氧隔离式自救器

化学氧隔离式自救器是一种自生氧闭路呼吸系统的自救装置,佩戴者的呼吸气路与外界空气完全隔离。按其自生氧原理分为碱金属超氧化物型和氯酸盐氧烛型两种。国产化学氧隔离式自救器主要有 AZG 系列、ZH 系列(即 AZH 系列)和 OSR 系列等。

下面介绍 ZH 系列化学氧隔离式自救器的结构、工作原理和使用方法。

1)主要技术参数

ZH 系列自救器技术参数见表 6.3。

表 6.3　ZH 系列自救器技术参数

型　号	ZH15	ZH20	ZH30
使用时间/min	15	20	30
吸气温度/℃	≤60		
额定储氧量/L	≥40	≥40	≥60
外形尺寸/mm	110×70×160	178×89×160	130×95×170
质量/kg	1.1	1.5	1.7
有效使用期	从制造日期起,按每天 1 班(每班 8 h)计算可携带使用 3 年;库存 5 年		

注:ZH15 型防护使用时间:中等强度行动时≥15 min;静坐≥60 min。

2)自救器结构

ZH 系列化学氧隔离式自救器主要由保护套、上外壳、后锁口带、封印条、前锁口带、下外壳、腰带板(又称皮带穿环)及呼吸保护器等组成。其外部结构如图 6.5(a)所示。

呼吸保护器是核心部分,主要由鼻夹、头带、口具、降温网、生氧罐、生氧剂、过滤装置、气囊及排气阀等组成,如图 6.5(b)所示。

3)自救器工作原理

ZH 系列化学氧隔离式自救器的呼吸气路为往复式闭路系统。使用时,佩戴者呼出的气体经口具、降温网、口水挡板、上过滤装置,进入装有生氧剂 NaO_2 或 KO_2 的药罐内;呼出气体中的二氧化碳及水气和生氧剂发生的化学反应为

$$2KO_2 + H_2O \longrightarrow 2KOH + O_2 + 热量$$

$$2KOH + CO_2 \longrightarrow K_2CO_3 + H_2O + 热量$$

呼出气体中的水气和二氧化碳被吸收,同时生成含氧量较高的气体进入气囊;吸气时,储存在气囊中的气体再经生氧剂、药罐体、上过滤装置、口水挡板、降温网、口具,被吸入人体肺部,完成一次呼吸循环,并如此往复循环进行。

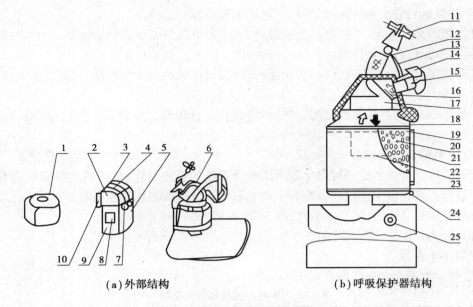

（a）外部结构　　　　　　　　　　　（b）呼吸保护器结构

图 6.5　化学氧隔离式自救器呼吸保护结构示意图

1—保护套；2—上外壳；3—前锁口带；4—封印条；5—使用注意牌；6—呼吸保护器；7—后锁口带；

8—铭牌；9—下外壳；10—皮带穿环；11—鼻夹；12—头带；13—鼻夹绳；14—口具；15—口具塞；

16—降温网；17—口水挡板；18—生氧罐；19—上过滤装置；20—生氧剂；21—隔热底座；

22—快速启动筒；23—下过滤装置；24—气囊；25—排气阀

当气囊中充满气体时，气囊膨胀压力增高，排气阀借助气囊内的压力自动开启，排除多余的呼出废气，以保证正常压力下的呼吸工作，减少二氧化碳和水汽进入生氧罐，从而调节生氧剂的发生速度，延长防护使用时间。

4）使用操作方法

自救器平时由皮带环佩挂在腰带上，放在携带者腰部的右侧或左侧。当井下发生灾害事故时，可按下面的顺序步骤和方法迅速佩戴，安全撤离灾区。化学氧隔离式自救器佩戴方法示意图如图 6.6 所示。

①扯掉橡胶保护套。

②用拇指扳起红色扳手，拉断封印条；拉开封口带，揭开上部外壳扔掉。

③一只手托住自救器，另一只手抓住头带，取出呼吸保护器，扔掉下部外壳。

④一只手握住自救器呼吸保护器，另一只手拔出口具塞后拉起鼻夹，并迅速将口具放在唇齿之间咬住牙垫，大口呼气使气囊鼓气。

⑤拉开鼻夹弹簧，用鼻夹垫夹住鼻子，开始用口呼吸。

⑥取下矿工帽，戴好头套和矿工帽，迅速撤离灾区。

5）使用注意事项

①佩戴撤离灾区，要始终保持沉着冷静，若途中感到吸气不足时，不要惊慌，应放慢脚步，做深长呼吸，待气量充足后，再稍快步行。

②佩戴呼吸时，生成气体比吸外界正常大气干热一点，这表明自救器生氧剂正常有效的工作，对人体无害，千万不可摘下自救器。

图 6.6　化学氧隔离式自救器佩戴方法示意图

③在佩戴自救器避灾撤离过程中,要始终注意保持口具和鼻夹戴好,切不可以取下说话,需联络时可以打手势。

④佩戴自救器使用过程中,当发现气囊瘪而不胀时,表明自救器的使用时间已接近终点,必须采取应急措施。

⑤化学氧隔离式自救器只能不间断地使用一次,已用过或过期的自救器不能再使用。

(3)压缩氧隔离式自救器

压缩氧隔离式自救器是为防止井下有毒有害气体对人体的侵害,利用压缩氧气供人呼吸的一种隔离式呼吸保护器。其与化学氧隔离式自救器的主要区别是可以反复多次使用,每次使用后只要更换新的吸收二氧化碳的氢氧化钙药剂和重新充装氧气既可重复使用,又可作为压风自救系统的配套装置。国产压缩氧隔离式自救器主要有 ZY-15、ZY-30 和 ZY-45 型等。

1)主要技术参数

ZY 系列自救器技术参数见表 6.4。

表 6.4　ZY 系列自救器技术参数

型　　号	ZY15	ZY30	ZY45
使用时间/min	15	30	45
氧气瓶充填压力/MPa	20		
供气方式	20 ~ 3 MPa 时定量供气量 ≥1.2 L/min 20 ~ 5 MPa 时手动供气量 ≥60 L/min		

续表

型　号	ZY15	ZY30	ZY45
CO_2 吸收剂装量/g	≥160	≥350	≥420
自动排气压力/Pa	150 ~ 300		
外形尺寸/mm	149×185×70	157×205×88	177×225×96
质量/kg	1.5	1.8	2.1

2)自救器结构

ZY系列压缩氧隔离式自救器主要由减压器、压力表、氧气瓶、气囊、呼吸导管、口具、手动补给阀、排气阀及净化器等组成,如图6.7所示。

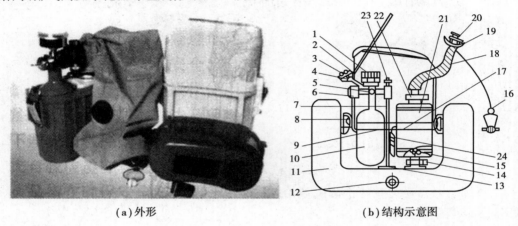

（a）外形　　　　　　　　　　（b）结构示意图

图6.7　ZY系列压缩氧隔离式自救器结构示意图

1—减压器;2—拉环;3—防松环;4—开关手柄;5—丝堵;6—压力表;7—胶管;8—挂钩;
9—紧固螺栓;10—氧气瓶;11—气囊;12—排气阀;13—胶管接头;14—下卡箍;15—盲盖;16—鼻夹;
17—紧固袋;18—呼吸软管;19—口具;20—口具塞;21—清净罐;22—上卡箍;23—手动补给按钮

3)工作原理

压缩氧自救器佩戴使用时,打开氧气瓶开关后,高压氧气通过减压器和定量孔以定量供气方式的流量进入气囊内。佩戴者吸气时,气囊中的气体经净化器过滤 CO_2 后,再经呼吸软管、口具吸入肺部;呼气时,呼出的气体经呼吸软管、净化器过滤 CO_2 后,再送入气囊内。从而形成单管往复式闭路循环呼吸系统。

当呼吸耗氧量小、气囊中储气量过足时,气囊膨胀压力增高,排气阀借助气囊内的压力自动开启,向外界排除多余气体,以保证正常压力下的呼吸工作;呼吸耗氧量大、气囊中储气量不足时,可通过手动补给阀快速向气囊注入氧气,以保证人体正常呼吸的需要。

4)使用方法

压缩氧隔离式自救器佩戴方法示意图如图6.8所示。

①平时挎在肩膀上携带。

②避灾使用时,先揭开外壳上的封口带扳手;再打开上盖,左手抓住氧气瓶,右手用力向上提上盖,此时氧气瓶开关自动打开,并将主机从下壳中拖出。

242

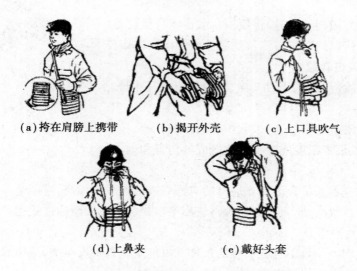

(a)挎在肩膀上携带   (b)揭开外壳   (c)上口具吹气

(d)上鼻夹   (e)戴好头套

图6.8 压缩氧隔离式自救器佩戴方法示意图

③摘下矿工帽,挎上脖带。

④拔出口具塞,立即将口具放入嘴内,用牙齿咬住牙垫;夹好鼻夹后,即可进行呼吸。并同时按动补给按钮1～2s,气囊充满后立即停止。

⑤挂好腰钩,迅速撤离灾区。

5)注意事项

①压缩氧隔离式自救器的高压气瓶装有20 MPa的氧气,携带过程中严禁撞击磕碰或当坐垫使用,严禁开启封口带扳手。

②避灾撤离过程中,严禁摘掉口具和鼻夹或通过口具说话,需联络时可以打手势。

6.2 矿井灾变事故避灾自救措施

6.2.1 井下避灾自救的内容与原则

矿山生产多为地下作业,因受复杂自然条件的影响,在客观上存在着诸多不安全因素。所以,在生产过程中存在着灾变事故发生的可能性,经常受到瓦斯、煤尘、水害、火灾及顶板等自然灾害的威胁。另外,随着矿山现代化生产的不断提高,在生产中机电设备日渐增多,机电事故也已成为生产中的安全隐患。为保障矿山生产安全和职工的健康,保护国家资源和财产不受损失,每一个从事矿山企业从业人员,必须熟知矿井避灾自救内容、原则和灾变自救措施。

(1)井下避灾自救的内容

井下避灾自救的目的是在矿井事故发生初期,现场人员应抓住有利时机及时消灭事故,以减少人员伤亡和财产损失;在无法消灭事故时,应正确地组织自救和撤离灾区,以减少人员伤亡。为确保避灾自救有效地实施,最大程度的减小损失,每个入井工作人员都必须熟知以下避灾自救内容:

①熟悉事故应急救援预案内容及矿井灾害预防和处理计划。

②熟悉矿井避灾路线和安全出口。

③掌握避灾方法,会正确操作使用自救器和自救设施。

④掌握抢救伤员的基本方法及现场急救知识和操作技术。

(2)井下避灾自救原则

井下避灾自救应遵守"灭、护、撤、躲、报"五字基本原则。

1)灭

在确保自身安全的前提下,采取积极、有效的安全技术措施,将事故消灭在初始阶段和控制在最小范围,以最大限度地减少事故造成的伤害和损失。

2)护

当事故造成作业人员自己所在地点的有毒有害气体浓度增高,可能危及生命安全时,立即进行个人的防护自救措施,佩戴好自救器或用毛巾捂住口鼻安全撤离灾区。

3)撤

当灾变事故现场不具备抢救事故的条件或可能危及人员安全时,应以最快的速度、最短的时间选择最近的安全路线撤离灾区。

4)躲

在短时间内,灾变事故现场人员无法安全撤离事故灾区时,应迅速进入预先构筑的永久避难硐室、救生舱或其他安全地点暂时躲避等待救护,也可利用现场的设施和材料构筑临时避难硐室。

5)报

发生灾变事故后,事故现场人员应立即向矿调度室报告事故发生的性质、时间、地点、遇险人数及灾情等,并同时向可能波及的区域发出报警。

6.2.2 各类灾害条件下避灾自救措施

(1)矿井瓦斯、煤尘爆炸避灾自救措施

矿井发生瓦斯、煤尘爆炸时,都会产生强大的爆炸声响和连续的空气震动。井下现场作业人员一旦遇到瓦斯、煤尘爆炸事故,必须沉着冷静、迅速判断发生事故的地点和自己所处的位置,采取有效的避灾自救措施。

①位于事故地点上风侧的人员,迎着风流迅速撤离;位于下风侧时,应立即佩戴好自救器或用湿毛巾捂住口鼻,快速从最短的路线撤到新鲜风流的安全地点。

②如果撤离过程中遇到冲击波及火焰袭来时,应迅速背向冲击波方向俯卧在底板或水沟内,尽量降低身体高度,避开冲击波的伤害;俯卧时面部贴在底板上,用毛巾捂住口鼻闭气暂停呼吸,以防止爆炸瞬间火焰吸入肺部造成严重伤害。并用衣物盖住身体,尽量减少肉体暴露面积,以减少烧伤。爆炸冲击波过后,要迅速按规定佩戴好自救器,判清方向,沿着避灾路线撤离到安全的新鲜风流中。

③如果灾变事故区的巷道破坏严重,不能安全撤离时,可以暂时躲避到支护完好的地点安静、耐心地等待救护。

④自救避灾撤离时,应由技术人员和有经验的工人组织带领同行。人人都要遵守纪律、听从指挥,要严格控制矿灯的使用数量,沿途撤离路线应留有明显的标记信号,以便救护队跟踪寻找救援。

（2）**煤与瓦斯突出避灾自救措施**

1）发现煤与瓦斯突出预兆时的避灾措施

①采煤工作面发现有突出预兆时，要以最快的速度通知现场人员迅速向进风侧撤离。撤离过程中迅速佩戴好隔离式自救器，迎着新鲜风流继续外撤。如果距离新鲜风流过远时，应立即撤到永久避难硐室、临时避难所或利用压风自救系统进行避灾自救。

②掘进工作面发现有突出预兆时，以最快的速度撤离到防突反向风门以外，并把反向风门关好，然后继续外撤。如果不能安全撤离时，应立即撤到永久避难硐室、临时避难所或利用压风自救系统进行避灾自救，等待矿山救护队救援。

2）发生煤与瓦斯突出事故后的避灾措施

①采掘工作面一旦发生煤与瓦斯突出事故，作业人员必须立即佩戴好隔离式自救器，迎着新鲜风流向外撤离。

②撤离时，如果退路被堵或自救器有效时间不足，立即撤到专门设置的永久避难硐室、临时避难所或压风自救装置处暂避，也可撤到设有压缩空气管道的巷道、硐室躲避，并把压气管的螺丝头卸下，形成正压通风，延长避难时间，同时设法与外界保持联系，等待矿山救护队救援。

（3）**矿井火灾避灾自救措施**

矿井发生火灾时，在判明事故性质、地点、事故区域范围、风流或火烟蔓延速度及方向等情况下，根据矿井灾害预防和处理计划及现场实际情况，确定撤离路线或避灾自救措施。

①发现井下火灾时，应视火灾性质、火区通风及瓦斯情况，立即采取一切可能防灭火技术措施，进行直接灭火和控制火势，并迅速报告矿调度室。采用直接灭火法时，必须随时注意风量、风流方向及气体浓度的变化，并及时采取控风措施，尽量避免风流逆转、逆退，保护直接灭火人员的安全。如果火势太猛，现场人员无力组织抢救灭火时，应迅速采取自救和组织避灾措施。

②井下作业现场发现有烟雾、异味时，应迅速佩戴好自救器，撤离到安全地点。如果处在火焰燃烧的上风侧的人员，应迎着风流撤离；处在火焰燃烧的下风侧的人员，应寻捷径路线绕过火区进入安全地区。

③避灾撤离中，若遇到烟雾充满巷道时，先迅速辨认出发生火灾的地区和风向，然后沉着冷静地俯身摸着轨道或管道有序地外撤。

④确认无法撤离火灾发生区时，应立即进入永久避难硐室；或在火焰袭来之前，选择合适的地点就地利用现场条件，快速构筑临时避难硐室，并将硐室口堵严与外部风流隔离，同时留有明显的避难标记以待救援。

（4）**矿井水灾避灾自救措施**

矿井发生水灾事故时，在迅速观察和判断透水地点、水源、涌水量、发生原因和危害程度情况下，根据矿井灾害预防和处理计划规定避灾撤离路线，采取有效的避灾自救措施。

1）透水事故现场人员撤离措施

①井下发生透水事故后，应在可能的情况下迅速观察和判断透水的地点、水源、涌水量、发生原因、危害程度等情况，以最快的方式向调度室报告，并通知附近地区作业人员一起按照矿井灾害预防和处理计划中规定的撤退路线，迅速撤退到透水地点以上的水平，而不能进入透水点附近及下方的独头巷道。撤离过程中要注意防止有害气体引起的中毒或窒息。

②撤离过程中,避灾人员应靠近巷道一侧,抓牢支架、管道或其他固定物体,尽量避开压力水头和泄水流,并注意防止被水中滚动的矸石和木料撞伤。

③当透水事故发生后破坏了巷道中的照明和路标,迷失行进方向时,避灾人员应朝着有风流通过的上山巷道方向撤退。

④避灾人员在撤退沿途和所经过的巷道交叉口,应留设指示行进方向的明显标志,以引起矿山救护人员的注意。

⑤避灾人员撤退到竖井,需从梯子间上去时,应听从指挥,遵守秩序,禁止慌乱和争抢。行动中手抓牢,脚蹬稳,两人之间保持适当距离,切实注意自己和他人的安全。

⑥当唯一的出口被水封堵无法撤退时,应有组织的在独头工作面躲避,等待矿山救护人员的营救。严禁盲目潜水逃生等冒险行为。

⑦当避灾人员全部撤出透水区域后,应立即关闭水闸门,以减少透水事故的损失。

2)透水事故现场人员被困避灾自救措施

①当现场人员被涌水围困无法退出时,应迅速进入预先筑好的避难硐室中避灾,或选择合适地点快速建筑临时避难硐室避灾。如系老空区透水,则须在避难硐室处建临时挡墙或吊挂风帘,防止被涌出的有害气体伤害。进入避难硐室前,应在硐室外留设明显标志。

②在避灾期间,避灾人员要有良好的精神心理状态,情绪安定、自信乐观、意志坚强。要坚信上级领导一定会组织人员快速营救;坚信在班组长和有经验老工人的带领下,一定能够克服各种困难,共渡难关,安全脱险。要作好长时间避灾的准备,除轮流担任岗哨观察水情的人员外,其余人员均应静卧,以减少体力和空气消耗。

③避灾时,用敲击方法有规律、间断地发出呼救信号,向营救人员指示躲避处的位置。

④被困期间断绝食物后,即使在饥饿难忍的情况下,也应努力克制自己,绝不嚼食杂物充饥。需要饮用井下水时,应选择适宜的水源,并用纱布或衣服过滤。

⑤长时间被困在井下,避灾人员发现救护人员到来营救时,不要过度兴奋和慌乱。得救后,不可吃硬质和过量的食物,要避开强烈的光线,以防意外发生。

6.3 井下现场急救

6.3.1 急救组织与伤情判断

井下生产作业过程或矿井发生灾害性事故时,常常会导致现场作业人员的伤害发生。为了尽可能地减轻伤员的痛苦,防止伤情恶化或并发症的发生,挽救濒临死亡危重伤员的生命,矿山企业必须建立创伤急救系统,并组织指导井下现场人员做好创伤急救工作。

(1)创伤急救组织

《突发事件应对法》第26条规定,县级以上人民政府应当整合应急资源,建立或者确定综合性应急救援队伍。人民政府有关部门可以根据实际需要设立专业应急救援队伍。县级以上人民政府及其有关部门可以建立由成年志愿者组成的应急救援队伍。单位应当建立由本单位职工组成的专职或者兼职应急救援队伍。县级以上人民政府应当加强专业应急救援队伍与非专业应急救援队伍的合作,联合培训、联合演练,提高合成应急、协同应急的能力。

《突发事件应对法》第27条规定，国务院有关部门、县级以上地方各级人民政府及其有关部门、有关单位应当为专业应急救援人员购买人身意外伤害保险，配备必要的防护装备和器材，减少应急救援人员的人身风险。

《突发事件应对法》第32条规定，国家建立健全应急物资储备保障制度，完善重要应急物资的监管、生产、储备、调拨和紧急配送体系。县级以上地方各级人民政府应当根据本地区的实际情况，与有关企业签订协议，保障应急救援物资、生活必需品和应急处置装备的生产、供给。

《矿山救护规程》第9.1.1条规定，矿山发生灾害事故后，现场人员必须立即汇报，在安全条件下积极组织抢救，否则立即撤离至安全地点或妥善避难。企业负责人接到事故报告后，应立即启动应急救援预案，组织抢救。

《煤矿安全规程》第15条规定，煤矿企业应有创伤急救系统为其服务。创伤急救系统应配备救护车辆、急救器材、急救装备和药品等。

《煤矿安全规程》第678条规定，煤矿企业应落实应急管理主体责任，建立健全事故预警、应急值守、信息报告、现场处置、应急投入、救援装备和物资储备、安全避险设施管理和使用等规章制度，主要负责人是应急管理和事故救援工作的第一责任人。

根据矿山企业井下作业点分散、生产战线比较长、突发性事故隐患点多的特点，为确保矿山作业人员的生命安全，现场创伤急救系统组织一般按三级进行编制。

1）第一级现场创伤急救组织

根据井下现场创伤急救关键在于"及时有效"的救护原则，第一级现场创伤急救组织主要由井下作业单位的管理人员、工人、卫生员、急救员、矿山救护指战员等组成，必要时医院的医生也必须奔赴现场参加急救工作。实践证明，现场创伤急救组织得力及时，可减少20%伤员的死亡。对于心跳呼吸骤停的危重伤员，在受伤2 min内进行急救时，成功率可达70%；4～5 min内进行急救的成功率仅有43%；15 min以后进行急救的成功率极小。因而，矿山企业井下创伤急救组织工作是一件直接关系到伤员生命安全和保障井下作业人员生命安全的大事。

第一级现场创伤急救组织的主要任务是迅速抢救伤员脱险，并进行现场急救；对危重伤员安全转送做好必要的医疗救护准备工作。可以根据创伤人员的伤情和条件，组织进行矿工现场急救、急救员现场急救和井下急救站抢救等工作。

2）第二级医疗急救组织

第二级医疗急救组织主要由矿医院医务人员组成，主要任务是接收第一级急救转送来的伤员，并根据伤情进行救治或转送到矿务局（集团公司）医院。

3）第三级医疗急救组织

第三级医疗急救组织由矿务局（集团公司）医院各科室医务人员组成，并由业务院长和外科主任负责组建创伤抢救小组，主要负责重伤员的抢救医疗工作。

（2）**创伤及其分类**

创伤是指机械因素引起人体组织或器官的破坏。根据发生地点、受伤部位、受伤组织、致伤因素及皮肤完整性而进行分析。

创伤可引起全身反应，局部表现有伤区疼痛、肿胀、压痛；骨折脱位时有畸形及功能障碍；严重创伤还可能有致命的大出血、休克、窒息及意识障碍。

1）创伤按受伤组织的深浅分类

创伤按受伤组织的深浅分为软组织创伤、骨关节创伤和内脏创伤。

①软组织创伤指皮肤、皮下组织和肌肉的损伤，也包括其中的血管和神经。单纯的软组织创伤一般较轻，但广泛的挤压伤可致挤压综合征。血管破裂大出血也可致命。

②骨关节创伤包括骨折和脱位，并按受伤的骨或关节进一步分类并命名。如股骨骨折、肩关节脱位等。

③内脏创伤可按受伤的具体内脏进行分类和命名。如脑挫裂伤、肺挫伤、肝破裂等。同一致伤原因引起两个以上部位或器官的创伤，称为多处伤或多发伤。

2）创伤按皮肤完整程度分类

按皮肤完整程度，创伤分为闭合性创伤、开放性创伤等。

①闭合性创伤

皮肤保持完整，有时虽有伤痕，但不伴皮肤破裂及外出血，可有皮肤青紫（皮下出血，又称瘀斑或皮下瘀血），若损伤部位较深，则伤后数日方见青紫。

a. 挤压伤。由重物较长时间挤压所造成的严重创伤，可引起受压部位大量肌肉缺血坏死，常伴有严重休克，并可导致急性肾功能衰竭。

b. 挫伤。由钝器或钝性暴力所造成的皮肤或皮下诸组织的创伤。常有皮下脂肪、小血管的破裂，有时还可致深部脏器的破裂。

c. 扭伤。关节部位在一个方向受暴力所造成的韧带、肌肉、肌腱的创伤。一般情况下扭伤并不造成关节的脱位，但却可引起关节附近骨骼的骨片撕脱。

d. 冲击伤。又称爆震伤，强烈的爆炸产生的强烈冲击波造成的创伤。体表可无伤痕，但体内的器官却遭受严重的损伤。腹腔内实质性脏器破裂出血者，可出现休克。胸受伤时，可出现颅内压增高症状。

e. 闭合性骨折。直接或间接外来暴力造成骨骼的连续性中断，但皮肤无破裂。在骨折发生的同时，伴有附近肌肉、血管及神经的损伤。

f. 脱位。关节受直接或间接外来暴力，使构成关节的两骨丧失其解剖关系。同时有关节囊破裂，也可有骨片撕脱。

②开放性创伤

伴有皮肤黏膜破裂及外出血。细菌易从创口侵入，引起感染。故开放性创伤必须及时清创。

a. 撕裂伤。钝器打击造成挫伤的同时可引起皮肤和软组织裂开。创口边缘不整齐，周围组织的破坏较广泛。运转的机器、车辆将皮肤及皮下组织撕脱造成撕裂伤，有时还可将肌肉、肌腱、血管及神经撕脱。撕裂伤常引起皮肤坏死及感染。手腕部撕裂伤在临床上最常见。

b. 刺伤。由细长、尖锐的致伤物所造成。伤口虽不大，但深部的组织、器官可遭受破坏而不易被察觉，而被忽视。刺伤易引起深部感染。

c. 切割伤。由锋利的刀刃、玻璃等致伤物造成伤害，伤口边缘较整齐，切割伤深度随外力大小而异。腕部肘部深切割伤同时有肌腱、血管、神经的断裂。

d. 擦伤。皮肤同粗糙致伤物摩擦而造成的表浅创伤。受伤部位仅有少量出血及渗出，因而伤情较轻。

（3）**现场创伤的救护原则**

矿山事故灾害创伤急救处置过程中，必须遵守"三先三后"的救护原则：一是对呼吸道完全堵塞的窒息或心跳、呼吸刚停止不久的伤员，必须先复苏，后搬运；二是对出血伤员，必须先止血，后搬运；三是对骨折伤员，必须先固定，后搬运。并根据现场创伤人员的伤情判断，按危重伤员、重伤员、轻伤员的抢救顺序，分类实施救护工作。

1）危重伤员

危重伤员是指中毒性、外伤性窒息，以及由各种创伤原因引起的心跳骤停、呼吸困难、昏迷、严重休克、大出血等伤员。对现场危重伤员进行救护的原则是：立即进行现场抢救处置，并在严密观察和继续实施抢救下，迅速护送医院。

2）重伤员

重伤员是指创伤造成骨折及脱位、严重积压损伤、大面积软组织挫伤、内脏损伤等伤员。对现场重伤员进行救护的原则是：先进行现场应急控制伤情处置，并在严密监护下，迅速护送医院，但应随时注意防止伤员休克发生。

3）轻伤员

轻伤员是指创伤人员软组织挫伤、裂伤和一般性损伤等伤员。这类伤员基本能够自我行动，只需在现场进行一般性的创伤处理即可。

（4）**现场伤情的判断方法**

矿井发生灾害事故后，迅速对伤情作出正确判断与分类，目的是要尽快了解矿井灾害事故、遇难者及抢救者的整体情况。掌握救治的重点，确定急救和运送的先后顺序。

矿井灾害事故现场急救要求在有限的时间、空间、人力、物力条件下，发挥矿井急救人员的最大效率，尽可能多地拯救生命、减轻伤残及后遗症。因此，需要根据现场条件和遇难者的数量及伤情，按轻重缓急处理。如果发现生命垂危的伤员后，首先对这部分伤员实施紧急抢救，以拯救其生命，而对轻伤的伤员则可稍后处理。

现场伤情判断的主要内容有：气道是否通畅，有无呼吸道堵塞；呼吸是否正常，有无大动脉搏动，有无循环障碍；有无大出血；意识状态如何，有无意识障碍，瞳孔是否对称或有异常。具体判断方法见表 6.5。

伤员分类就是用明显的标志来记录传递信息，避免在救治、运送的各项工作中出现重复和遗漏。标志物为黑、红、黄、绿色的卡片，分别代表死亡、危重伤、重伤、轻伤。

表 6.5　创伤判断表

检查项目	伤情特征	
	正　常	严重创伤
心跳	60～80 次/min	严重受伤或大出血伤员，心跳多增快
呼吸	16～18 次/min	危重伤员呼吸多变快、变浅或不规则
瞳孔	两眼瞳孔等大、等圆，遇光能迅速收缩变小	严重颅脑损伤的伤员，两眼瞳孔不一样大，用光线刺激时，不收缩或反应迟钝
神志	神志清醒，对外来刺激能引起反应	神志模糊或出现昏迷，对外来刺激没有反应

6.3.2 人工呼吸

矿山伤害事故往往是突发性的,常会造成井下作业人员不同程度的创伤。一旦伤害事故发生后,现场人员必须立即对创伤人员进行应急救护。现场创伤急救技术包括人工呼吸、心脏复苏、创伤止血、创伤包扎、骨折临时固定及伤员搬运等。

人工呼吸是适用于触电休克、溺水、有害气体中毒、窒息等引起呼吸停止出现假死的一种急救技术措施。假死医学上又称猝死,是指人呼吸衰竭,心搏骤停后,体内的生命活动仍能维持一段时间的现象。大量实例证明,对呼吸停止和心脏骤停的伤员,若能立即进行有效的心脏复苏,可以极大程度地提高"复活"率。实践证明,如果在 4 min 内进行心脏复苏急救的"复活"率可达 50% 以上,4~6 min 内进行心脏复苏急救的"复活"率为 10% 以上,超过 6 min 时进行心脏复苏急救的"复活"率仅为 4%。

现场急救进行人工呼吸前,首先将伤员运送到支护良好、通风可靠的安全地点,把伤员的领口解开,放松腰带,脱掉鞋子,注意保持伤员的体温。在伤员的腰背部垫上软物,如衣服等,并将伤员口中的脏物清除干净,把舌头拉出或压住,以防止堵塞住喉咙,妨碍呼吸。因此,各种有效的人工呼吸必须在呼吸道畅通的前提下进行。

现场创伤急救常用人工呼吸的方法主要有口对口吹气法、仰卧举臂压胸法、仰卧压胸法及俯卧压背法 4 种。

(1)口对口吹气法

口对口人工呼吸是用急救者的口呼吸协助伤病者呼吸的方法。它是现场急救中最简便最有效的方法。适用于心搏骤停,因麻醉、电击、中毒、颈椎骨折及其他伤病引起呼吸麻痹者。

口对口吹气法大多用于井下现场抢救触电休克的伤员,也可用于 CO_2、SO_2、H_2S 等有害气体中毒伤员的抢救。现场急救时,可以根据表 6.6 判断伤员休克程度,实施有效的口对口吹气法进行抢救工作。

表 6.6 伤员休克程度分类

休克分类	轻度	中度	重度
神志	清醒	淡漠、嗜睡	迟钝或不清
脉搏	稍快	快而弱	摸不着
呼吸	略为加速	快而浅	呼吸困难
四肢温度	无变化或稍发凉	湿而凉	冰凉
皮肤	发白	苍白或出现花纹斑	发紫
尿量	正常或减少	明显减少	尿极少或无尿
血压	正常或偏低	下降显著	测不到

口对口吹气急救要领是"捏鼻张口—贴紧吹气—放松呼气—反复进行—直至复苏",操作方法,如图 6.9 所示。

①将伤员移置到井下通风和支护良好的安全地点,救护人员以最快的速度和极短的时间检查伤员瞳孔有无反应、脉搏有无跳动、鼻孔有无呼吸,按一下手指观察有无血液循环,同时检查有无外伤和骨折。

（a）捏鼻张嘴　　　　　　　（b）贴紧吹气　　　　　　　（c）放松呼吸

图 6.9　口对口吹气人工呼吸法

②将伤员仰面平卧放置，头部尽量后仰、鼻子朝上。解开腰带、领扣和衣服，注意保温。

③救护人员位于伤员一侧，掰开伤员的嘴，清除口腔内的杂物后，放在伤员前额手的拇指和食指，捏紧伤员的鼻孔不使气体逸出。

④救护人员深吸一口气，然后紧贴伤员的嘴，大口吹气，并仔细观察伤员的胸部扩张程度，以确定吹气的有效性和适当程度。

⑤每次吹气之后，立即离开伤员的嘴，同时放松捏鼻子的手，观察伤员的胸部情况。

⑥救护人员应吹气 14～16 次/min，5 s 一次，应注意吹气切勿过猛、过短，也不宜过长，以占一次呼吸周期的 1/3 为宜。如此有节奏地反复进行，直到伤员复苏，能够自己呼吸为止。

（2）仰卧举臂压胸法

仰卧举臂压胸法多用于井下现场抢救有害气体中毒或窒息等受伤害的人员。但不能用于抢救胸部外伤或 SO_2、NO_2 中毒，以及与胸外心脏按压法同时操作进行。

仰卧举臂压胸法具体操作方法，如图 6.10 所示。

（a）屈臂压胸呼气　　　　　　　　（b）举臂扩胸吸气

图 6.10　仰卧举臂压胸法

①将伤员移到井下通风和支护良好的安全地点，详细检查伤员受伤部位和受伤程度。

②伤员仰卧，胸部向上躺平，头偏向一侧，上肢平放在身体两侧，腰部垫上低枕或其他软物件，使伤员的胸部抬高，肺部张开。撬开伤员的嘴，拉出舌头，清除口腔中的脏物。

③救护人员跪在伤员头部的两侧，面向伤员的头部，两手握住伤员的小臂。把伤员的手臂上举放平，2 s 后，再曲其两臂，借助伤员自己的肘部在胸部压迫两肋约 2 s，使伤员的胸廓受压，把肺部的空气呼出。

④把伤员的两臂向上拉直，使肺部张开，吸进空气。

⑤按照 14～16 次/min 有节奏地反复进行，直到伤员复苏，能够自己呼吸为止。

（3）仰卧压胸法

仰卧压胸法抢救伤员的放置与仰卧举臂压胸法相同。其操作方法是救护人员骑跨在伤员大腿外侧，两手放在伤员的肋弓上，手指分开，借助自身质量向前屈曲的张力，使伤员胸廓缩小，形成呼气。再放松压力，使伤员胸廓扩张，形成吸气，按照 16～20 次/min 有节奏地反复进行,直到伤员复苏,能够自己呼吸为止,如图 6.11 所示。

图 6.11　仰卧压胸法

(4)俯卧压背法

俯卧压背法多用于井下现场抢救溺水人员,但对有肋骨骨折的伤员不能使用。具体操作方法,如图 6.12 所示。

(a)准备压背　　　　　　(b)压背排气　　　　　　(c)松手吸气

图 6.12　俯卧压背法

①将伤员移到井下通风和支护良好的安全地点,详细检查伤员的受伤程度。

②伤员俯卧,背部向上躺平,腹部放一个枕垫,两臂向前伸直或一臂弯曲,头偏向一侧稍微抬起,可用衣服垫起或枕在弯曲的臂上,既不使鼻子和嘴贴地,又能便于口鼻内的黏液流出。拉出伤员的舌头,清除口中的脏东西,以防止阻塞喉咙,妨碍呼吸。

③救护人员骑跨在伤员身上,双膝跪在伤员的大腿两侧,两手放在下背部两边,拇指指向脊椎柱,其余四指向外上方伸开。

④救护人员两手握住伤员的肋骨,身体向前倾,以自身的质量慢慢地由背部压迫伤员的胸廓,使胸腔缩小,将肺部空气呼出。

⑤救护人员身体抬起,两手放松,返回原姿势,使伤员胸廓自然扩张将空气吸入肺内。

⑥如此每分钟 14～16 次,有节奏地反复进行,直到伤员复苏,能够自己呼吸为止。

操作时应注意:救护人员两手不能压得太重,以免压断伤员的肋骨。操作动作要均匀而有规律,以自己的深呼吸作为标准,呼气时前倾压下,吸气时松手抬身。

6.3.3　心脏复苏

心脏复苏是用于抢救伤员停止呼吸、心脏跳动不规则或停止的一种有效的急救方法。主要有心前区叩击法和胸外心脏按压法两种。

胸骨有损伤的伤员不能使用心脏复苏急救方法。

(1)心前区叩击法

心前区叩击法适用于心脏骤停 30 s 以内的伤员抢救。其急救原理是通过救护员手握拳头捶击伤员胸部的震动作用,使机械激动变为微弱电流刺激心脏。

心前区叩击法的具体操作方法如下：

①伤员胸部向上平躺,头低、脚高放置。

②救护人员在伤员的一侧,左手放在伤员胸前区上,右手握拳在距胸壁上放30 cm高度,以中等力叩击在左手上。

③连续叩击3～5次后,观察伤员的脉搏、心音和呼吸,若复苏即可;反之,应立即改用胸外心脏按压法进行抢救。

（2）胸外心脏按压法

其急救原理是通过胸外心脏按压胸骨下端下陷,间接压迫心脏,使心内血液流入主动脉和肺动脉;放松时胸骨复位,心脏重新舒张,静脉血液返回心脏,形成人工血液循环。

1）具体操作方法

胸外心脏按压法如图6.13所示。

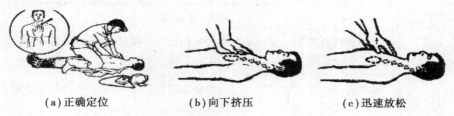

(a)正确定位　　　　(b)向下挤压　　　　(c)迅速放松

图6.13　胸外心脏按压法

①伤员仰卧在硬板或平坦的地面上,头低于心脏水平或抬高两下肢以利于静脉血液回流,增加流回心脏的血液量。将伤员的衣服和腰带解开,以便实施胸外心脏按压。

②救护人员跪在伤员的一侧,用一只手的掌根部按压在伤员胸骨正中线的中下1/3交界处,其下方为心脏,另一只手掌交叉重叠在该手背上,保持两手掌根部平行,手指伸直或手指交叉,但不要接触胸壁。

③救护人员的两上肢肘部挺直,借助自身的体重和肩、臀部肌肉力量,有节奏地垂直向下挤压伤员的胸廓,使胸骨压陷3～4 cm。

④挤压后立即放松压力,手掌根随伤员胸廓自行弹起回复到原位。但手掌根不要抬起,离开皮肤,以免再按压时呈迫击状而分散按压力量,放松手的时间应与按压胸廓的时间相等。

⑤按压次数为每分钟60～80次,也可同时做人工呼吸。如此有节奏地反复进行,直到伤员复苏,能够自己呼吸为止。

2）注意事项

①按压力量应因人而异。对强壮的伤员,按压力量可大一些。反之,应小一些。

②胸外心脏按压与口对口吹气同时进行时,一般每按压心脏4次,做口对口吹气一次。如一人同时兼做此两种操作,则每按压心脏10～15次,较快地连续吹气两次。

③按压显效时,可摸到伤员的颈总动脉、股动脉搏动,放散的瞳孔开始缩小,口唇、面色转红润,血压复升。

6.3.4　创伤止血

血液是在心脏和血管腔内循环流动的一种组织。成人的血液相对密度为1.05～1.06,pH值为7.3～7.4,渗透压为313 mmol/L,由血浆和血细胞组成。血浆内含白蛋白、球蛋白、纤维蛋白原等血浆蛋白、脂蛋白等各种营养成分以及无机盐、氧、激素、酶、抗体和细胞代谢产物等。血细胞有红细胞、白细胞和血小板。人体内血液的总量称为血量，是血浆量和血细胞的总和，但除红细胞外，其他血细胞数量很少。每个人体内的血液量根据各自体重决定。正常人血液总量相当于体重的 7% ~ 8%，为 5 000 ~ 6 000 mL。

任何外伤都有出血的可能。如果受创伤人员的急性出血量超过 800 ~ 1 000 mL 时，就会有生命危险。但在井下生产现场，往往因对创伤并不严重的伤员，没有及时有效地进行止血救护向井上转送，结果造成伤员失血过多而无法抢救。因此，争取时间对井下受创伤人员进行及时有效地止血救护，对挽救伤员生命具有非常重要的实际意义。

人体的血管有动脉血管、静脉血管和毛细血管 3 种。出血是由血管的损伤破裂而造成的，但人体的损伤血管不同，其出血特征也不同，见表 6.7。

表 6.7　血管种类及其出血特征

血管种类	出血特征
动脉血管	血液颜色鲜红、随心脏跳动的频数从伤口向外喷射，血液向外流出快。时间稍长，就会有生命危险
静脉血管	血液颜色暗红或紫红，血液呈持续性从创伤口溢出，短时间内对伤员无生命危险。但不及时止血，流血过多会危及伤员的生命
毛细血管	血液由创伤口渗出，一般会自行凝固，不会有生命危险

严重创伤特别是在伴有一定量出血时常引起休克，称为创伤性休克。它多见于骨折、挤压伤等遭受严重损伤的伤员。损伤性休克引起的是低血容量性休克，根据休克病程演变，休克可分为休克前期或休克期两个阶段。休克前期创伤伴出血，当失血容量未超过 20% 时，由于机体代偿作用，病人中枢神经系统兴奋性提高，交感神经活动增加，表现为精神紧张或烦躁，面色苍白，手足湿冷，心率加速，过度换气，脉压缩小，尿量减少。休克期病人神志淡漠，反应迟钝，出现神志不清或昏迷，口唇发绀，出冷汗，脉搏细速，血压下降，脉压差更缩小，严重时，全身皮肤黏膜明显发绀，四肢冰冷，脉搏扪不清，血压测不出，无尿，有代谢性酸中毒出现，皮肤、黏膜出现瘀斑或消化道出血，出现进行性呼吸困难，脉速，烦躁，发绀或咯出粉红色痰，动脉血氧分压降至 8 kPa 以下。

实践表明，只有了解各种出血的特征，就可以有针对性地采取不同的方法进行现场创伤止血救护。创伤止血方法有压迫止血法、加压包扎止血法、止血带止血法及加垫屈肢止血法 4 种。现场创伤止血急救时，先用压迫止血法止血后，再根据情况改用其他止血方法。

（1）压迫止血法

压迫止血法又称指压止血法，是一种最基本、最常用、最有效的处置创伤的急救方法。用手指压住动脉经过骨骼表面的部位，达到止血目的。要想准确找到止血压点，必须熟悉人体血管的来龙去脉。压迫止血法适用于头、颈、四肢动脉大出血时的临时止血。现场发现创伤人员大出血时，只要果断地用手指或手掌用力压紧伤口附近靠近心脏一端的动脉跳动处，并把血管紧压在骨头上，就能很快地起到临时止血的效果。但在创伤急救应用时，不宜过久，应在采用指压止血的同时，准备换用包扎止血方法。

人体血管最易能被压住而止血的地点为指压点，人体全身的指压点有颞动脉指压点、枕动脉指压点、下颌动脉又称面动脉指压点、锁骨下动脉指压点、肱动脉指压点、桡动脉指压点、尺动脉指压点、股动脉指压点等8处。

创伤人员受伤部位的不同,选择急救止血的指压点也不同。现场急救时可根据创伤人员受伤的部位,选择止血的指压点。

常用的急救止血指压点如下:

①颌面部及口腔侧出血时,在下颌角前2 cm处凹内压迫额动脉止血,如图6.14(a)所示。

②头部前半部出血时,在下颌角耳关节点压迫颞动脉止血,如图6.14(b)所示。

③头后部出血时,在耳后乳突与枕部之间压迫枕动脉止血,如图6.14(c)所示。

④颈部出血时,在颈部胸锁乳突肌内侧,压迫锁股下动脉止血,如图6.14(d)所示。

⑤下肢出血时,压迫股动脉止血,如图6.14(e)所示。

⑥上肢出血时,根据出血的部位分别压迫锁骨下动脉指压点、肱动脉指压点、桡动脉指压点、尺动脉指压点止血,如图6.14(f)所示。

（2）加压包扎止血法

加压包扎止血法是适用于小血管及毛细血管创伤的一种有效的急救止血方法。

现场具体操作方法是:在创伤的局部先用消毒纱布块、棉垫或干净毛巾或布料覆盖在伤口上,再用绷带、布带或三角巾加压缠紧,松紧程度以能达到止血而不影响伤肢血液循环为度。并注意将肢体抬高,如果上肢有骨折时,先用夹板固定后,再加压包扎止血。

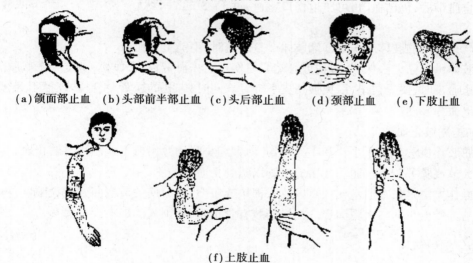

(a)颌面部止血　(b)头部前半部止血　(c)头后部止血　(d)颈部止血　(e)下肢止血

(f)上肢止血

图6.14　指压点止血控制范围

（3）止血带止血法

止血带止血法是适用于四肢大血管出血,尤其是动脉出血时的一种有效止血方法。其止血方法是利用橡皮管止血带或用大三角巾、绷带、手帕及腰带等代替止血带,把血管压住达到止血目的。但禁止用电线或绳子代替止血带。

1）止血带的使用方法

止血带止血法如图6.15所示。

①在伤口近心端上方先加垫。

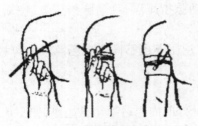
（a）橡皮管止血法

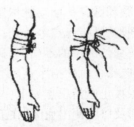
（b）绷带止血法

图 6.15　止血带止血法

②救护人员左手拿止血带，上端留 15 cm 长度，紧贴加垫放置，右手拿止血带长端。

③右手拉紧环绕伤肢近心上方两周，然后将止血带交左手中，用中指和食指夹紧，并顺着上肢下拉成环。

④将上端头插入环中，拉紧固定。

2）注意事项

①上止血带前，应将受伤的肢体抬高，防止肢体远端因淤血而增加失血量。

②上止血带后，应在标识上写明上止血带的时间，以免忘记定时放松，造成肢体因缺血过久而坏死。

③上止血带后，仍出血时，可压迫伤口止血，过 3～5 min 再缚好。一般 30～60 min 放松止血带一次。

④受严重挤压的肢体或伤口远端肢体严重缺血时，不能上止血带。

⑤当肢体重伤已无法保存，应在近心端紧靠伤口上止血带，不必放松，直至手术截肢。

⑥扎止血带时，要先衬垫，以免损伤皮下神经。同时，绑扎的松紧要合适，以摸不到远端脉搏和停止出血为限度。

（4）加垫屈肢止血法

加垫屈肢止血法多用于小臂和小腿创伤，前臂和小腿动脉出血不能制止时的止血，其方法是利用肘关节或膝关节的弯曲功能压迫血管以达到止血目的。

具体操作方法是先在肘窝或膝窝内放入棉垫或布垫，然后使关节弯曲到最大限度，再用绷带把前臂与上臂或小腿与大腿固定。如果伤肢有骨折时，必须先加夹板固定。

6.3.5　创伤包扎

创伤伤口是细菌侵入人体的入口，如果伤口被感染后，可能引起化脓感染、气性坏疽及破伤风等病症，严重损害健康，甚至危及生命。

伤员伤口周围皮肤太脏并杂有泥土等粉尘或细小颗粒时，应先用清水洗净，然后再用 75% 酒精或 0.1% 新洁而灭溶液消毒伤面周围的皮肤。消毒伤面周围的皮肤要由内往外，即由伤口边缘开始，逐渐向周围扩大消毒区，这样越靠近伤口处越清洁。用碘酒消毒伤口周围皮肤，必须再用酒精擦去，这种"脱碘"方法是为了避免碘酒灼伤皮肤。伤口用棉球蘸 1 000 mL 冷开水加食盐 9 g 自制生理盐水轻轻擦洗。

在清洁、消毒伤口时，如有大而易取的异物，可酌情取出；深而小又不易取出的异物切勿勉强取出，以免把细菌带入伤口或增加出血。如果有刺入体腔或血管附近的异物，切不可轻率地拨出,以免损伤血管或内脏,引起危险,现场不必处理。

伤口清洁后,可根据情况作不同处理。如系黏膜处小的伤口,可涂上红汞或紫药水,也可撒上消炎粉,但是大面积创面不要涂撒上述药物。遇到一些特殊严重的伤口,如内脏脱出时,不应送回,以免引起严重的感染或发生其他意外。

对创伤人员的伤口进行清洁处理后,必须及时进行正确包扎。这样可以起到保护伤口、减少感染、压迫止血、固定肢体、减少疼痛、防止继发损伤的作用。一般要求创伤包扎必须做到"快、准、轻、牢"。

"快":就是包扎动作要迅速、敏捷、熟练。

"准":就是包扎部位要准确,包扎范围应超过伤口边缘 5～10 cm。

"轻":就是包扎动作要轻,松紧度适宜,不碰及伤口,以减轻伤员的痛苦和出血,避免伤情加重。

"牢":就是包扎要牢靠,不要过松或过紧。以免影响血液循环,或起不到包扎作用。

在矿山井下,最常见的创伤是头部外伤和四肢外伤。这类创伤采用的包扎材料主要有绷带、三角巾、四头带及胶布等。

(1)绷带包扎创伤法

绷带包扎法主要用于对四肢和颈部创伤的急救包扎。其包扎方法有环形法、螺旋法、螺旋反折法及"8"字环形法等。

1)环形法

用绷带对颈部、腕部、额部等伤员进行环形重叠缠绕包扎伤口。通常是第一圈环绕稍作斜状,第二圈、第三圈作环形缠绕,并将第一圈斜出的一角压于环形圈内,最后用胶布将带尾固定,或将带尾剪成两半打结。

2)螺旋法

用绷带对伤员的胸部、腰部、四肢等伤口进行螺旋缠绕包扎。通常开始用环形缠绕开头的一圈,再斜向上缠绕,每圈盖住前一圈的 1/3 或 2/3,最后用胶布将带尾固定,或将带尾剪成两半打结。

3)螺旋反折法

用绷带对伤员的小腿、前臂等伤口进行螺旋反折缠绕包扎。先用环绕法包扎开头的一端,再斜旋上升缠绕,每圈反折一次。

4)"8"字环形法

用绷带对伤员关节部位伤口进行"8"字环形缠绕包扎。通常在创伤关节的中部开始环形包扎两圈后,再一圈向上一圈向下,缠成"8"字形来回包扎,每圈在中间和前圈相交,根据需要与前圈重叠或压盖 1/2。

(2)三角巾包扎创伤法

三角巾包扎法适用于对伤员全身各部位的急救包扎,采用的主要材料是底长 1.4 m,高 0.7 m特制的三角形布。其主要包扎方法有面部包扎法、头部包扎法、胸(背)部包扎法、腹部包扎法、手足包扎法及悬肩包扎法等。

1)头、面部创伤的包扎

头、面部创伤的包扎法如图 6.16 所示。

①头顶包扎法

先沿三角巾的长边折叠约两指宽的两层,从伤员的前额包起,把顶角和左右两角拉到脑后,拉紧两底角,经两耳上方绕到后枕部,压住顶角,再交叉返回前额打结。如果没有三角巾时,可改用干净的毛巾代替三角巾包扎。

②面部包扎法

先在三角巾顶角打一个结,然后头向下,提起左右两个底角,形成面罩。并在眼睛、鼻子和嘴的部位剪开小洞,将三角巾的底结套住伤员的下颌,罩住头面,左右角拉到后脑枕部,再绕到前面打结。

③头面部风帽式包扎法

先在三角巾的顶角和底部中央各打一个结,形成风帽样。将顶角结放在伤员的前额处,底结放在后脑部的下方,包住头顶,然后再将底角往前面拉紧,向外反折成 3 ~ 4 指宽,包绕下颌,拉到后脑枕打结。

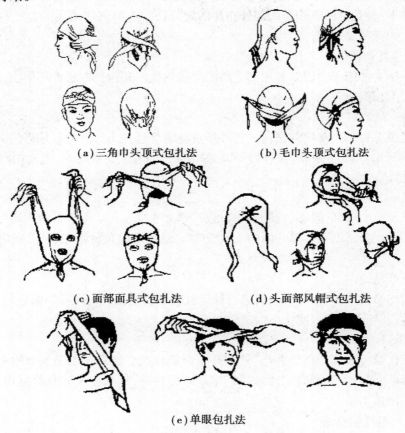

(a)三角巾头顶式包扎法　　(b)毛巾头顶式包扎法

(c)面部面具式包扎法　　(d)头面部风帽式包扎法

(e)单眼包扎法

图 6.16　头、面部创伤的包扎法

④单眼包扎法

先将三角巾折成四横指宽的带形,斜盖在受伤的眼睛上,三角巾长度的 1/3 向上,2/3 向下。下部的一端从耳下绕到后脑,再从另一只耳上绕到前额,压住上部的一端。然后将上部的一端向外翻转,向后脑拉紧,与另一端相遇打结。

2)胸背部、腹部创伤的包扎

①胸背部包扎法

胸背部包扎法如图6.17所示。将三角巾底边横放在胸前,顶角向上包住受伤的侧胸,两底角经腋下拉向背部,先将两底角在背部中央打结,再与顶角相结。

背部包扎法与胸部包扎法相同,而不同的是三角巾由背部包起,在胸前打结。

②腹部包扎法

腹部包扎法如图6.18所示。腹部创伤内脏脱出时,先用敷料盖好脱出的内脏,再用碗或腰带使敷料呈环状保护托内脏。三角巾底边横放在腹部,两底角在腰部打结。三角巾顶角再从大腿中央向后拉紧,并与两底角在腰部打结。

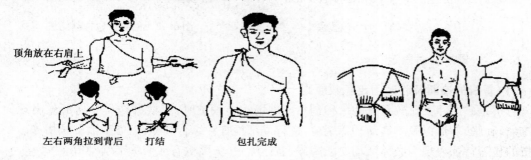

图6.17　胸(背)部包扎法　　　　　图6.18　腹部包扎法

3)四肢创伤的包扎

①手足创伤包扎法

手足创伤包扎法如图6.19所示。将手掌或脚掌心向下放在三角巾的中央,手指(或脚趾)朝向三角巾的顶角,底边横向腕部,把顶角折回,两底角分别围绕手或脚掌左右交叉压住顶角后,在腕部打结。最后将顶角折回,用顶角上的布带固定。

②上肢创伤悬臂包扎法

上肢创伤悬臂包扎法如图6.20所示。先将三角巾的顶角打结,兜住前臂屈曲90°吊于胸前,两底角向颈后打结。悬臂包扎法分大悬带和小悬带两种包扎。

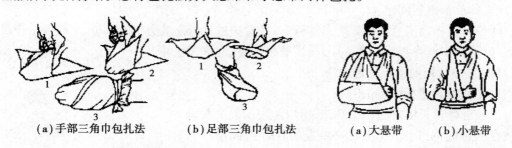

(a)手部三角巾包扎法　　(b)足部三角巾包扎法　　　(a)大悬带　　(b)小悬带

图6.19　手足创伤包扎法　　　　图6.20　上肢三角巾悬臂包扎法

③膝(肘)创伤包扎法

膝(肘)创伤包扎法如图6.21所示。根据受伤情况,将三角巾由底边折成适当宽度,呈带状。然后把折好的三角巾中段斜放在膝(肘)的受伤处,两底角拉向膝(肘)后交叉,再缠绕到膝(肘)前外侧打结固定。

（3）四头带包扎创伤法

四头带包扎创伤法是利用较宽的长条本色白布或毛巾作为创伤包扎材料，包扎时将材料由端头自中间各剪去 1/3 后，进行包扎使用。此方法多用于鼻部、下颌、前额及后头部创伤的急救包扎，如图 6.22 所示。

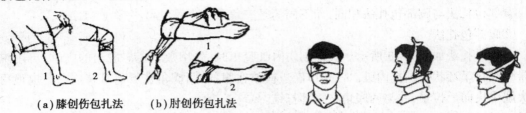

（a）膝创伤包扎法　　（b）肘创伤包扎法

图 6.21　膝（肘）创伤包扎法　　　　图 6.22　四头带包扎创伤法

6.3.6　骨折临时固定

（1）骨折的诊断及临时固定急救原则

骨折是矿山井下比较常见的一种创伤。现场实施救护时，可根据伤员受伤部位出现的剧烈疼痛、肿胀、变形以及不能活动等现象，进行局部检查和综合判断，以便采取救护措施。一般骨折的显著特征表现为肢体活动功能障碍、肢体缩短、骨摩擦音或假关节活动等。

现场进行骨折创伤临时固定救护时，必须掌握以下要点和方法：

①开放性骨折创伤有出血时，应注意不要弄脏伤口，更不能用水冲洗伤口，以免伤口感染，先止血，包扎伤口，再作临时骨折固定。

②井下骨折创伤临时固定的目的在于保证安全运送伤员，避免骨折断端刺伤周围的血管、神经、肌肉、内脏或刺伤皮肤，造成二次损伤。因此，对有明显外伤畸形的骨折伤肢，采用坚硬而不易弯曲的夹板、木棒、竹片等材料，贴在骨折部位的垫料上只作临时固定纠正。而不需要按原形完全恢复，也不必把露出伤口的断骨送回，以免造成不必要的伤痛。

③骨折临时固定不可过紧或过松。四肢骨折应先固定骨折的上端，再固定骨折的下端，并露出手指或趾尖，以便观察血液循环情况。若发现手指或趾尖苍白发冷并呈紫色，表明包扎过紧，应立即放松重新固定。

④临时骨折固定后要做好明显的标志，并按护送骨折伤员的正确体位，上肢骨折伤员取坐式或半卧式；下肢骨折伤员取平卧式，伤肢稍抬高，迅速送往井上。

（2）现场常用的骨折固定方法

1）上肢肱骨骨折固定法

上肢肱骨骨折固定法如图 6.23 所示。用两块夹板分别放在上臂的内外侧，或用一块夹板放在骨折部位的外侧，中间垫上棉花或毛巾，利用绷带或三角巾固定，并把前臂屈曲悬吊在前胸。

2）前臂骨折固定法

前臂骨折固定法如图 6.24 所示。用长度与前臂相当的夹板，夹住受伤的前臂，再用绷带或布带自肘关节至手

（a）夹板固定　　（b）三角巾固定

图 6.23　上肢肱骨骨折固定法

掌向前进行缠绕固定,然后用三角巾将前臂吊挂在胸前。

3)股骨骨折固定法

股骨骨折固定法如图 6.25 所示。用两块夹板,其中一块的长度与腋窝到足跟的长度相当,另一块的长度与伤员的腹股沟到足跟的长度相当。长的一块放在伤肢外侧腋窝下并与下肢平行,短的一块放在两腿之间,用棉花或毛巾垫好肢体,再用三角巾或绷带分段绑扎固定。

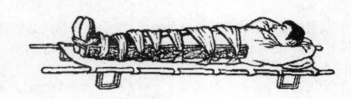

图 6.24 前臂骨折固定法　　　　图 6.25 股骨骨折固定法

4)小腿骨折固定法

小腿骨折固定法如图 6.26 所示。用长度相当于由大腿中部到足跟的两块夹板,分别放在受伤小腿的内外侧,并用棉花或毛巾垫好,再用绷带或三角巾分段绑扎固定。

如果现场无夹板时,也可用绷带或三角巾将受伤的小腿与另一条没受伤的腿一起固定起来。这时没受伤的腿起夹板作用。这种固定也称为自身健肢固定法。

5)脊柱骨折固定法

脊柱骨折固定法如图 6.27 所示。脊柱两侧有着人体躯干的主要神经,一旦骨折将神经刺伤,将会造成下肢麻痹瘫痪的危险。因此,对脊柱骨折创伤救护要特别小心。

(a)夹板固定法　　　　(b)自身健肢固定法

图 6.26 小腿骨折固定法　　　　图 6.27 脊柱骨折固定法

现场确定伤员是脊柱骨折后,千万不能轻易搬动,应依照伤员受伤后的姿势,进行处置固定。用三块夹板,架成工字形,其中一块 75 cm,另两块 60 cm。将长的一块顺脊柱紧贴放置,并用软敷料在夹板与背部之间垫好。两块短夹板横压在竖夹板的两端,分别放在两肩后和腰骶部,然后用绷带或三角巾先固定上端两肩横板,再固定下端腰骶横板。

6.3.7 伤员搬运

井下创伤人员经过急救、止血、包扎、骨折临时固定后,必须迅速送往地面医院进行救治。在整个救治过程中,搬运伤员是井下救护工作中最后的重要环节,由于井下受地理条件的限制,除轻伤及上肢创伤人员可采取徒步或扶持、背负、肩负及抱持等徒手搬运法外运救护外,对重伤员必须用担架搬运方法进行外运救护。

（1）**徒手搬运法**

1）单人徒手搬运法

①扶持法

救护人员对行走比较困难的轻伤人员,进行扶持着行走外运救护,如图6.28(a)所示。

②背负法

救护人员可根据创伤人员的伤情和救护地点的地理条件,采取不同的背负法进行伤员外运救护。一般有站立背负搬运法、爬行背负搬运法等,如图6.28(b)所示。

③肩负法

将伤员的腹部搭在救护人员的肩上,单手抱住伤员的双腿和握住伤员的手,进行外运救护,如图6.28(c)所示。

④抱持法

救护人员一手扶着伤员的脊背,一手放在伤员的大腿后面,将伤员抱起外运救护,如图6.28(d)所示。

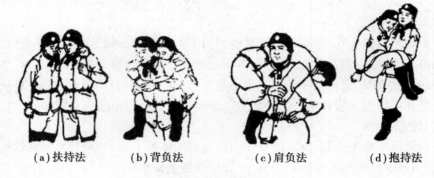

(a)扶持法　　　(b)背负法　　　(c)肩负法　　　(d)抱持法

图6.28　单人徒手搬运法

2）双人徒手搬运法

①双人抬运法

救护人员将双手互相交叉成井字形握紧,让伤员坐在上面,双手扶住救护人员的肩部(见图6.29(a)),进行外运救护。

(a)双人抬坐法　　　　　　　(b)双人抱法

图6.29　双人徒手搬运法

②双人抱持法

救护人员一人抱住伤员的臀部和腿部,另一人抱住伤员的肩部和腰部(见图6.29(b)),进行外运救护。

（2）担架搬运法

井下出现严重骨折、大出血或休克等重伤员时，一定要用专用的医用担架或就地取材绑扎的临时担架搬运救护，如图6.30所示。

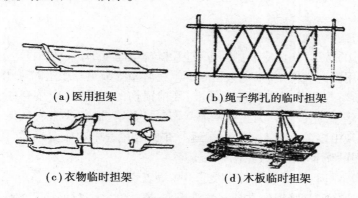

（a）医用担架 　　　　　（b）绳子绑扎的临时担架

（c）衣物临时担架 　　　　（d）木板临时担架

图6.30　各种担架示意图

1）颈椎骨折伤员的搬运方法

颈椎骨折伤员的搬运方法如图6.31所示。救护搬运时，4名救护人员，一人负责牵引伤员的头部，始终使伤员的头部与躯干保持直线位置，并维持头部不动；一人托住下肢，两人托住躯干，然后动作一致地将伤员放在担架上。伤员应仰卧位放置，并在伤员头颈部垫紧固定，防止头部转动。

2）胸腰椎骨折伤员的搬运方法

胸腰椎骨折伤员的搬运方法如图6.32所示。救护搬运时，3名救护人员，一人托住伤员的肩部，一人托住腰部，一人托住下肢，然后动作一致地将伤员放在担架上。伤员应仰卧位放置（软质担架，伤员取俯卧位），并在伤员腰部垫约10 cm高的小垫，用绷带绑扎固定。

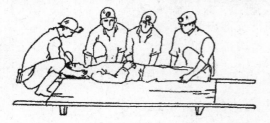

图6.31　颈椎骨折伤员的搬运方法　　　图6.32　胸腰椎骨折伤员的搬运方法

3）盆骨骨折伤员的搬运方法

盆骨骨折伤员的搬运方法如图6.33所示。先将伤员骨折的盆骨用三角巾、宽布条或宽皮带环绕绑扎固定，然后把伤员仰卧放在担架上，两膝绑扎半弯曲，膝下垫起固定。

图6.33　盆骨骨折伤员的搬运方法

（3）搬运伤员时的注意事项

①事故现场有再次发生伤害的危险时，需要立即将伤员搬运至远离事发点的安全地点。

②搬运转送伤员前，首先一定做好对伤员的检查和初步的急救处理，以保证搬运转送伤员的安全。

③根据伤员的伤情，确定适应的搬运方法。

a.对昏迷伤员的搬运，伤员应取侧卧位或俯卧位，垫高背部，头稍后仰。如有呕吐，须将其头朝向一侧，或采用脚高头低位，以免搬运时呕吐物堵塞呼吸道。搬运时采用普通担架。

b.遇有高空坠落等严重损伤和怀疑颈椎、腰椎损伤的伤员时，应按脊柱骨折处理。脊柱受伤后，不要随意翻身、扭曲。因为它可增加受伤脊柱的弯曲，使失去脊柱保护的脊髓受到挤压和牵拉损伤，必须由多名救护人员协同搬运。在搬运过程中动作要轻柔、协调，以防止躯干扭转。对颈椎受损的伤者，搬运时要有专人扶持。

c.颅脑损伤者常有脑组织暴露和呼吸道不畅等表现。搬运时应使伤员取半仰卧位或侧卧位，使呼吸道保持通畅。颅脑损伤常合并颈椎损伤，搬运时须注意保护其颈椎。

d.腹部受伤伤员取仰卧位，下肢屈曲，防止腹腔脏器受压而脱出。这类伤员宜用担架或木板搬运。

e.胸部受伤伤员常伴有开放性血气胸，需进行包扎，以坐椅式搬运为宜，伤员取坐位或半卧位。有条件者最好用坐式担架、靠背椅或将担架调整至靠背状。

f.呼吸困难伤员的搬运时，伤员取坐位，不能背驮，最好用折叠担架或折叠椅搬运。使用软担架搬运时，注意不能使伤员躯干屈曲。

④担架转运伤员时，伤员脚朝前，头朝后抬运（见图6.34），以便后面的救护人员观察伤员的面部表情。当发现伤员有异常现象时，立即停下进行急救。

⑤井下沿倾斜巷道向上抬运伤员时，伤员头部应朝前，如图6.35（a）所示；向下抬运伤员时，伤员头部应朝后，如图6.35（b）所示。以保证平稳抬送伤员，并使伤员感觉舒服。

图6.34　担架转运创伤人员

（a）沿上山抬运　　　　　　（b）沿下山抬运

图6.35　井下沿倾斜巷道抬运创伤人员

⑥专用车辆转送创伤人员时，一定要将担架平稳固定在车上，应使伤员的脚朝车行方向，头朝车行的相反方向。专用运送车行驶速度适当，以避免颠簸。

⑦救援人员在救援器材尚未准备妥当前，切忌不要搬运体重过重或神志不清的伤员。否

则,途中可能发生滚落、摔伤等意外事故。

复习与思考

1. 井下紧急避险设施应具备哪些基本功能?
2. 井下避灾自救的内容是什么?
3. 井下避灾自救原则是什么?
4. 压缩氧自救器如何佩戴与使用?
5. 现场创伤急救常用人工呼吸的方法有哪些?
6. 现场伤情判断的主要内容有哪些? 如何进行伤员分类?
7. 现场创伤的救护原则是什么?
8. 心脏复苏的方法有哪些? 如何进行操作?
9. 常用的创伤止血方法有哪些?
10. 创伤包扎的技术要领是什么?

第 **7** 章
事故应急救援技能实训

【学习目标】

☞ 熟悉自动苏生器操作环节,正确使用自动苏生器开展伤员抢救工作。

☞ 熟悉高倍数泡沫灭火机工作原理、工艺流程,熟练操作高倍数泡沫灭火机。

☞ 熟悉压缩氧自救器结构及工作原理,熟练掌握其使用方法。

☞ 熟练掌握光学瓦斯检定仪、多种气体检定管、便携式气体可爆性测定仪的使用方法。

☞ 熟练掌握氧气呼吸器佩戴及维护操作技能。

☞ 熟练掌握现场创伤急救常用人工呼吸的方法。

☞ 熟练掌握压迫止血法、加压包扎止血法、止血带止血法和加垫屈肢止血法的操作要领。

☞ 根据伤员伤情正确地使用急救材料对伤员进行创伤止血。

☞ 熟练掌握矿山事故应急救援预案的编制方法。

7.1 氧气呼吸器佩戴及维护操作实训

7.1.1 实训目的

通过实训,熟练掌握氧气呼吸器佩戴及维护操作的各个环节,并能在窒息性或有毒有害气体中能够熟练应用,以确保人身安全。

7.1.2 实训装备

①正压氧气呼吸器、氧气呼吸器检验仪、消毒和清洗材料。

②作战服、矿工帽、胶鞋、矿灯带、矿灯、自救器。

7.1.3 实训要求

①实训前,由指导教师对学生进行分组,每组人数以 6~8 人为宜。

②在指导教师帮助下,学生能熟练佩戴氧气呼吸器,并正确操作。

③学生能独立地完成对呼吸器进行清洗、检查,使其恢复到战斗准备状态。

④实训结束后及时完成实训报告书。

7.1.4　实训步骤

(1)氧气呼吸器气密程度检查

氧气呼吸器每隔2~3 d或每次使用后,应用氧气呼吸器检验仪对各部分的作用是否正常进行检查。氧气呼吸器气密程度检查的主要检验项目如下:

①自动排气阀和自动补给器的启闭情况。

②减压器和自动补给器的给气量。

③呼吸阀动作的灵活性及气密程度。

④检验清净罐的气密程度与阻力。

(2)氧气呼吸器的一般性检查

①软管、包布的完整性,眼镜、鼻夹、口具是否符合使用者的面部器官。

②氧气瓶的开闭及氧气表的动作是否灵活。

③上盖的锁是否能把上盖紧紧锁上。

④肩带、腰带及头带的长短是否合适。

⑤哨子声音是否响亮等。

(3)氧气呼吸器的佩戴步骤

①佩戴好氧气呼吸器后,首先打开氧气瓶观察压力表指示的压力值。

②按手动补给按钮,将气囊内原来积存的气体排出。

③将口具咬好,戴上鼻夹,然后进行几次深呼吸,检查吸气阀的动作、排气阀的开启、自动补给器的开启、减压器流量、口具及呼吸软管接头是否漏气等。当确认各部件良好,呼吸器工作正常时,方可进入灾区工作。

(4)更换氧气瓶的方法

当氧气呼吸器氧气瓶内贮气量不足时,应按以下操作顺序更换氧气瓶:

①解开氧气呼吸器腰带,双手将呼吸器从头顶脱下,放在地面上,打开呼吸器盖,将氧气瓶卡子松开。

②备用氧气瓶准备好,然后按手动补给阀将气囊充满氧气,立即关闭氧气瓶开关,迅速将其卸下。

③安装氧气瓶前,先打开开关,将瓶口内灰尘吹净,然后迅速装上,再打开开关,按动手动补给按钮,观察压力表所指示的压力值。

④扣好盖子,背好呼吸器,结好腰带,再开始工作。

(5)氧气呼吸器维护

氧气呼吸器使用结束后,必须及时进行清洗、检查,使其恢复到战斗准备状态。在处理工作中的注意事项如下:

①对使用过的清净罐要更换吸收剂,但不要清洗清净罐,以免加快腐蚀。

②氧气瓶要重新充氧。

③对气囊、唾液盒、口具、呼吸软管、水分吸收器要进行清洗消毒。

④对外壳的泥污、灰尘要清洗干净,并检查有无损坏痕迹。清洗时,严防水分浸入减压器内部,造成生锈失灵。

⑤对使用中存在的问题要进行仔细检查和修理。在清洗和修理时,各部件应严防碰撞。

⑥在安装时,要检查各部件接头处垫圈的损坏情况。发现损坏,应立即更换。

7.2　自动苏生器操作及维护实训

7.2.1　实训目的

通过实训,熟悉自动苏生器工作原理、心肺复苏模拟人结构,熟练掌握自动苏生器维护操作的各个环节,并根据现场实际环境,正确使用自动苏生器开展伤员抢救工作。

7.2.2　实训装备

①自动苏生器、心肺复苏模拟人、消毒和清洗材料。

②作战服、矿工帽、胶鞋、矿灯带、矿灯、自救器。

7.2.3　实训要求

①实训前,由指导教师对学生进行分组,每组人数以6~8人为宜。

②在指导教师帮助下,学生能熟练掌握自动苏生器操作环节。

③根据现场实际环境,学生能正确使用自动苏生器开展伤员抢救工作。

④实训结束后及时完成实训报告书。

7.2.4　实训步骤

(1)自动苏生器操作方法

1)伤员处置

安置伤员→口腔处理→清理喉腔→插喉咽导管。

2)人工呼吸

连接自动肺→连接导气管→连接面罩→打开气路→调整呼吸频率。

3)氧吸入

取出喉咽导管→松缚面罩→连接呼吸阀→连接导气管→连接储气囊→打开气路→连接面罩→调整气量。

(2)自动苏生器检查及维护

1)日常检查及维护

①工具、附件及备用零件齐全完好。

②氧气瓶的氧气压力不低于18 MPa。

③各接头气密性好,各种旋钮调整灵活。平时要有专人负责。

④自动肺、吸引装置以及自主呼吸阀工作正常。

⑤扣锁及背带安全可靠。

2）自动苏生器自动肺动作调整

自动肺是自动苏生器的心脏。其主要检验项目如下：

①换气量检验调整

调整减压器供气量，使校验囊动作达到 12～16 次/min。

②正负压校验调整

充气正压值为 1.96～2.45 kPa；抽气负压为 −1.96～−1.47 kPa。

（3）自动苏生器操作注意事项

①由于自动苏生器会将被救人员呼吸道内的异物存储到吸引瓶内，当吸引瓶内污物过多时，可拨开吸引管，半堵引射器喷孔，排除瓶内污物。

②人工呼吸救护伤员时，用手指轻压伤员喉头中部的环状软骨，借以闭塞食道，防止气体充入胃内，导致人工呼吸失败。

③自动肺动作过慢时，表明面罩不严密或接头漏气；自动肺动作过快时，表明呼吸道不畅通，应马上重新清理呼吸道或摆动伤员头部。

④腐蚀性气体中毒伤员救护时，不准使用自动肺进行人工呼吸，只能使用呼吸气阀进行氧吸入。

⑤一氧化碳中毒伤员救护时，吸氧工作不准过早终止，以免伤员站立时导致昏厥。

⑥对触电伤员必须及时进行人工呼吸，在苏生器未到之前，应进行口对口人工呼吸。

⑦对一般伤员进行氧吸入时，呼吸阀上的氧含量调节环可调节在 80%，对一氧化碳中毒的伤员，氧含量调节环必须调在 100%，并且吸氧工作不准过早终止。

⑧使用自动肺进行人工呼吸过程中，发现伤员呕吐时，应及时清除呕吐物。

⑨使用自动肺进行人工呼吸过程中，发现伤员严重痉挛时，必须及时对其进行处置，防止伤员咬伤舌头及损伤其他器官。

7.3 高倍数泡沫灭火机的操作及维护实训

7.3.1 实训目的

通过实训，熟悉高倍数泡沫剂配制方法、高倍数泡沫灭火机工作原理、工艺流程，并能熟练操作高倍数泡沫灭火机；能独立地完成高倍数泡沫灭火机日常维护。

7.3.2 实训装备

①高倍数泡沫灭火机、高倍数泡沫剂等材料。
②作战服、矿工帽、胶鞋、矿灯带、矿灯、自救器。

7.3.3 实训要求

①实训前，由指导教师对学生进行分组，每组人数以 6～8 人为宜。
②在指导教师帮助下，学生熟悉高倍数泡沫剂配制方法、高倍数泡沫灭火机工作原理、工艺流程，并能熟练操作高倍数泡沫灭火机。

③学生能独立地完成对高倍数泡沫灭火机进行日常维护。

④实训结束后及时完成实训报告书。

7.3.4 实训步骤

（1）操作程序

①在整机连接安装好后,首先检查风机、水泵及油泵的转向,风油比自控信号的基础电压应符合出厂检验标准值。

②开机时,油门角处于最大位置,过 5 s 后,启动水泵供水。经过 70 s 水套充满水,待喷水环处有压力时,开始点火。2 s 后启动油泵供油燃烧,由于燃烧火焰及喷水的作用产生阻力,使风量减少,经风油自控系统,油门可随之关小。

③在整机启动后进入正常发气时,注意观察水压、油压和油门角度以及出气温度表的变化。在操作过程中,操作者注意观察油压表和油门角度指示值。由油门与油量及油压与油量的关系曲线可知,当油门角在 $20° \sim 40°$、油压在 $25 \sim 40 \ kg/cm^2$,其油量近似相等。只要根据上述两者表值之一,即可判断燃烧状态即风油比的变化情况。

④停机顺序。先停油泵、风机,延续 2 min 后,关水泵,并立即关闭烟道中的封闭门,以防止停机后空气进入火区助燃。如果在启动或停止过程中,需要风机、水泵、油泵单项试运转时,可按强制按钮,即可得到单项运转或停止。

（2）维护与保养

①每次使用后,管路接头都要加盖封闭,以防进脏物堵塞喷嘴。

②在搬运装卸过程中,要注意保护快卸环及法兰盘,避免摔碰变形。

③喷油室两端加堵盖封存,保护喷油嘴和火焰稳定器。

④用后打开水套下面的放水口,将水套内的水放干以防锈蚀。

⑤操作台和点火线圈在搬运中要轻放,避免碰撞和剧烈振动,并存放在干燥处。

7.4 常用气体检测仪器操作实训

7.4.1 实训目的

通过实训,熟练掌握光学瓦斯检定仪、多种气体检定管、便携式气体可爆性测定仪使用方法,并能熟练检测矿井空气中各种气体浓度,为抢险救灾提供技术支持。

7.4.2 实训装备

①光学瓦斯检定仪、多种气体检定管、便携式气体可爆性测定仪、消毒和清洗材料。

②作战服、矿工帽、胶鞋、矿灯带、矿灯、自救器。

7.4.3 实训要求

①实训前,由指导教师对学生进行分组,每组人数以 6~8 人为宜。

②在指导教师帮助下,学生能熟练掌握光学瓦斯检定仪、多种气体检定管、便携式气体可爆性测定仪使用方法。

③能熟练检测矿井空气中各种气体浓度,为抢险救灾提供技术支持。

④实训结束后及时完成实训报告书。

7.4.4 实训步骤

(1)AQG-1 光学瓦斯测定器的使用方法

光学瓦斯检测仪是煤矿井下用来测定瓦斯和二氧化碳气体浓度的便携式仪器。这种仪器的特点是携带方便,操作简单,安全可靠,有足够的精度。仪器测定范围和精度有两种:0～10.0%,精度0.01%;0～100%,精度0.1%。

1)使用前的准备

①药品性能检查:检查吸收管内钠石灰和氯化钙是否降低吸收能力或失效,可根据药品的使用时间和变化程度确定是否更换。

②气密性检查:先检查吸气球是否气密,用手捏扁气球,压出球内气体,堵住球上橡皮管,1 min内气球不鼓起还原为气密。然后检查仪器气密性,堵住仪器进气口,用手捏扁气球,1 min内气球不鼓起还原为气密。还应检查气路是否畅通,用手捏扁气球立即松开,气球应很快鼓起,说明气路畅通。

③观看干涉条纹是否清晰:装上电池,按下光源按钮,由目镜观察干涉条纹和分划板刻度应同时清晰可见。然后按上光源按钮,由微读数观察孔观察其刻度是否清晰。

④清洗气室:使用前应在与被测地点温度相差不超过10 ℃的新鲜空气中换气,以免温度变化过大引起条纹移动,发生较大误差。

⑤调整零位:先按上光源按钮,将测微刻度调到零位,再按下光源按钮,转动主螺旋,由目镜观察干涉条纹中最黑的一条线与分划板刻度零位对准,旋上主螺旋护盖。

2)主要构造

①外部构造:目镜、主螺旋、微螺旋、进气口、出气口、微读数观察孔、下光源按钮、二氧化碳吸收管、胶皮球、目镜盖、主螺旋盖、上光源按钮。

②内部构造:下光源灯泡、聚光镜、干涉条纹、平面镜、气室、折射棱镜、物镜、分划板、水分吸收管、上光源灯泡、毛细管、电池。

3)工作原理

由灯泡发出的光,经聚光镜变成平行光束后到达平面镜,经其前后两表面发射后,其中一部分光束穿过平行玻璃、空气室,经折光棱镜折射后又到达平面镜,经平面镜度银面反射后,经发射棱镜偏折90°进入望远镜系统;另一部分光束到达平面镜后,在其后表面反射、穿过瓦斯室、经折光棱镜折射后又回到瓦斯室、经平面镜表面反射与上述部分光束相遇,由于存在光程差,产生干涉条纹,此条纹正好在望远物镜的焦平面上,人眼通过目镜即可看到干涉条纹和分划板刻度。当瓦斯室为空气时,则干涉条纹不移动。如瓦斯室进入含有甲烷的气体时,则干涉条纹相应移动,通过分划板刻度即可测知瓦斯百分比含量。

4)甲烷浓度的测定

测定时,将连接瓦斯入口的橡皮管伸至测定地点,然后慢慢捏压吸气球5～6次。待测气体进入瓦斯室,由目镜中观察干涉条纹是否已移动,先读出干涉条纹在分划板上移动的条数,然后转动测微手轮,把对零位时所选用的那条条纹移动到整数的刻度线上,再按下按钮,读出刻度盘上的读数。这时所测定的结果为整数＋小数。

5）二氧化碳浓度测定

①在二氧化碳浓度大的矿井里,用该仪器测定二氧化碳浓度时,吸收剂不用钠石灰,只用硅胶或氯化钙吸收水蒸气。其实际浓度应为所读得的数据乘以 0.955。

②在有甲烷的地方测定二氧化碳,或是在测定甲烷的同时又测定二氧化碳,就必须测定甲烷和二氧化碳的混合浓度,然后再用钠石灰吸收二氧化碳来测定甲烷浓度,把两次测得的结果相减,所得的差数乘以 0.955,便得二氧化碳实际浓度。

6）使用和保养过程中的注意事项

①携带和使用时,应轻拿轻放,防止与其他物体碰撞,以免损坏仪器内部光学系统。

②当仪器干涉条纹观察不清时,往往是测定时空气湿度过大,水分吸收管不能将水分全部吸收,在光学玻璃上结成雾粒;或者有灰尘附在光学玻璃上。当光学系统确有问题时,调动光源灯泡也不能解决,就要拆开进行擦拭,或调整光学系统。

③如果空气中含有一氧化碳或硫化氢,将使瓦斯测定结果偏高。为消除这一影响,应再加一个辅助吸收管,管内装颗粒活性炭可消除硫化氢;装 40% 氧化铜和 60% 二氧化锰混合物可消除一氧化碳。

④在密闭区和火区等严重缺氧地点,气体成分变化大,光学瓦斯检测器测定的结果将比实际浓度大得多,这时最好采取气样,用气体分析的方法测定瓦斯浓度。

⑤高原地区空气密度小、气压低,使用时应对仪器进行相应的调整,或根据测定地点的温度和大气压力计算校正系数,进行测定结果的校正。

⑥应定期对仪器进行检查、校正,发现问题及时维修。仪器不用时,应放在干燥地点,取出电池,防止仪器腐蚀。

（2）检定管快速测定方法

1）采样与送气

不同的测定管要求不同的采样和送气方法。对于不活泼的气体,如 CO,CO_2 等,一般是将气体吸入采样器。在采样时,应在测定地点将活塞往复抽送 2～3 次,使采样器内原有的空气完全被气体取代。打开测定管两端的封口,把测定管标"0"的一端插在采样器的插孔上,然后将气样按规定的送气时间以均匀的速度送入测定管。如果是较活泼的气体,如 H_2S,则应先打开测定管的两端封口,把测定管的浓度标尺上限一端插在采样器的气样入口上,然后以均匀的速度抽气,使气体先通过测定管后进入采样器。在使用测定管时,不论是送气或抽气采样,都应按照测定管使用说明要求准确采样。

2）读取浓度值

测定管上印有浓度标尺。浓度标尺零线一端称为下端,测定上限一端为上端。送气后由变色柱上端所指示的数字可直接读取被测气体浓度。

3）高浓度的测定

被测气体浓度大于测定管限值,应先考虑测定人员防毒措施,再采用以下方法进行测定:

①稀释被测气体。在井下测定时,先准备一个装有新鲜空气的胶皮囊,测定时先吸收一定量的待测气样,再用新鲜空气稀释至 1/10～1/2,送入测定管,将测得的结果乘以稀释的倍数,得出被测气体的浓度值。

②采用缩小送气量和送气时间进行测定。这时,被测气体的浓度可计算为

$$被测气体的浓度 = 测定管读数 \times N$$

对于采样量为 100 mL,送气时间为 100 s 的测定管,N 可取 2 或 4;如果要求采样量为

272

50 mL,送气时间为 100 s,N 最好不要大于 2,因 N 过大,采样量太少,容易产生较大的误差。

4)低浓度的测定

如果被测气体浓度低,结果不易度量,可采用增加送气次数的方法。这时,被测气体的浓度可计算为

$$被测气体的浓度 = 测定管上读数 / 送气次数$$

（3）BMK-1 型便携式煤矿气体可爆性测定仪

①接通测爆仪整机电源,预热 15 min 后便可使用。

②按复位键,使仪器初始化,液晶显示屏上显示"准备"二字。

③按清洗键,气泵开始工作,用被测的气样清洗并替代传感器中原来的气样,30s 后自动停泵。

④按采样键,气泵开始工作,液晶显示屏上显示"正在采样",经过 30 s 采样后,气泵由单片机控制自动停止,再过 15s 液晶显示屏上显示出分析结果并判定爆炸性。如果有爆炸性或接近爆炸区则在显示屏下部位显示"爆炸"二字,并发出声光报警信号。显示结果 30 s 后自动返回初始状态,显示屏上显示"准备"二字。

⑤需要显示爆炸三角形,按显示键,液晶显示屏上先显示检测结果及爆炸性,30 s 后自动显示爆炸三角形、爆炸性和坐标点,30s 后自动返回初始状态,显示屏上显示"准备"二字。

⑥重复第 3 步,进行下一次检测。

⑦需要进入自动进行循环检测操作时,按住上挡键再按清洗键直至显示出"正在采样"为止,自动循环按下面的顺序进行操作:采样,计算浓度、判断→显示结果→显示三角形。退出自动进行循环检测操作有以下两种方法:

a.在显示三角形时按住"清洗键",直至显示出"准备"字样时,及时松手。

b.在显示结果或显示三角形时,按"复位键"即可退出。

⑧检测结束时,关闭仪器电源。

7.5　压缩氧自救器操作实训

7.5.1　实训目的

通过实训,熟悉压缩氧自救器结构及工作原理,熟练掌握压缩氧自救器佩戴及维护操作的各个环节,并能在窒息性或有毒有害气体中能够熟练应用,以确保人身安全。

7.5.2　实训装备

①压缩氧自救器、消毒和清洗材料。

②作战服、矿工帽、胶鞋、矿灯带、矿灯、毛巾。

7.5.3　实训要求

①实训前,由指导教师对学生进行分组,每组人数以 6～8 人为宜。

②在指导教师帮助下,学生能熟练佩戴压缩氧自救器,并正确操作。

③学生能独立地完成对压缩氧自救器的检查、保养和维护。

④实训结束后及时完成实训报告书。

7.5.4 实训步骤

（1）自救器类别及其作用

自救器是一种体积小、携带轻便,但作用时间较短的供矿工个体自救使用呼吸保护仪器。它的主要用途是矿工在井下工作遇到火灾、瓦斯煤尘爆炸、煤与瓦斯突出等灾害事故时,佩戴它可实施自救而迅速撤离灾区。自救器按作用原理可分为过滤式自救器和隔离式自救器两类。隔离式自救器又分为化学氧自救器和压缩氧自救器两种。

（2）自救器的结构

隔离式压缩氧自救器是为防止井下有毒有害气体对人体的侵害,利用压缩氧气供人呼吸的一种隔离式呼吸保护器。其与隔离式化学氧自救器主要区别是可以反复使用,每次使用后只要更换新的吸收二氧化碳的氢氧化钙药剂和重新充装氧气既可重复使用,又可作为压风自救系统的配套装置。国产压缩氧隔离式自救器主要有 ZY-15、ZY-30 和 ZY-45 型等。

ZY 系列隔离式压缩氧自救器主要由减压器、压力表、氧气瓶、气囊、呼吸导管、口具、手动补给阀、排气阀、净化器等组成。

（3）自救器工作原理

自救器佩戴使用时,打开氧气瓶开关后,高压氧气通过减压器和定量孔以定量供气方式的流量进入气囊内。佩戴者吸气时,气囊中的气体经净化器过滤 CO_2 后,再经呼吸软管、口具吸入肺部;呼气时,呼出的气体经呼吸软管、净化器过滤 CO_2 后,再送入气囊内。从而形成单管往复式闭路循环呼吸系统。当呼吸耗氧量小、气囊中储气量过足时,气囊膨胀压力增高,排气阀借助气囊内的压力自动开启,向外界排除多余气体,以保证正常压力下的呼吸工作;呼吸耗氧量大、气囊中储气量不足时,可通过手动补给阀快速向气囊注入氧气,以保证人体正常呼吸的需要。

（4）自救器使用方法

①平时挎在肩膀上携带。

②避灾使用时,先揭开外壳上的封口带扳手;再打开上盖,左手抓住氧气瓶,右手用力向上提上盖,此时氧气瓶开关自动打开,并随即将主机从下壳中拖出。

③摘下矿工帽,挎上脖带。

④拔出口具塞,立即将口具放入嘴内,用牙齿咬住牙垫;夹好鼻夹后,即可进行呼吸。并同时按动补给按钮 $1 \sim 2$ s,气囊充满后立即停止。

⑤挂好腰钩,迅速撤离灾区。

（5）使用注意事项

①携带自救器下井前,观察压力表,不得低于 18 MPa。

②不得无故开启自救器,不要磕碰及坐压;佩戴自救器撤离灾区时,要沉着、冷静、深呼吸,最好匀速行走。

③使用者应预先进行试用培训,以便在使用过程中准确无误地操作。

④使用中要防止气囊打折,保证呼吸畅通;使用中后期,清净罐温度上升属正常现象。

⑤如果出现气囊鼓起,自动补气仍不停止,为节约氧气,可关闭气瓶开关,待气囊半瘪时,再打开气瓶开关,如此反复进行。

⑥使用中防止利器划破气囊,不要随意挤压补气压板,在未到达安全地点时,不要摘下自救器。

(6)维护保养与检查

①自救器应经常检查,3 个月更换符合《压缩氧自救器用二氧化碳吸收剂——氢氧化钙技术条件》(MT 454—95)要求的二氧化碳吸收剂,装药量不得少于 380 g,装药后拧紧瓶盖。如氧气压力不足 18 MPa 时,应及时充填。氧气质量应符合《医用氧气》(GB 8982—88)标准。

②每次使用后,无论时间长短,应对气囊、口具进行清洗消毒和干燥处理,并更换二氧化碳吸收剂和充填氧气。

③在组装时气囊内的呼气软管不能扭曲,气囊上的胶圈完全挂在减压器的环槽内,并保持各部接头不得漏气。

④对呼吸系统进行气密性检验,在正压 980 Pa 或负压 784 Pa 时,观察 1 min,水柱下降或上升不超过 50 Pa 为合格。检查时排气阀不得排气。

⑤装上盖前,应将气囊逆时针绕压力表旋转一周,口具向上,补气压板应竖着放置,不要压住气囊,不要遮挡压力表。

7.6　人工呼吸实训

7.6.1　实训目的

通过实训,熟练掌握现场创伤急救常用人工呼吸的方法,并能熟练应用。

7.6.2　实训装备

①心肺复苏模拟人、考核记录仪、消毒和清洗材料。
②作战服、矿工帽、胶鞋、矿灯带、矿灯、自救器。

7.6.3　实训要求

①实训前,由指导教师对学生进行分组,每组人数以 6~8 人为宜。
②在指导教师帮助下,学生能熟练掌握现场创伤急救常用人工呼吸的方法,并能熟练应用。
③实训结束后及时完成实训报告书。

7.6.4　实训步骤

人工呼吸是适用于触电休克、溺水、有害气体中毒、窒息等引起呼吸停止出现假死的一种急救技术措施。

(1)口对口吹气法
口对口吹气法大多用于井下现场抢救触电休克的伤员,也可用于 CO_2、SO_2、H_2S 等有害气体中毒伤员抢救。

1）操作要领

伤情检查→伤员处置→捏鼻张口→贴紧吹气→放松呼气→反复进行→直至复苏。

2）伤情检查

将伤员迅速抬移到新鲜风流和支护良好的安全地点，救护人员以最快的速度和极短的时间对伤员进行伤情检查。其主要内容如下：

①观察伤员瞳孔有无对光反射。

②摸伤员脉搏和听伤员心脏有无跳动。

③触摸伤员鼻孔有无呼吸。

④按一下手指，观察伤员有无血液循环。

⑤检查伤员有无外伤和骨折。

3）伤员处置

①将伤员仰面平卧放置，头部尽量后仰、鼻子朝上。

②解开腰带、领扣和衣服，并注意保温。

③掰开伤员的嘴，清除口腔内的杂物。

④如果伤员舌头后缩，应当拉出舌头，以防堵塞喉咙，妨碍正常呼吸。

4）口对口吹气救护

①救护人员掰开伤员的嘴，清除口腔内的杂物后，放在伤员前额手的拇指和食指，捏紧伤员的鼻孔不使气体逸出。

②救护人员深吸一口气，然后紧贴伤员的嘴，大口吹气，并仔细观察伤员的胸部扩张程度，以确定吹气的有效性和适当程度。

③每次吹气之后，立即离开伤员的嘴，同时放松捏鼻子的手，观察伤员的胸部情况。

④救护人员每分钟应吹气 14～16 次，应注意吹气切勿过猛、过短，也不宜过长，以占一次呼吸周期的 1/3 为宜。如此有节奏地反复进行，直到伤员复苏，能够自己呼吸为止。

5）操作注意事项

①被抢救伤员牙关紧闭不能张口或口腔有严重损伤时，应改用口对鼻吹气法。

②口对口人工呼吸次数，成人以 12～16 次/min 为度，节律宜均匀。

③伤员的头宜侧向一边，以利于口鼻分泌物流出。

④抢救伤员过程中，密切注意伤员呼吸道是否畅通。

⑤吹气时间一般应占一次呼吸周期的 1/3，但也不能过短，以免影响效果。

⑥非经医生确诊伤员已经死亡，人工呼吸不得停止。

⑦采用口对口吹气人工呼吸时，注意勿用力过猛过大，以免造成肋骨骨折。

（2）**胸外心脏按压法**

胸外心脏按压法适用于各种创伤、电击、溺水、窒息、心脏疾病或药物过敏等引起的心搏骤停。

1）操作要领

伤情检查→伤员处置→正确定位→向下挤压→迅速放松→反复进行→直至复苏。

2）伤情检查

与口对口吹气法相同。

3）伤员处置

①伤员仰卧在硬板或平地上,头低于心脏水平或抬高两下肢,以利于静脉血液回流,增加流回心脏的血液量。

②解开伤员衣服和腰带。

③掰开伤员的嘴,拉出舌头,清除口腔中的异物。

④如果伤员舌头后缩,应当拉出舌头,以防堵塞喉咙,妨碍正常呼吸。

4）胸外心脏按压救护

①救护人员跪在伤员的一侧,用一只手掌根部按压在伤员胸骨正中线中下 1/3 交界处,另一只手掌交叉重叠在手背上,保持两手掌根部平行,手指伸直或手指交叉,不要接触胸壁。

②救护人员两上肢肘部挺直,借助自身体重和肩部、臀部肌肉力量,有节奏地垂直向下挤压伤员胸廓,使胸廓往下压深 3～5 cm。

③按压结束后必须立即放松,手掌根部随伤员胸廓自行弹起回复到原位。但手掌根部不要抬起,离开皮肤,以免再次按压时呈迫击状而分散按压力量。

④按压频率 80～100 次/min,按压与放松时间比为 1:1,按压时间不应少于 10 min。

⑤实施按压操作过程,伤员必须平躺在硬的地方,如硬板床、地上,或身下垫硬物。

5）注意事项

①按压力量应当因人而异。对身体强壮伤员,按压力量可以大一点,反之,应当小一点。

②胸外心脏按压与口对口吹气法同时进行时,一般每按压心脏 4 次,可以做口对口吹气一次。如果一人同时兼做两种操作,每按压心脏 10～15 次,应当连续吹气两次。

③胸外心脏按压显效时,可以摸到伤员的颈总动脉、股动脉搏动,放散的瞳孔开始缩小,口唇、面色红润,血压复升。

④救护人员两手不能压得太重,以免压断伤员的肋骨。

7.7　创伤止血实训

7.7.1　实训目的

通过实训,熟练掌握压迫止血法、加压包扎止血法、止血带止血法和加垫屈肢止血法的操作技术要领,并能根据伤员血管损伤破裂情况,正确地使用急救材料对伤员进行创伤止血,为及时向医院转送创造条件,达到挽救伤员生命、减少伤员痛苦的目的。

7.7.2　实训装备

①橡皮管止血带、三角巾、绷带、纱布块、棉垫、毛巾、布带、夹板等急救材料。

②作战服、矿工帽、胶鞋、矿灯带、矿灯、自救器。

7.7.3　实训要求

①实训前,由指导教师对学生进行分组,每组人数以 6～8 人为宜。

②在指导老师帮助下,学生熟悉并掌握压迫止血法、加压包扎止血法、止血带止血法及加

垫屈肢止血法的操作技术要领。

③学生能独立地根据伤员血管损伤破裂情况,正确使用急救材料对伤员进行创伤止血。

④实训结束后及时完成实训报告书。

7.7.4 实训步骤

创伤止血方法有压迫止血法、加压包扎止血法、止血带止血法及加垫屈肢止血法4种。现场创伤止血急救时,一般先用压迫止血法止住血后,再根据情况改用其他的止血方法。

(1)压迫止血法

压迫止血法是一种最基本、最常用、最有效的处置创伤的急救方法。它适用于头、颈、四肢动脉大出血时临时止血。现场发现伤员大出血时,要果断地用手指或手掌用力压紧伤口附近靠近心脏一端的动脉跳动处,把血管紧压在骨头上,就能很快地起到临时止血效果。

人体血管最易能被压住而止血的地点为指压点,人体全身的指压点有颞动脉指压点、枕动脉指压点、下颌动脉又称面动脉指压点、锁骨下动脉指压点、肱动脉指压点、桡动脉指压点、尺动脉指压点及股动脉指压点8处。

创伤人员受伤部位的不同,选择急救止血的指压点也不同。现场急救时可根据创伤人员受伤的部位,选择止血的指压点。常用的急救止血指压点如下:

①颌面部及口腔侧出血时,可在下颌角前约2 cm处的凹内压迫额动脉止血。

②头部前半部出血时,可在下颌角耳关节点压迫颞动脉止血。

③头后部出血时,可在耳后乳突与枕部之间压迫枕动脉止血。

④颈部出血时,可在颈部胸锁乳突肌内侧,压迫锁骨下动脉止血。

⑤下肢出血时,可压迫股动脉止血。

⑥上肢出血时,可根据出血的部位分别压迫锁骨下动脉指压点、肱动脉指压点、桡动脉指压点、尺动脉指压点止血。

(2)加压包扎止血法

加压包扎止血法是适用于小血管及毛细血管创伤的一种有效的急救止血方法。现场具体操作方法是:在创伤的局部先用消毒纱布块、棉垫或干净毛巾或布料覆盖在伤口上,再用绷带、布带或三角巾加压缠紧,松紧程度以能达到止血而不影响伤肢血液循环为度。并注意将肢体抬高,如果上肢有骨折时,先用夹板固定后,再加压包扎止血。

(3)止血带止血法

止血带止血法是适用于四肢大血管出血,特别是动脉出血时的一种有效止血方法。止血方法是利用橡皮管止血带或用三角巾、绷带、手帕、腰带等代替止血带,把血管压住达到止血目的。

1)止血带的使用方法

①在伤口近心端上方先加垫。

②救护人员左手拿止血带,上端留15 cm长度,紧贴加垫放置,右手拿止血带长端。

③右手拉紧环绕伤肢近心上方两周,然后将止血带交左手中,用中指和食指夹紧,并顺着上肢下拉成环。

④将上端头插入环中,拉紧固定即可。

2）止血带使用注意事项

①上止血带前，应将受伤的肢体抬高，防止肢体远端因淤血而增加失血量。

②上止血带后，应在标识上注明上止血带的时间，以免忘记定时放松，造成肢体因缺血过久而坏死。

③上止血带后，若仍出血时，可压迫伤口止血，过 3～5 min 再缚好。一般 30～60 min 放松止血带一次。

④受严重挤压的肢体或伤口远端肢体严重缺血时，不能上止血带。

⑤如果肢体重伤不能保存，应在近心端紧靠伤口上止血带，不必放松，直至手术截肢。

⑥扎止血带时，要先衬垫，以免损伤皮下神经。同时，绑扎的松紧要合适，以摸不到远端脉搏和停止出血为限度。

（4）加垫屈肢止血法

加垫屈肢止血法多用于小臂和小腿创伤，前臂和小腿动脉出血不能制止时的止血。其方法是利用肘关节或膝关节的弯曲功能压迫血管以达到止血目的。具体操作方法是：先在肘窝或膝窝内放入棉垫或布垫，然后使关节弯曲到最大限度，再用绷带把前臂与上臂或小腿与大腿固定。如果伤肢有骨折时，必须先加夹板固定。

7.8 矿山事故应急救援预案的编制实训

矿山事故应急救援预案是针对矿山可能发生的重大事故所需的应急准备和响应行动而制订的指导性文件。

7.8.1 方针与原则

矿山应急救援预案应有一明确的方针和原则作为指导应急救援工作的纲领。它体现保护人员安全优先、防止和控制事故蔓延优先、保护环境优先，同时体现事故损失控制、预防为主、常备不懈、统一指挥、高效协调以及持续改进的思想。

7.8.2 应急策划

应急策划是矿山事故应急救援预案编制的基础，是应急准备、响应的前提条件，同时它又是一个完整预案文件体系的一项重要内容。在矿山事故应急救援预案中，应明确矿山的基本情况以及危险分析与风险评价、资源分析、法律法规要求分析等结果。

（1）基本情况

主要包括矿山的地址、经济性质、从业人数、隶属关系、主要产品、产量等内容，周边区域的单位、社区、重要基础设施、道路等情况。

（2）危险分析、危险目标及其危险特性、对周围的影响、危险源辨识、风险评价

危险分析结果应提供：地理、人文、地质、气象等信息；矿山功能布局及交通情况；重大危险源分布情况；重大事故类别；特定时段、季节影响；可能影响应急救援的不利因素；危险目标的确定。

（3）**资源分析**

根据确定的危险目标,明确其危险特性及对周边的影响以及应急救援所需资源:危险目标周围可利用的安全、消防、个体防护的设备、器材及其分布;上级救援机构或相邻矿山企业可利用的资源。

（4）**法律法规要求**

法律法规是开展应急救援工作的重要前提保障。列出国家、省、市及应急各部门职责要求以及应急预案、应急准备、应急救援有关的法律法规文件,作为编制预案的依据。

近年来,我国政府相继颁布了安全生产法、突发事件应对法、矿山安全法、职业病防治法、消防法、煤炭法、煤矿安全监察条例、特种设备安全监察条例等一系列法律法规。

7.8.3　应急准备

矿山事故应急救援预案中应当明确以下内容:

（1）**应急救援组织机构设置、组成人员和职责划分**

依据矿山重大事故危害程度的级别设置分级应急救援组织机构。组成人员应包括主要负责人及有关管理人员、现场指挥人。明确职责,主要职责如下:

①组织制订矿山重大事故应急救援预案。

②负责人员、资源配置、应急队伍的调动。

③确定现场指挥人员。

④协调事故现场有关工作。

⑤批准本预案的启动与终止。

⑥事故状态下各级人员的职责。

⑦矿山事故信息的上报工作。

⑧接受集团公司的指令和调动。

⑨组织应急预案的演练。

⑩负责保护事故现场及相关数据。

（2）**应急资源**

应急资源的配备是应急响应的保证。在矿山事故应急救援预案中应明确预案的资源配备情况,应包括应急救援保障、救援需要的技术资料、应急设备和物资等,并确保其有效使用。

（3）**应急救援保障**

应急救援保障分为内部保障和外部保障。

1）内部保障

内部保障主要内容有:确定应急队伍,包括抢修、现场救护、医疗、治安、消防、交通管理、通信、供应、运输、后勤等人员;消防设施配置图、工艺流程图、现场平面布置图和周围地区图、气象资料、安全技术说明书、互救信息等存放地点、保管人;应急通信系统;应急电源、照明;应急救援装备、物资、药品等;运输车辆的安全、消防设备、器材及人员防护装备;保障制度目录;责任制;值班制度;其他有关制度。

2）外部救援

外部救援主要内容有:互助方式;请求上级协调应急救援力量;应急救援信息咨询;专家信息。

7.8.4　事故应急救援必要资料

矿井事故应急救援应提供的必要资料,主要包括:井上下对照图;矿井开拓系统图;巷道布置图;采掘工程平面图;井下运输系统图;矿井通风系统图;排水、防尘、防火注浆、压风、充填、抽采瓦斯等管路系统图;井下避灾路线图;安全监测装备布置图;瓦斯、煤尘、顶板、水、通风等数据;程序、作业说明书和联络电话号码;井下通信系统图等。

7.8.5　应急设备

应确定所需的应急设备,并保证充足提供。要定期对这些应急设备进行测试,以保证其能够有效使用。应急设备一般包括:报警通信系统;井下应急照明和动力;自救器、呼吸器;安全避难场所;紧急隔离栅、开关和切断阀;消防设施;急救设施;通信设备。

7.8.6　教育、训练与演练

矿山事故应急救援预案中,应确定:应急培训计划;演练计划;教育、训练、演练的实施与效果评估等内容。

(1)应急培训计划

应急培训计划主要内容有:应急救援人员培训;员工应急响应培训;社区或周边人员应急响应知识宣传。

(2)演练计划

演练计划主要内容有:演练准备;演练范围与频次;演练组织。

(3)教育、训练、演练的实施与效果评估

其主要内容有:实施方式;效果评估方式;效果评估人员;预案改进、完善。

(4)互助协议

当有关的应急力量与资源相对薄弱时,应事先寻求与外部救援力量建立正式互助关系,做好相应安排,签订互助协议,作出互救的规定。

(5)应急响应

1)报警、接警、通知、通信联络方式

其主要内容有:24 h 有效报警装置;24 h 有效内外部通信联络手段;事故通报程序。

2)预案分级响应条件

依据矿山事故的类别、危害程度的级别和从业人员的评估结果,可能发生的事故现场情况分析结果,设定预案分级响应的启动条件。

3)指挥与控制

建立分级响应、统一指挥、协调和决策的程序。

4)事故发生后应采取的应急救援措施

根据矿山安全技术要求,确定采取的紧急处理措施、应急方案;确认危险物料的使用或存放地点,应急处理措施、方案;重要记录资料和重要设备的保护;现场应急处理措施。

5)警戒与治安

预案中应规定警戒区域划分、交通管制、维护现场治安秩序的程序。

6)人员紧急疏散、安置

其主要内容有:事故现场人员清点,撤离方式、方法;非事故现场人员紧急疏散方式、方法;

抢救人员在撤离前、后的报告;周边区域单位、社区人员疏散方式、方法。

7)危险区的隔离

其主要内容有:危险区的设定;事故现场隔离区的划定方式、方法;事故现场隔离方法;事故现场周边区域的道路隔离或交通疏导办法。

8)检测、抢险、救援、消防、泄漏物控制及事故控制措施

其主要内容有:检测方式、方法及检测人员防护、监护措施;抢险、救援方式、方法及人员的防护、监护措施;现场实时监测及异常情况下抢险人员的撤离条件、方法;应急救援队伍的调度;控制事故扩大的措施;事故可能扩大后的应急措施。

9)受伤人员现场救护、救治与医院救治

其主要内容有:接触人群检伤分类方案及执行人员;依据检伤结果对患者进行分类现场紧急抢救方案;接触者医学观察方案;患者转运及转运中的救治方案;患者治疗方案;入院前和医院救治机构确定及处置方案;信息、药物、器材储备信息。

10)公共关系

其主要内容有:事故信息发布批准程序;媒体、公众信息发布程序;公众咨询、接待、安抚受害人员家属的规定。

11)应急人员安全

预案中应明确应急人员安全防护措施、个体防护等级、现场安全监测的规定;应急人员进出现场的程序;应急人员紧急撤离的条件和程序。

事故应急救援预案中应明确现场保护与现场清理;事故现场的保护措施;明确事故现场处理工作的负责人和专业队伍;事故应急救援终止程序;确定事故应急救援工作结束的程序;通知本单位相关部门、周边社区及人员事故危险已解除的程序;恢复正常状态程序;现场清理和受影响区域连续监测程序;事故调查与后果评价程序。

7.8.7 预案管理与评审改进

矿山事故应急救援预案应定期在应急演练或应急救援后对预案进行评审,以完善预案。预案中应明确预案制订、修改、更新、批准和发布的规定;应急演练、应急救援后定期对预案评审的规定;应急行动记录要求等内容。

7.8.8 附件

矿山事故应急救援预案的附件包括:组织机构名单;值班联系电话;矿山 事故应急救援有关人员联系电话;矿山生产单位应急咨询服务电话;外部救援单位联系电话;政府有关部门联系电话;矿山平面布置图;消防设施配置图;周边区域道路交通示意图和疏散路线、交通管制示意图;周边区域的单位、社区、重要基础设施分布图及有关联系方式,供水、供电单位的联系方式;组织保障制度等。

7.8.9 预案编制的格式

通常矿山事故应急救援预案的格式有:封面,包括标题、单位名称、预案编号、实施日期、签发人、公章;目录;引言、概况;术语、符号和代号;预案内容;附录;附加说明等。

参考文献

［1］阚珂,杨元元. 中华人民共和国安全生产法释义［M］. 北京:中国民主法制出版社,2014.

［2］全国人大常委会法工委. 中华人民共和国刑法(含最新法律解释)［M］. 北京:法律出版社,2014.

［3］国家安全生产监督管理总局信息研究院. 煤矿事故应急救援管理［M］. 北京:煤炭工业版社,2014.

［4］王小林,于海森. 煤矿事故救援指南及典型案例分析［M］. 北京:煤炭工业出版社,2014.

［5］吴永平. 煤矿应急救援组织指挥实务［M］. 北京:煤炭工业出版社,2014.

［6］陈晓东. 救护装备［M］. 北京:科学出版社,2014.

［7］国家安全生产监督管理总局. 煤矿安全质量标准化基本要求及评分办法［M］. 北京:煤炭工业出版社,2013.

［8］陈雄. 安全生产法律法规［M］. 重庆:重庆大学出版社,2013.

［9］袁河津. 煤矿安全质量标准化重点难点知识问答［M］. 徐州:中国矿业大学出版社,2013.

［10］赵炳云. 非煤地下矿山生产现场管理［M］. 北京:冶金工业出版社,2013.

［11］刘立文,黄长富. 突发灾害事故应急救援［M］. 北京:中国人民公安大学出版社,2013.

［12］广东省安全生产应急救援指挥中心. 企业安全生产应急救援预案管理［M］. 北京:清华大学出版社,2013.

［13］连民杰. 矿山灾害治理与应急处置技术［M］. 北京:气象出版社,2012.

［14］苗金明. 事故应急救援与处置［M］. 北京:清华大学出版社,2012.

［15］国家安全生产应急救援指挥中心. 矿山工人自救互救［M］. 北京:煤炭工业出版社,2012.

［16］陈雄,蒋明庆,唐安祥. 矿井灾害防治技术［M］. 2 版. 重庆:重庆大学出版社,2012.

［17］国家安全生产监督管理总局. 煤矿安全规程［S］. 北京:煤炭工业出版社,2011.

［18］国家安全生产应急救援指挥中心. 煤矿企业应急管理与救援［M］. 北京:煤炭工业出版社,2011.

［19］国家安全生产应急救援指挥中心. 安全生产应急管理［M］. 北京:煤炭工业出版社,2011.

［20］国家安全生产应急救援指挥中心. 煤矿企业应急预案编制指南［M］. 北京:煤炭工业出版社,2008.

［21］赵正宏. 受限空间作业事故防范与应急救援［M］. 北京:气象出版社,2009.

［22］中华人民共和国国家安全生产行业标准.矿山救护规程［S］.北京:煤炭工业出版社,2008.

［23］程爱国,张柳,白俊清.实用矿山医疗救护［M］.北京:北京大学医学出版社,2007.

［24］甄亮.事故调查分析与应急救援［M］.北京:国防工业出版社,2007.

［25］中华人民共和国国家标准.金属非金属矿山安全规程［S］.北京:冶金工业出版社,2006.

［26］国家安全生产监督管理总局矿山救援指挥中心.矿山事故应急救援战例及分析［M］.北京:煤炭工业出版社,2006.

［27］李志宪.重特大事故应急救援预案编制使用指南［M］.北京:煤炭工业出版社,2006.

［28］方裕璋.应急救援与抢险救灾［M］.徐州:中国矿业大学出版社,2005.

［29］王捷帆,李文俊.中国煤矿事故暨专家点评集［M］.北京:煤炭工业出版社,2002.

［30］吴余超.矿工井下避灾［M］.北京:煤炭工业出版社,1995.